貓咪家庭醫學大百科

（2019年暢銷新編版）

推薦序

伴侶動物帶給現代人們無限的樂趣，尤其在少子化、高齡化的社會人口結構之下，伴侶動物對於人們更具有紓解壓力、撫慰心靈的作用。眾多的伴侶動物當中以犬、貓為主，特別是在先進國家，飼養貓咪的數量更是多於狗狗的數量！以美國為例，2012年全美狗貓飼養統計數量為貓咪總數8200萬隻、狗狗總數7000萬隻左右；鄰近的日本也是如此，貓咪總數比狗狗總數多了將近100萬隻（1100萬：1000萬）。雖然台灣目前狗狗總數仍大於貓咪數量，但是依照北市多位臨床獸醫師私下表示，目前貓咪門診的數量正不斷上升中。

個人腆長林政毅醫師數年，但是對於林醫師在小動物臨床醫療上的技術深表敬佩，他是位非常執著完美的醫師，無論是台北中山動物醫院或是101台北貓醫院，皆是全台灣伴侶動物醫療界首屈一指的，許多疑難雜症林醫師都是我們建議轉診的不二人選；他不僅多次在台灣以及香港、日本發表貓科相關文章和演講，也經常在大陸各地的獸醫大會作專題講座，稱林政毅醫師為「貓博士」絕對當之無愧！除此之外，林醫師熱衷公益，提攜獸醫後輩不遺餘力，常常能在猴硐看見林醫師夫婦的身影……

本書承襲林醫師一貫的林氏風格，並與貓醫院院長陳千雯醫師共同編著，內容非常適合貓咪主人參考。從了解貓咪生理特性開始，兩位醫師將其多年來臨床經驗，用淺顯易懂的口吻仔細介紹：貓一生的生理變化、如何觀察貓咪生病了、常見疾病介紹及症狀、簡易居家醫療照護等等，其目的在於讓所有的主人多明白貓孩子、給他們適當的照顧，最重要的是，能夠分辨貓孩子身體狀況，及早預防潛藏的疾病，讓他們健健康康地多陪我們一些時間！

楊靜宇

台北市議員／前臺北市獸醫師公會理事長

動物醫生是個什麼樣的行業？許多人醫的朋友常常跟我開玩笑說：「動物又不會說話，你們怎麼看病，肯定是唬弄畜主的！」我說：「和小兒科醫師是一樣的道理，只是動物除了不會說話，情緒不好還會咬你一口，讓你血流如注，這也讓我們這行常常開玩笑說自己賺的是『血汗錢』！」也因為如此，作為動物醫生需要更多的耐心和觀察力，從小小的行為改變、走路姿勢的變化、理學檢查一直到儀器的檢驗，每個步驟及細節都可能告訴你——你的病患到底怎麼了。這是當一位動物醫師必須具備的能力和心態，也讓我們這群動物醫師常常自我期許，寧願多花一點時間檢查也不願放棄各種可能的訊息。

我和林政毅醫師認識超過五年了，在我還是個小小獸醫系的學生時，就已經看過他在專業領域裡寫的幾本書；他是台灣第一位全力投入貓病領域的專業醫師，我們行業裡給了他一個「貓博士」的外號，且他經常透過專業的教學及演講，無私地貢獻所學、分享他的臨床經驗，因此在兩岸三地的業界裡已經是無人不知、無人不曉。也因為如此，他非常了解畜主教育的重要性，為了讓貓奴們可以少去新手時期的窘境，且在貓咪生病時不要慌了手腳、徬徨無助，所以和101台北貓醫院的陳千雯醫師一同寫了這本書，希望網路上各種錯誤的訊息不要再以訛傳訛！

這是一本簡單的入門書，由專業的貓病專家為你開啟養貓知識的大門，可以讓你更認識貓咪食衣住行各方面的知識，甚至疾病的相關資訊，讓你不至於在貓咪生病時，急得像熱鍋上的螞蟻，病急亂投醫。何其有幸，可以為這本書寫推薦序，林政毅醫師是一位無私奉獻於獸醫行業教學和畜主教育交流的好醫師，我也很幸運和他與譚大倫醫師一同合著了兩本專業書籍：《寵物醫師臨床手冊》、《小動物輸液學》。林醫師是我學習的目標，古人常說出書立命是讀書人一輩子要做的事，這個行業也因為這群人的奉獻與努力，讓台灣的獸醫水平持續進步，也讓所有飼養伴侶動物的畜主，可以放心把家中的小朋友交到我們手上，讓我們一同繼續努力吧！

翁伯源

小動物內科醫學會理事長／中國農業大學教學動物醫院客座講師／中國小動物獸醫師大會心臟科專任講師
台北市獸醫師公會常務理事／美國貓科醫學會會員／劍橋動物醫院院長

推薦序

許多不了解貓咪的人，對貓咪的印象大多較負面，認為貓咪是一種很陰險的動物；在好萊塢的卡通電影中，更是將貓咪塑造成十惡不赦的壞蛋，好像狗是很憨厚的動物，而貓卻是處處奸詐狡猾，處心積慮想要除掉狗的動物。其實完全不是這樣的，如果仔細觀察貓咪，跟貓咪好好相處，就會發現貓咪有很多的動作是很細緻、溫柔且高雅的，只有長期與貓咪相處或是養過貓的人，才能體會與貓咪互動之間的奧妙，並發現貓咪迷人的地方。

這本書對貓咪生老病死會發生的事都有詳細描述，從最基本的身體構造、迎接新成員、貓咪常見的疾病到老年貓照顧，林醫師將該注意的事項都鉅細靡遺的告訴讀者，堪稱是講述貓咪照顧最完善的一本書籍，所有養貓的人都該人手一本的！

我跟林政毅醫師已經認識超過十年，他在兩岸三地的演講場場爆滿、場場轟動，大家都知道他的演講不但幽默，而且內容豐富。林醫師在獸醫的行業裡有著貓博士的稱號，他也創建第一家專門治療貓咪的動物醫院—101台北貓醫院，而陳千雯醫師是貓醫院的院長，對貓咪的診治無微不至、視病猶親，這麼多年下來看貓的功力也是非同小可，相信這本書一定會讓愛貓人士獲益良多。最後希望所有愛貓人士看了這本書後，在照顧貓咪上能更加得心應手，貓咪都能健健康康、長壽又快樂。

譚大倫

亞洲小動物醫學會主席
小動物腎臟科醫學會理事長
中國農業大學教學動物醫院客座講師
曼哈頓動物醫院院長

我目前養了七隻貓，生活中工作中都離不開貓，自稱貓奴一點也不為過。很多朋友、網友都喜歡問我許多醫療上的問題，因為他們認為我一定都懂，但……我都直接打電話去問林政毅、陳千雯兩位專業人士比較快，這兩位醫師號稱理性與感性的組合，我覺得對於愛貓人來說是非常重要的！

理性的貓博士：

雖然年紀不小了（算老獸醫），但還是一直在專業領域上不斷地鑽研，結合高科技儀器來輔助治療更多貓科的疑難雜症，他常告訴我：「一位優秀的臨床獸醫師，是要有能力正確地找出病因，才能對症下藥減緩貓咪病痛，也才能減少畜主的負擔。」我看到他的努力，也相信這是他會成功的原因。

感性的小陳醫師：

她除了承傳貓博士的功力外，更有自己獨特的貓式風格，她講話很慢，看診時不僅對貓咪有耐心，對於主人的態度更是誠懇與專業；下班沒事時就是宅在家查資料，或是陪我到偏遠鄉鎮去作街貓的醫療協助，她回答我問的問題都很仔細，不會像貓博士那樣不耐煩！

現在有了這本書，也可以減少我打電話求救的機會，透過書上的專業解說、資料的整合分析，我想肯定會讓許多貓奴在半夜能安穩地睡覺，不必再惶恐無助了。當然，最後也期待台灣的動物醫療水平能夠在良醫、優書、好環境下不斷提升，這一切需要更多畜主的尊重與肯定。

貓夫人

作者序

現在的人們飼養貓咪不再像以前只是為了抓老鼠，而是變成了生活中的伴侶或是家人，因此養貓的知識也越來越多元。很多貓奴對於貓咪的飼養和疾病觀念大都來自於網路、口耳相傳或是國外書籍翻譯的相關資訊，在台灣並沒有一本書完整提供飼養及疾病照顧的相關知識，尤其是在疾病照顧的部分，因此我想寫一本從貓咪出生到老年的飼養照顧及疾病看護的書籍，讓更多貓奴在照顧貓咪、遇到無法解決的問題時，能有暫時幫忙解決問題的工具書。

臨床上很多貓咪都是生病到很嚴重了，貓奴們才會帶著貓咪到醫院看醫生，但往往都已是來不及了。每當看到貓奴們自責或是難過的樣子時，心裡都會想：如何能減少貓奴的自責及難過？怎麼樣才能讓疾病對貓咪的傷害減少到最小？因此在書中提到了很多疾病早期的症狀，讓貓奴們在日常生活中就能注意到貓咪行為上的異常，早期發現並帶到醫院接受檢查及治療。

為了讓貓奴們能更容易地飼養及照顧每個時期的貓咪、讓貓咪能有更良好的生活品質，這本書從貓咪出生的照顧、日常生活的照顧、老年時期的照顧，以及生病時的照顧都有詳細的介紹，希望藉由本身的專業知識提供更多醫療幫助給貓奴們。想寫在書裡的東西很多，但無法全部收錄，只能將一些常發生或是常遇到的寫下來，但這些都只是提供參考或是緊急時的照護。相信醫生的醫療專業，配合醫生的治療方針，才是對貓咪最好的醫療！

林政毅、陳千雯

全台貓醫師聯名
強力推薦

王金順 毛毛動物診所	吳展祥 星辰動物醫院	陳姿如 毛毛動物診所	楊哲豪 高雄市吉祥動物醫院
王中蘭 王中蘭動物醫院	吳俊瑩 人人動物醫院埔心分院	陳彥宏 豐德動物醫院	廖子豐 原立安動物醫院
王崇印 小花動物醫院	吳錫銘 五權動物醫院	陳宏宏 臺北市豐盛動物醫院	廖建洋 廖廷動物醫院
王志遠 安傑動物醫院	林志成 志成動物醫院	陳春輝 展鵬獸醫院	廖陳胤 台北市洪生動物醫院
王冠智 高雄名冠動物醫院	林志豪 守護動物醫院	陳威達 台北安動物醫院	綦孟柔 六福村野生動物園動物醫院
王咸棋 中興大學獸醫教學醫院	林廷昌 高雄市佳佳動物醫院	陳翊龍 摩兒動物醫院	鄒昆霖 中壢豐安獸醫院
王智維 全國動物醫院高雄分院	林政佑 豐德動物醫院	陳建霖 桃園愛心動物醫院	鄭人豪 台南長弘動物醫院
王聲文 康寧動物醫院	林明煌 花蓮人人動物醫院	陳穆村 聖博動物醫院	鄭代乾 台中劍橋動物醫院
王耀鴻 全國動物醫院	林彥銘 板新動物醫院	陳御翔 祥恩動物醫院	鄭宇光 用佳動物醫院
古景友 楊梅動物醫院	林煜淳 博愛動物醫院	翁伯源 劍橋動物醫院	鄭智青 康東動物醫院
朱哲助 侏儸紀野生動物醫院	林進勇 水上動物醫院	許俊隆 德欣動物醫院	鄧之炬 桃園龜山欣欣動物醫院
朱淵源 恩典動物醫院	林煒皓 博愛動物醫院	許敏輝 台東崇仁動物醫院	鄧如意 中壢中原動物醫院
朱建光 台北市仁愛動物醫院／	林聞櫃 加賀動物醫院	許國堂 元沅動物診所	鄧福根 人人動物醫院
中華民國保護動物協會常務監事	林振益 台中崇倫動物醫院	張文學 台南陽明動物醫院	鄧福剛 人人動物醫院
石俊懿 台南上揚動物醫院	林傳基 志誠動物醫院	張世強 世東動物醫院	穆昭安 台東市懷恩動物醫院
甘家銘 東湖動物醫院	林耀崇 吉生動物醫院	張益福 高雄中興動物醫院	蔡依達 達仁動物醫院
曲維紀 台北市洪生動物醫院	胡宏文 中壢綠松動物醫院	張哲誠 古亭動物醫院	蔡志鴻 祐康獸醫院
向時瑞 慈愛動物醫院	周明賢 高雄亞幸動物醫院	張維學 金華動物醫院	蔡坤龍 名人動物醫院
呂理印 圓霖動物醫院	周龍謀 永坤動物醫院	張譽耀 廣福動物醫院	蔡明倫 高雄崇仁動物醫院
呂育臣 正吉動物醫院	周俊宏 弘安動物醫院	張夢麟 台南宏麟動物醫院	蔡季庭 宜蘭縣季廷動物醫院
呂柏賢 台中諾德動物醫院	柯建章 柯建章動物醫院	黃士維 喬喬動物醫院	賴建宏 台中沐恩動物醫院
杜昇茂 台南強生動物醫院	洪文男 上群動物醫院	黃文賢 高雄市文心動物醫院	潘秋婉 斗六佑安動物醫院
沈志明 雙十動物醫院	洪宏明 新長庚動物醫院	黃李傳 成蹊動物醫院	潘震威 感恩動物醫院
沈振加 台南新營樂仁動物醫院	洪榮偉 專心動物醫院	黃萱堂 彰化和美愛犬動物醫院	歐陽斌 高雄阿宅動物醫院
宋亦祁 大其動物醫院	洪禎謙 全國動物醫院	黃明如 高雄中興動物醫院	劉文禎 丸三動物醫院
江彥德 德生動物醫院	洪國晉 雲林虎尾湯姆貓動物醫院	黃明祥 聯合動物醫院	劉正吉 臺東心語動物醫院
江國豪 陽光動物醫院	范長慶 長慶動物醫院	黃俊諺 中壢振愛動物醫院	劉尹陽 亞馬森動物醫院
李坤昇 永吉家畜醫院	范皓森 竹北里仁動物醫院	黃應晴 台中安可動物醫院	劉均凱 艋舺動物醫院
李宣儒 六福動物醫院	涂潔明 台中梅島動物醫院	黃寶賢 高雄旗山旺旺動物醫院	劉昭男 日康動物醫院
李昱璇 馨田動物醫院	涂賢達 苗栗安達動物醫院	黃瓊如 台南聯心動物醫院	劉彥杰 東南動物醫院
李協彥 仟祐動物醫院	徐于忠 永康動物醫院	彭家渝 士林獸醫院	戴瑩乾 戴瑩乾動物醫院
李振銘 百科動物醫院	徐瑞陽 永昌動物醫院	單鎮安 台中五福動物醫院	謝金偉 毛孩子動物醫院
李飛憲 飛揚動物醫院	徐景宣 明新動物醫院	馮宗宏 宏力動物醫院	謝秉倫 青森動物醫院
李健源 禾米動物醫院	海 鯤 立安動物醫院	馮建中 希望動物醫院	謝佩文 平鎮美生動物醫院
何丞剛 愛醫動物醫院	姚勝隆 板橋隆安動物醫院	游家德 南投草屯心愛動物醫院	顏銘佐 家麒獸醫院
何東旭 台中建安動物醫院	馬維賢 達特馬動物醫院	曾羿瑞 中壢太樸動物醫院	簡世鑫 富恩動物醫院
何彥麟 宥昇動物醫院	郭俊文 左營動物醫院	曾喜暖 台中大里慈濟彩虹動物醫院	簡沂彤 臺南郡安動物醫院
卓俊宏 高雄宏仁動物醫院	郭育霖 福樂動物醫院	湯政道 寶護動物醫院	蕭承浩 心心動物醫院
紀毓軒 台中達爾文動物醫院	陳大鈞 新北市五信動物醫院	葉俊益 寵愛動物醫院	羅仕旺 佑安犬貓動物醫院
邱明璨 桃園柏林動物醫院	陳格倫 彰化員林佑旺動物醫院	葉秉諺 桃園大溪聯眾動物醫院	羅勝騰 宏成動物醫院
吳永鑫 新竹旺鑫動物醫院	陳柏甫 廣慈動物醫院	楊宗潔 台中達爾文動物醫院	譚大倫 曼哈頓動物醫院
吳念璣 台南東平動物診所	陳信璋 嘉義嘉樂動物醫院	楊孝柏 中研動物醫院	譚至仁 台大慈仁動物醫院
吳仲瑩 香港亞洲獸醫診所	陳俊達 慈愛動物醫院	楊昌珩 台中永昌動物醫院	蘇志郎 虎尾動物醫院
吳明忠 台中忠明動物醫院	陳俊余 台南奇異果動物醫院	楊家禎 馬汀動物醫院	
吳玟軒 高雄市佰成動物醫院	陳俊傑 高雄捷飛達動物醫院	楊倩茹 台中聖愛動物醫院大甲分院	

目錄

CONTENTS

PART

1

認識貓咪

Ⓐ 貓的中國史

以往貓一直被認為是陰森、狡詐、恐怖的代表，所以，卡通《太空飛鼠》打的壞蛋都是貓；電影《貓狗大戰》中，貓就是要統治地球、奴役人類的小壞蛋；而以往的華語恐怖片也總喜歡在晚上用黑貓來製造恐怖的氣氛。其實，這些都是愛狗一族污衊貓族的慣用伎倆，但隨著社會的都市化，這些神不知鬼不覺被養在家裡的貓咪卻逐漸躍上檯面、成為主流，而我們在讀中國歷史時，卻往往找不到任何關於貓咪的蛛絲馬跡。有一次我懇請名書法家黃篤生大師幫我寫各種字體的「貓」字，卻只見他皺皺眉頭說其實貓的書法古字真的不多，楷書、行書、隸書或許還找得到，但大篆、小篆就真的有困難了。到底貓在中國的歷史上，扮演著什麼角色呢？就讓我們繼續看下去吧！

貓的名字

如果你想靠「貓」這個字，去尋找中國歷史上的貓咪們，那還真的是寥寥無幾！但事實上，中國古代各朝代對貓都有著不同的稱呼，例如狸奴、玉面狸、銜蟬、田鼠將、雪姑、女奴、白老、崑崙妲己以及烏圓等，都是古代對貓的稱謂。

歷史上與貓有關、最有名的橋段就屬「狸貓換太子」了！所謂的「狸貓」是指「狸花貓」，也就是「花貓」。傳說宋真宗第一個老婆死後，劉妃及李妃都懷了孕，只要誰先生下兒子，誰就可能被立為皇后。劉妃深怕被李妃搶了頭彩，於是與宮中總管郭槐勾結密謀，並配合黑心產婆尤氏，把一隻狸貓剝去皮毛，血淋淋的換走李妃剛生下的太子，這就是有名的「狸貓換太子」；而宋真宗也真是笨，真就以為李妃生下妖孽，便將李妃打入冷宮。但是，在這故事中最可憐的，其實是那隻被扒了皮的花貓⋯⋯

中國最早出現貓的歷史文獻，是西周時代的《詩經‧大雅‧韓奕》，內容寫到：「有熊有羆，有貓有虎」，這是世界上最早對貓的文字記載；而《莊子‧秋水》以及《禮記》也都曾歌頌過貓咪抓老鼠的豐功偉業，甚至提到連天子都會迎貓祭祀、答謝貓咪的辛勞。

到了東漢，明帝篤信佛教，為了保護翻譯的《四十二章經》不被老鼠啃咬破壞，甚至遠從印度進口貓咪到白馬寺去保護經書。

而古代的名人雅士中也不乏貓奴，例如宋朝的黃庭堅就是其中之一，其作品《乞貓詩》是這麼寫的：「秋來鼠輩欺貓死，窺甕翻盤攪夜眠。聞道狸奴將數子，買魚穿柳聘銜蟬。養得狸奴立戰功，將軍細柳有家風。一簞未厭魚餐薄，四壁當令鼠穴空。」

而宋朝另一位貓奴就是陸游，有作品《贈貓詩》：「鹽裹聘狸奴，常看戲座隅。時時醉薄荷，夜夜占氍毹。鼠穴功方列，魚餐賞豈無。仍當立名字，喚作小於菟。」

另一作品《鼠屢敗吾書偶得狸奴捕殺無虛日群鼠幾空為賦此詩》：「服役無人自炷香，狸奴乃肯伴禪房。書眠共藉床敷暖，夜坐同聞漏鼓長。賈勇遂能空鼠穴，策勳何止履胡腸。魚餐雖薄真無媿，不向花間捕蝶忙。」

還有一作《十一月四日風雨大作》：「風卷江湖雨暗村，四山聲作海濤翻。溪柴火軟蠻氈暖，我與狸奴不出門。」

南宋的文天祥也是貓奴一枚，曾作《又賦》：「病里心如故，閒中事更生。睡貓隨我懶，點鼠向人鳴。羽扇看棋坐，黃冠扶杖行。燈前翻自喜，瘦得此詩清。」

而明朝的文徵明，也曾著有《乞貓詩》一首：「珍重從君乞小狸，女郎先已辦氍毹。自緣夜榻思高枕，端要山齋護舊書。遣聘自將鹽裹箸，策勳莫道食無魚。花陰滿地春堪戲，正是蠶眠二月余。」

不管是「狸」還是「貓」，從許多中國古代詩詞作品或是畫作中，都可以找尋到貓咪的身影。這也表示了貓咪在古代中國擁有重要的地位。無論是守護珍貴的書籍不被老鼠啃咬，或是作為陪伴的關係，從古至今同樣不變的就是──貓咪走進了人類的生活，並馴服了人類，讓人類甘願成為貓咪的奴隸，不是嗎？

Ⓑ 貓的身體構造

因為優越的眼力、聽力以及運動能力，讓貓咪生下來就是一個狩獵高手。不過，貓咪身體的每一個器官都有各自的功能，看似獨立但卻是缺一不可，每個器官都有互補的作用，缺少一個感覺器官，貓咪就無法完成完美的狩獵行為。

尾巴

當貓咪在奔跑，或是走在較狹窄地方時，會晃動尾巴來維持身體的平衡。此外，尾巴也可以用來表現情感，例如，貓咪不開心的時侯，尾巴會快速地左右擺動；驚嚇時，尾巴的毛會豎起來，看起來又粗又大。此外，當母貓帶著小貓移動時，母貓的尾巴就像北極星一樣，可以作為指引的記號，小貓跟著母貓舉高尾巴的方向走，才不會迷路。

肘部

主要是跳躍的力量來源。當貓咪趴下或是趴著要起來時，是靠肘部來支撐身體的力量。另外，肘部彎曲時會蓄積能力，伸展時會利用這個力量來跳躍。

腕部

腕部是由八個小塊的骨頭組成。因為這個構造讓腕部關節可以靈活的運動，所以前腳攀爬或是狩獵時才能更容易。

膝

膝關節與肘關節的作用是一樣的。當膝關節彎曲並伸展時，可以產生與彈簧一樣強而有力的彈力。因為這個特性，貓咪在跳躍時，高度可達自己身長的五倍。

飛節

在人稱為腳跟，而貓咪後腳跟的位置在較高的地方，以人來比喻，就像是在掂著腳尖走路。所以貓咪在跑步時和地面的摩擦力很小，踢的力量變大。因此，無論貓咪是什麼時侯開始跑步，都能發揮瞬間的爆發力。

眼睛　貓咪的視野是280度，對於快速移動的物體或是在黑暗的房間裡，都可以看得很清楚。

虹膜

虹膜可以控制瞳孔的大小，虹膜上有大量色素細胞的分佈，可以保護視網膜、水晶體、玻璃體不受紫外線的傷害，也是很多貓咪品種上判定的重要依據，如美國短毛貓及金吉拉是翠綠色的虹膜，波斯貓是橘色的虹膜。

鞏膜

也就是眼白部分，它的上面覆蓋著一層透明的結膜，在眼白上可能會看到幾條較粗的血管分佈。

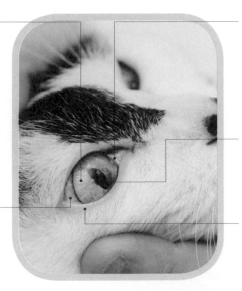

第三眼瞼

靠近鼻樑的眼角內側有一小塊可往外滑動的白色組織，就是所謂的第三眼瞼或稱瞬膜，這是人類所沒有的構造，具有分泌淚液、分佈淚液及保護眼球的功能。

瞳孔

瞳孔就是眼睛正中央所見的黑色孔徑，會隨著光線的強弱而增大或縮小。

眼瞼（眼皮）

可以充分保護眼睛，而淚腺所分泌的眼淚也能提供眼睛表面組織足夠的濕潤度。

鼻子　貓咪的鼻子可以聞到500公尺以外的味道！

鼻鏡

汗和皮脂讓鼻鏡變得濕潤，因此氣味分子容易附著，使得貓咪嗅覺變得較敏銳。

舌頭　貓咪舌頭表面佈滿了細小、向喉頭內長的倒刺。

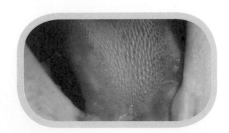

絲狀乳頭

倒刺具有相當重要的功能！當貓咪在舔身體時，像梳子在梳理毛髮；在吃飯或喝水時，不只有勺子的作用，還可以將獵物骨頭上的肉剔除乾淨。

牙齒 貓咪幼年時期有26顆牙齒，六個月後會更換成30顆永久齒。永久齒和人類一樣分成三種，作用各不相同，一旦掉了就不會再長出來了！

臼齒
用來切割食物。

門齒
和人的門牙一樣，可以將肉從骨頭上刮下來。

犬齒
用來刺穿獵物的脊髓。

肉墊 肉墊是一個有很多神經通過的感覺器官，與人的指腹一樣敏感。貓咪走路不會發出聲音，是因為肉墊著地時可作為避震器，並有消音效果。除此之外，也是貓體內少數有汗腺的地方，因此肉墊具有排汗功能；且趾間也有臭腺，在流汗時臭腺也會一起排出，留下氣味。

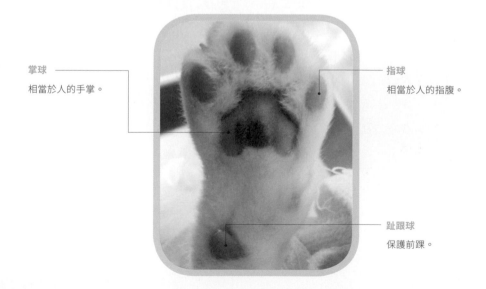

掌球
相當於人的手掌。

指球
相當於人的指腹。

趾跟球
保護前踝。

爪子

貓咪的指甲又彎又尖，爪子形狀很適合用
來壓制獵物。此外，貓咪的爪子可以伸縮
自如，把爪子收起來能防止磨損指甲，走
起路來不會發出聲音，也就能緩慢地向獵
物靠近，避免驚動到對方。

鬍鬚

貓咪會以鬍鬚來測量可以
通過區域的寬度。

耳朵

貓咪耳朵可以聽到的聲音
範圍是人的三倍。

Ⓒ 貓的感器

視覺 ━━

貓的眼睛構造與人類大同小異，但還是有些特殊的地方，這也使得它具有某些人類無法達到的功能。

貓咪在夜晚也能看得很清楚？

我們常說「貓在黑暗中仍看得見東西」，其實不然，如果將貓放在完全黑暗的空間中，牠也和你我一樣完全看不見東西，只是貓咪的眼睛能聚集環境中微弱的光線。

貓的視網膜前有一個類似鏡子的構造，稱為明朗毯。微弱的光線射入視網膜後打擊到明朗毯上，又會反射到視網膜上，而使光接受細胞（視桿和視錐）再度接受光的刺激，提昇了光的作用，進而增加夜間視力。再加上貓的瞳孔在黑暗中會放大，以利收集更多光線，所以貓咪接受的光線量只需要人的1/6，就能看得很清楚！

我們常常在夜間看見貓咪的眼睛閃著金光或綠色的光，這就是因為明朗毯的反射作用，用閃光燈對貓咪照像時，也會有相同的結果，而人類因為不具有明朗毯，所以眼睛於夜間是不會發出亮光的。

貓咪的視野比人類寬廣？

當貓咪正視前方時，牠的視野夾角為285度，較人類的210度更為寬廣，而且兩眼的視野夾角為130度，也較人類的120度為寬。兩眼視野夾角的大小關係著距離及深度的判斷，而貓咪的兩眼夾角為130度，使得牠能準確地判斷物體的距離或深度。因此，當獵物位於貓咪的斜後方時，貓咪也能看得見。

事實上，距離的判斷能力不單單只是依靠兩眼的視野夾角而已，還有其他的因素存在，人類雖然兩眼視野夾角較貓來得小，但因為人類眼球的眼白部分較多，使得轉動的範圍較大而彌補了構造上的不足，所以我們在距離的判斷上是比貓咪來得強。

貓咪瞳孔為何會收縮和放大？

貓咪眼睛內的瞳孔與一般哺乳類相同，在強光下會收縮，以防止過強的光熱傷害視網膜；在昏暗下會放大，以收集接受更多的光線。但貓咪瞳孔的形狀會因品種的不

◀◀ 貓咪的瞳孔是位於眼睛正中央。在光
　　線明亮的地方，瞳孔會呈現細長形。

◀ 在光線較暗的地方，瞳孔會呈現圓形。

同而有所差別，大型野生貓科動物的瞳孔多為卵圓形，美洲獅為圓形，而一般家貓
則為垂直裂縫狀；垂直裂縫狀的瞳孔比圓形的瞳孔更能有效且完全的閉合，瞳孔閉
合的作用主要在保護極為敏感的視網膜。

視網膜上的視桿細胞主要是對光線明暗變化敏感，而視錐細胞主要是負責解析影
像。貓咪的視桿細胞比較多，而視錐細胞較少，所以貓咪的夜視能力比人類好，但
視力卻只有人類的1/10，因此無法像人類一樣具有識別細小事物的能力。

雖然貓咪是個大近視，可是牠的動態
視力卻非常好，就算獵物在50公尺外
移動，貓咪也捕捉得到。獵物每秒移
動4mm，貓咪都能發現；因此，對人
而言移動快速的物體，在貓咪看來不
過只是正常的在移動。

◀ 貓咪的動態視力非常好，可以捕捉移動中的獵物。

貓咪是色盲？

你的貓咪曾經對某種顏色特別喜歡或憎惡嗎？貓咪有辨別顏色的能力嗎？眼睛裡的
視桿細胞主要作用於分辨色彩，人類的視桿細胞可以分辨藍、紅、綠，但貓咪的眼
睛沒有感知紅色的視桿細胞，所以只能分辨藍色、綠色，無法辨別紅色。因此，貓
咪看到的紅色可能會變成灰色。

不過，貓咪能否分辨顏色對牠們而言沒有任何意義，因為貓的眼睛雖然可以辨別顏
色，但眼睛與腦部感知之間存在某些障礙，使得腦部無法解讀這些訊號。貓很少需
要運用色覺，但可以經由訓練來了解顏色，不過這是相當困難的任務。

聽覺

貓咪第二種重要的感覺就是聽覺，貓的外耳殼是由30條肌肉來控制，而人類只有6條肌肉。

貓咪的耳朵可以自由移動？

30條肌肉主要是控制外耳殼能朝向聲音的來源方向，而這種移動外耳殼的速度，貓也較狗快得多。外耳殼就像漏斗一樣可以收集外來的聲音，並將之傳送至耳膜，外耳殼的形狀就像一個不規則且不對稱的喇叭，加上肌肉可以控制外耳殼的運動，使得貓咪能很精確地聽出聲音所在的位置。

▲ 貓咪可以聽到遠處的聲音。

貓咪的聽力比狗狗好？

人能聽到的聲音頻率約為2萬赫茲，狗能聽到3萬8仟赫茲的頻率，但卻無法區別高處和低處，而貓能聽到5至6萬赫茲以上的高音，並且能找出聲音的位置。所以當老鼠發出2萬赫茲以上的超音波，即使在20公尺外的地方，貓咪也能聽得到。

此外，人可以從聲音的時間差及強度來尋找聲音的來源，不過，就算耳朵再怎麼好，也會有4.2度誤差的產生。但對貓來說，誤差範圍只有0.5度，所以，貓咪能夠分辨20公尺和40公分二個聲音來源的不同，這是人的能力所不及的。

藍眼的白貓是不是聽不到？

藍色眼睛的白貓，因為基因上缺損，造成內耳構造的皺折而有耳聾的傾向，這種形式的耳聾是無法治療的。不過，貓即使耳聾，也能很快地適應環境而生存下去。

▲ 藍眼的白貓容易有聽不到的狀況。

嗅覺 ▬

鼻子對貓咪而言是另一個重要的感覺器官。有人說貓咪嗅覺的敏感度是人的20萬倍以上，是因為貓咪的鼻黏膜內約有9千9百萬個神經末梢，而人只有5百萬個的關係。

嗅覺對貓咪而言比視覺重要？

視覺和嗅覺比起來，貓咪是以嗅覺來判斷各式各樣的東西。例如：貓咪只是聞了其他貓咪的尿和臭腺氣味，就能知道那隻貓是公的還是母的；小貓未開眼前也是利用聞母貓的氣味來找到乳頭；這隻貓咪是不是正在發情？是不是貓奴的味道？這些都可以用嗅覺來分辨，甚至在500公尺以外的微弱氣味，貓也能夠聞得到。

此外，貓咪的鼻子對含氮化合物的臭味特別敏感，因此放置過久的食物以及腐敗的食物，都無法引起貓咪的食慾。

▲ 嗅覺對貓咪而言是非常重要的感覺器官。

為何貓咪遇上貓薄荷就像吸大麻？

貓特別喜歡一種叫作貓薄荷的植物所發出來的氣味，牠們會被這種氣味所吸引，而且會心醉神迷地在地上翻滾及仰臥。因為貓薄荷內含有某種油脂，而這種物質與發情母貓分泌於尿中的物質具有相似的化學結構，就像你所猜想的一樣，公貓較母貓及去勢公貓容易被貓薄荷所吸引，所以貓薄荷對貓咪來說，是一種非常性感的植物呢！此外，奇異果的枝幹及樹葉也有相同的作用。

貓咪怎麼知道食物是不是熱的？

貓咪的鼻子不只是嗅覺敏銳，連溫度也能感覺得到，鼻子是全身對溫度變化最敏感的地方。即使溫度變化只有0.2度，連人類都感受不到的差異，貓咪都能感受得到。因此貓咪測試食物的溫度是靠鼻子，而不是舌頭；就連尋找涼爽舒適的地方休息時，也都是依靠鼻子。

聞到特殊味道時，貓咪會有奇怪的表情？

當貓咪嗅到一些特別或刺激的味道時，會將頭往
上揚，並有捲唇、皺鼻以及嘴巴張開的特殊表
情；一般相信這種看似微笑的表情是為了讓某些
氣味進入嘴內，與上顎內的鼻梨器（Jacobson's
organ）接觸，它具有嗅覺及味覺的功能，使得貓
咪可以分辨這些味道。

人類也有鼻梨器，只是已不具功效了。對貓而
言，主要是在發情期間接收發情母貓發出的費洛
蒙氣味。

▲ 鼻梨器位於上顎門齒後方的小洞中。

觸覺 ▰▰▰

**貓的觸覺非常發達，而鬍鬚似乎扮演著重要的角色。不過，貓咪的「鬍鬚」不是只
有在嘴巴周圍，而是包括眼睛上的眉毛、臉頰上的毛，以及前腳內側的觸毛都可以
稱為鬍鬚。**

貓咪的鬍鬚很重要嗎？

貓咪的鬍鬚是一種感覺器官，毛根部有神經細
胞，當鬍鬚碰到東西時，就會有刺激傳到腦部，
讓貓咪可以判斷是否有危險，並且避開危險。一
般認為鬍鬚伸長出來的寬度約為貓身體的寬度，
這使得貓在跟蹤獵物時可以測量身體與旁邊物體
之間的距離，讓貓咪可以經過而不會碰到周遭的
東西，或者避免因碰觸到物體而發出聲響，嚇跑
了獵物。

貓在黑暗中會利用鬍鬚及前腳的觸毛來偵測無法
看見的物體，假如鬍鬚在黑暗中碰觸到獵物，牠

▲ 貓咪會用鬍鬚來測量可以通過的寬度。

會很快地作出反應並準確地捕捉獵物。另外，某些研究推測，貓在黑暗中跳躍或行進時會將鬍鬚朝下彎曲，用來偵測路途中出現的石頭、洞穴或顛簸的路面，即使在最快的逃命速度下也不會受到任何阻礙，因為鬍鬚所偵測到的訊息會立即使身體改變方向而躲過障礙。

味覺

貓對於食物的要求比美食專家有過之而無不及！不過，貓咪的味覺其實不是那麼的發達，因為比起味覺，貓咪主要還是用嗅覺來判斷是不是要吃這個東西。

貓咪很挑食？

貓咪的舌頭和人的一樣都有存在感覺味道的細胞，可以感覺苦味、甜味、酸味、鹹味。但有研究表示貓對甜的味覺不敏感，所以不像狗狗特別喜歡吃甜食，此外，貓就像其他純肉食獸一樣，無法消化糖類，且吃入甜食後易造成下痢。但是，肉裡面氨基酸的甜味以及獵物腐爛的酸味，貓咪都可以分辨出來。

幼貓出生後就具有發育完整的味覺，只是隨著年齡的增長，味覺的敏銳度會逐漸減低。另外，貓咪發生上呼吸道感染時，有可能會影響味覺的能力，並伴隨食慾不振，就像人類重感冒時味蕾也會受影響一樣。

▲ 貓咪的味覺其實並不發達。

Ⓓ 貓的肢體語言

很多貓奴在第一次養貓時，因為對貓咪不了解，而對牠表現出來的行為有很多誤解。貓咪跟人不一樣，不會說話，但會利用肢體動作來表現情感。所以貓奴們更應該要知道各種肢體語言的意義，才能更了解你們家的貓咪現在究竟是什麼樣的情緒！貓咪的肢體語言，可由臉部表情、耳朵位置、尾巴的擺動以及肢體動作來觀察。

放鬆／安心

貓咪待在對牠來說是熟悉且安全的環境時（如家裡），身體肌肉以及臉部表情的線條是呈現放鬆的狀態，而且尾巴是慢而有規律地擺動，有些貓咪的喉頭甚至會發出呼嚕的振動聲音。呼嚕的振動聲是貓科動物特有的聲音，大部分是在貓咪感到放心的時侯才會發出。有些第一次養貓的貓奴聽到貓咪發出呼嚕的振動聲，還以為是貓咪生病了呢！但近年來的研究發現貓咪在緊張或甚至重病時，也會發出呼嚕呼嚕的聲音，所以可能也有紓解壓力的作用。

大部分的人會將貓咪的磨蹭動作認為是撒嬌的行為，但其實是貓咪為了留下牠們的氣味。貓咪的臉部或是身體其他部分的皮脂腺會分泌腺體，當牠們在磨蹭時，也把這些味道留在物體上，表示這個物體是牠們的，或是地盤的劃分。此外，貓咪待在留有自己味道的地方時，也會比較安心。人的手腳、堅硬物體的邊緣等，都是貓咪會磨蹭、留下味道的地方。

磨蹭

有些貓咪不高興時，表情並不會有正常貓咪緊張或害怕時的樣子，耳朵只會稍微往後或是在正常耳位，背部及尾巴的毛也不會豎起來，身體大部分還是呈現放鬆狀態，不過，尾巴會快速地左右擺動。但當讓牠不悅的動作一直持續時，貓咪可能會出現輕咬或是用前腳拍打的動作。

不高興

緊張／害怕

貓咪在緊張或很害怕時，瞳孔會放大變圓、耳朵會往後或是往旁下壓、臉部的表情變得僵硬，眼神不時地注意讓牠緊張的人事物、身體會壓低，有時甚至會趴下，尾巴則捲起在兩腿之間。有些貓甚至會作好跳跑的準備。

貓咪生氣時，瞳孔一樣會放大，呈圓形。背部及尾巴的毛髮會因豎毛肌收縮而全部豎起來；尾巴的毛豎起來像奶瓶刷，也有人形容像松鼠的尾巴，而背也會微微弓起像座山；總之，貓咪會讓自己的體型看起來很大，以威嚇敵人。此外，臉部的表情會更誇張，有些貓甚至會嘴巴張開，露出牙齒並發出嘶嘶的哈氣聲。如果有進一步威脅的動作時，貓咪會伸出前腳攻擊。

生氣

當貓咪害怕或是生氣到一定程度時，會作出攻擊行為，貓咪的攻擊動作一般是伸出前腳及指爪拍打，有些貓咪則會主動向前撲，除了前腳的攻擊外，還會有咬的動作；因此在貓咪已經很生氣時，別再刺激牠，讓牠的情緒慢慢穩定下來。

從貓咪的睡姿也可以看出牠現在的情緒狀態。

沒有防備的睡姿

露出肚子的大字型睡姿。此時的貓咪是在最放鬆且完全沒有防備的狀態，也表示牠對於環境感到非常的安心。

解除警戒的睡姿

原本趴著的貓咪，對四周的環境開始
放心後，便會將四肢伸直，頭平躺在
地上，露出一半的肚子。此時的貓咪
也是進入放鬆的狀態。

趴坐式的睡姿

貓咪呈現趴坐姿勢，前腳往身體裡面
彎曲，頭抬高並且閉上眼睛睡覺。此
時的貓咪是半放心狀態，頭抬高是為
了要隨時注意周圍的狀況，不過因為
腳是彎曲的，因此遇到危險沒辦法立
即起身。

警戒的睡姿

貓咪將身體蜷縮成一團，並將頭靠在
前腳上睡。這個姿勢常見於野外的貓
咪或是個性較容易緊張的貓咪。為了
保護自身的安全，因此不會將自己的
肚子露出來，且一旦有危險，頭可以
馬上抬起來察看。不過，天冷時，貓
咪也會出現身體縮成一團的睡姿。

Ⓔ 認識緊迫

緊迫又稱為「應激」，英文是Stress，簡
單來說就是任何造成生理、心理壓力的狀
況。就像人類會有水土不服及積鬱成疾
(但適當的緊迫有助於腎上腺皮質部功能
的維持)，有些豬隻會在運輸中死亡，就
是因為在豬場過度安逸的生活，導致腎上
腺皮質部萎縮，等到受到巨大緊迫時，就
發生腎上腺皮質部功能衰竭而導致死亡；
動物園動物在運輸時，也偶爾會發生這樣
的狀況而死亡。

緊迫過多、過大會造成免疫系統的抑制，使得潛在的疾病爆發出來。就像貓
的皰疹病毒及卡里西病毒感染，很多貓都是帶原者，一旦遇到過大的緊迫
時，免疫系統功能下降、無法抑制病毒的複製，於是這些病毒就開始大量複
製增殖，貓便會開始呈現輕微的臨床症狀，例如打噴嚏及結膜炎，並藉由打
噴嚏大量傳播病毒，使得其他抵抗力不好的貓咪發生嚴重的臨床症狀，如角
膜潰瘍、口腔潰瘍、打噴嚏、鼻膿、呼吸困難、張口呼吸、結膜炎及角膜潰
瘍等。

另外，很多貓體內都帶有無害的腸道冠狀病毒，一旦受到緊迫時，腸道冠狀病
毒就大量增殖，而且可能突變成為死亡率百分之百的傳染性腹膜炎病毒。

貓咪常見的緊迫狀況

到底哪些狀況是屬於貓咪常見的緊迫狀況呢？包括了食物轉換、環境轉換、氣溫變
化過大、施打疫苗、外科手術、旅行運輸、洗澡等。這也是為什麼剛買回家或剛領
養的小貓特別容易生病的原因，綜合因素有：1.一定要洗香香才回家(洗澡緊迫)、
2.一定要買最好的食物及各種零食罐頭給牠(食物轉換緊迫)、3.回到你家(環境轉換
緊迫)、4.先帶到醫院進行驅蟲及預防注射(醫療緊迫)、5.家裡很多貓老大準備修理
牠(多貓飼養緊迫)、6.從台北到高雄去買貓或領養貓(運輸緊迫)，這麼多的緊迫狀
況加在一起，很容易導致小貓生病。

所以，我們應該什麼事都不要做就直接帶貓回家嗎？也不是這樣的。新進的貓咪可能會帶有一些傳染病，例如跳蚤、黴菌、皰疹病毒、卡里西病毒、耳疥蟲等，所以帶回家前必須先到醫院進行初步檢查，如果有跳蚤，就先滴除蚤滴劑，最好使用能同時含有驅內寄生蟲及耳疥蟲功能的綜合滴劑，這是為了保護家裡原來的貓以及人類的必要之惡，而且回家後一定要完全隔離(包括空氣)至少兩週以上。

至於洗澡、預防針就免了吧！等到新貓完全適應、生活正常後再進行(約2～4週後)。食物要記得不要轉換，就吃以前所吃的食物，不要錦上添花加了一堆營養品、零食或罐頭，要將緊迫減到最少。

給予貓咪適當的緊迫

緊迫過多有害，但過少也不行。緊迫過少很容易導致貓咪癡肥及自發性膀胱炎，所以貓咪的生活環境一定要多采多姿，例如在牆上架設很多讓貓通行的層板，讓貓走貓的路，人走人的路；再放置各種吸引貓咪運動的玩具，例如有些塑膠球內可以放置貓乾糧來促進貓運動、逗貓棒、貓跳台；甚至設置能讓貓與戶外接觸的通道或空間，這些空間及設置，能讓貓適當釋放壓力並適當接受緊迫，這對牠的身體健康狀況都是有益的。

貓是少數會因為緊迫而發生高血糖的動物，所以貓到醫院就診檢查時很容易被誤判為糖尿病(但目前以果糖胺檢驗，就能判斷是否為緊迫所造成的高血糖)。對於成貓

或健康的年輕貓而言，是否造成緊迫也是必須注意的，例如節育手術最好不要與預防針同時進行，不要總想畢其功於一役，讓貓咪接受過度的醫療緊迫，也會使得潛在疾病爆發。

我每次面對獸醫師進行講座時，常常會提到的一句話就是：「貓病的萬惡之源就是緊迫！」

Ⓕ 貓品種的疾病好發性

	行為／性格特徵	易患疾病
阿比西尼亞	聰明、攻擊傾向、貓間攻擊、警覺、不喜歡擁抱、與人互動、忠誠、活潑、喜好玩耍追逐、抓撓家具、捕獵小型飛禽、噴尿記號	先天性甲狀腺功能低下、擴張性心肌病、感覺過敏症候群、類澱粉沉積症、芽生菌病、重症肌無力、鼻咽息肉、心理性脫毛、對稱性脫毛、丙酮酸激酶缺乏症、布氏桿菌病、視網膜細胞變性、視網膜細胞發育異常
伯曼貓	甜美、對人類友善、愛叫	周邊多發性神經病變、先天性白內障、先天性稀毛症、角膜皮樣囊腫、壞死性角膜炎、血友病B、海綿狀變性、尾尖壞死、胸腺發育不良、糖尿病、多囊腎
緬甸貓	對人類友善、愛玩耍、社交能力強、很少噴尿做記號、忍耐力強、愛叫、擅長使用砂盆	鼻孔發育不全、頭部缺陷、草酸鈣結石、先天性耳聾、先天性前庭症候群、角膜皮樣囊腫、擴張性心肌病、費後性心肌病、全身性毛囊蟲症、感覺過敏症候群、櫻桃眼、心因性脫毛
柯尼斯／德文捲毛貓	活躍、對人友善、充滿活力、擅長使用貓砂盆、活潑、攀爬及跳躍、很少噴尿做記號	先天性稀毛症、馬拉色菌性皮膚炎、膝蓋骨脫位、臍疝、麻醉過敏、維生素K依賴性凝血障礙、天皰瘡
喜馬拉雅貓	友愛、安靜、喜好玩耍、沉著	基底細胞瘤、草酸鈣結石、先天性白內障、先天性門脈分流、脆皮病、皮黴菌病、特異性顏面部皮膚炎、感覺過敏症候群、全身性紅斑性狼瘡、耳耵聹腺瘤
曼島貓	性情平和、稍微膽小害怕、家庭關係依賴度適中、不愛叫	炎症性腸道疾病、便秘、巨結腸症、直腸脫垂、薦尾椎發育不全、椎裂
波斯貓	友愛、經常噴尿做記號、慵懶、不愛玩耍、不擅長使用貓砂盆、安靜、甜美、容易恐懼、警覺心強	基底細胞瘤、草酸鈣結石、橫膈心包疝、牛磺酸缺乏、先天性白內障、多囊肝、多囊腎、先天性門脈分流、隱睪、眼瞼內翻、皮黴菌病、皮脂漏、肥大性心肌病、特異性顏面部皮膚炎、淚溢、鼻淚管發育不全、鼻甲骨發育異常、法洛氏四重症、視網膜變性、皮脂腺腫瘤、全身性紅斑性狼瘡、傳染性貧血、白血病、漏斗胸、自發性前庭症候群、脂層炎、糖尿病、腎上腺皮質部功能亢進

	行為／性格特徵	易患疾病
暹羅貓	友愛、經常噴尿做記號、活躍、貓間攻擊、環境要求高、易出現不適應性應激反應、聰明、活潑、愛玩耍、愛叫、愛磨爪	基底細胞瘤、類澱粉沉積症、芽生菌病、乳糜胸、上顎裂、先天性白內障、先天性耳聾、先天性視網膜變性、永存性右主動脈弓、先天性巨食道症、先天性重症肌無力、先天性門脈分流、先天性前庭症候群、鬥雞眼、霍納氏症候群、隱球菌病、擴張性心肌病、肥厚性心肌病、眼瞼缺損、瞬膜發育不良、對稱性脫毛、貓哮喘、耳翼脫毛、食物過敏、全身性毛囊蟲病、炎症性腸道疾病、青光眼、血友病 A/B、髖關節發育不良、組織漿胞菌、感覺過敏症候群、脂肪瘤、乳腺瘤、肥大細胞瘤、鼻腔腫瘤、心理性脫毛、幽門功能障礙、小腸腺癌、孢子菌絲病、二尖瓣閉鎖不全、法洛氏四重症、心理性啃咬尾尖、癲癇、免疫性溶血、白血病、胰臟外分泌液不足、原發性副甲狀腺功能亢進、腎上腺皮質部功能亢進
美國短毛貓	性情平和、懶惰、適應性強、安靜、孩童耐受性高	多囊腎、肥厚性心肌病、視網膜細胞發育異常、牛磺酸缺乏
峇里貓	活躍、友愛、黏人、喜歡社交、愛玩耍、愛叫	基底細胞瘤、乳腺瘤、種馬尾
孟加拉貓	貓間攻擊、攻擊人類、好奇、喜歡水、對人類不友善、抓家具、粗暴、噴尿做記號、非常活躍、喜歡玩耍、撫摸耐受性差	無資料
英國短毛貓	與人類友好、對人類友善、平靜、較少噴尿做記號	肥厚性心肌病、血友病 B、多囊腎、新生兒溶血
埃及貓	活躍、對不熟悉的人疏遠、膽小、對噪音敏感	海綿樣變性
異國短毛貓	害怕不熟悉的人、對人類關注度低、比波斯貓活躍些，獨處時也相對較安靜	淚溢、鼻淚管堵塞、多囊腎、肥厚性心肌病、橫膈心包疝
柯拉特貓	活潑、對人類友善、溫柔、可能無法接受其他貓	心因性脫毛、感覺過敏症候群
緬因貓	對人類友善、不害怕陌生人、不愛叫、容易相處、擅長使用貓砂盆	髖關節發育不良、肥厚性心肌病

	行為／性格特徵	易患疾病
哈瓦那棕貓	對人類友善、尋求關注、好動好奇、喜歡玩耍、較少噴尿做記號	芽生菌病
斯芬克斯貓	活潑、對人類友善、喜歡待在人腿上、好奇、愛玩耍	麻醉劑過敏、乳腺增生、乳腺腫瘤
挪威森林貓	活躍、家庭互動好、稍微膽小害怕、不愛叫	肥厚性心肌病
東方短毛貓	活躍、對人類友善、擅長使用貓砂盆、攻擊性低、可能噴尿做記號、愛叫	心因性脫毛症
布偶貓	對人類友善、溫順、易相處、孩童耐受性高、攻擊性低	肥厚性心肌病
俄羅斯藍貓	對不熟悉的人保持警惕、孩童耐受、擅長使用貓砂盆、較少噴尿做記號、愛玩耍、安靜、害羞	慢性腎藏疾病
摺耳貓	對人類友善、好奇、聰明、對家庭忠誠	軟骨發育不全、關節疾病、肥厚性心肌病
索馬利貓	活潑、對人類友善、精力充沛、喜歡互動、不適應多貓環境、不喜歡被抱、好奇心強	重症肌無力、丙酮酸激酶缺乏症
東奇尼貓	活潑、對人類友善、有點黏人、擅長使用貓砂盆、喜歡社交、較少噴尿做記號	齒齦炎、先天前庭症候群
短毛家貓	活躍、對人類友善、少部分流浪貓具攻擊性、部分對人友善、擅長使用貓砂盆、經常噴尿做記號、愛玩、擅長捕獵	先天性白內障、先天性重症肌無力、角膜皮樣囊腫、先天門脈分流、法洛氏四重症、應激綜合症、再餵食症候群、脆皮病、血友病 A、肥厚性心肌病、心因性脫毛、丙酮酸激酶缺乏症、皮脂腺腫瘤、感光過敏症、多囊腎、傳染性腹膜炎
長毛家貓	擅長使用貓砂盆、中等攻擊性、經常噴尿做記號、對人類較不友善	基底細胞瘤、肥厚性心肌病、脆皮病、先天門脈分流、多囊腎、肢端肥大症、牛磺酸缺乏症
美國捲耳貓	個性活潑、溫順、對人友善、與其他貓咪相處融洽	外耳炎、炎症性腸道疾病

PART

2

歡迎新成員

(A) 養貓前的準備

對一項不熟悉的事物，首先當然必須要了解其基本常識，尤其是面對有生命的寵物，若抱著邊養邊學的心態，對寵物而言是相當不負責的。台灣一般飼主對於狗的常識了解較多，對貓咪則一知半解；因此，在飼養貓咪前，應從網路、書籍、獸醫師等來源，獲得最起碼的知識，再進一步判斷自己是否夠資格當一個稱職的愛貓人。

品種的考量 ▬

在收集貓咪知識的同時，相信您也發現林林總總的貓咪品種，每個品種都有其特性、不同的照顧方式，我們就先簡略地把牠們區分為長毛品種與短毛品種吧！ 在台灣高溫潮溼的狀況下，短毛家貓是較好的選擇，掉毛少、抵抗力強、疾病少、可免費領養，上網領養或獸醫院領養都是不錯的管道。如果您對特定品種有特別的喜好，當然也可以花點錢到寵物店去挑選購買，但千萬別認為短毛的外國品種貓掉毛量比長毛貓少，那可是大錯特錯，像美國短毛貓、英國短毛貓、加菲貓，牠們的掉毛量可是不輸長毛波斯的！長毛品種的貓有著華麗的外型，像金吉拉、黃金金吉拉、波斯貓都是市面上常見的貓種，但是，美麗是需要付出代價的，牠們美麗的披毛就有勞您每日辛勤地梳毛，不然可是會狼狽不堪的，甚至身上可能因為梳毛不力而導致毛球結塊，終至剃光一途；長毛貓的掉毛量當然相當驚人，您必須要對貓毛有一定的耐受力，並努力地清理環境；純種貓一般而言會有較多的疾病，如黴菌、耳疥蟲、多囊腎等，可能會造成一筆不小的開銷。

▲ 01／美國短毛貓。02／加菲貓。03／摺耳貓。04／喜馬拉雅貓。

經濟 ▬

「沒錢千萬別養貓」這是我深深的感受，就像養小孩一樣，沒有能力就不要養小孩。或許牠是領養的，不用花您一毛錢；或許牠是您買的，花了您幾萬大洋，但一旦養了牠，牠的一生就託付給您了，這十幾年的食衣住行娛樂都須由您負責，而其中負擔最重的就是醫藥費，如果您還認為動物的醫療是落後且便宜的話，那就錯了！您可能生的病，牠都可能會發生，糖尿病、心臟病、腎臟病、肝臟病、胰臟炎、狼瘡……等，沒聽過吧！牠的醫療方式、診斷方式都跟人大同小異，您認為這些費用不高嗎？沒能力千萬不要養，這真的是良心建議，有很多貓是死在飼主不願意花錢治療的狀況下，雖然現實，但千真萬確。在臨床這幾年遇到了一些讓我印象深刻的病例，記得有一年，有一隻小公貓因為尿道阻塞而尿不出來，被帶到醫院看診，告知主人牠必須導尿及住院治療，需要一筆治療費用，主人面有難色地想了一下後，只淡淡地告訴我：「我不治療了！因為牠只不過是領養的貓，我連自己都快養不活了，卻要我花這麼多錢治療牠？」這隻貓讓我久久無法忘懷，牠健康時，帶給您許多歡樂及幸福，但牠生病時，卻無法幫牠作治療？經濟不景氣，但為何貓咪卻是這不景氣下的犧牲者？所以在養貓前，希望您還是能好好思考，能給貓咪什麼樣的生活？在牠生病時是不是能不離不棄？能不能負起照顧牠一生的責任呢？

▲ 養了牠，就請負起照顧牠一輩子的責任吧！

家庭 ▬

別以為您有能力養一隻貓就可以大方地讓牠登堂入室，家人能接受嗎？心理上或許還能協商妥協，若是家中有過敏體質的人，特別是對貓毛過敏的人，您的一時衝動，卻可能會造成牠的流離失所。另外，您是新婚夫妻嗎？您是未婚單身女子嗎？有考慮到婚後對方是否能接受牠嗎？如果您有了小孩，還會一樣地疼貓、一樣地細心照料嗎？這些不是危言聳聽，實在是看過太多這樣的狀況，可憐的還是貓，所以，養貓之前，請三思！如果以上所有的重點您都考慮過，也通過了，那麼恭喜您，接下來就是挑選一隻貓咪了！這一部分我們將會在之後繼續討論。

Ⓑ 如何挑選一隻貓

▲ 在深思熟慮後，領養一隻適合您的貓。

養一隻貓是一輩子的事，牠的生老病死您都必須一肩扛起，尤其是剛養的小貓，如果有太多疾病問題，可能會嚴重打擊您養貓的信心。如果您對貓的品種不是很在意，網路上的貓咪中途之家是不錯的選擇，這些由愛心人士組成的團體或網站，都是無償地在默默付出，只希望貓咪們能有良好的歸宿，因此在健康管理上是不會輸給專業繁殖場的，但他們當然也會嚴格的篩選，檢視您是否適合領養這樣的貓。如果您還無法打破品種的迷思，當然就必須花點錢來購買了。想要免費領養一隻純種的小貓，基本上是不可能的事，我也不敢苟同這樣的想法；選購純種小貓一定要找有店面且信譽良好的商家，如果您能找到一般民家繁殖的小貓，不論是價格上或健康上，都是較有保障的，因為單純的飼養環境比較不會有傳染病，而大型繁殖場、寵物店，由於貓咪的來源多、照顧不易，所以健康方面會比較令人擔心。但是近幾年來，一些老品牌的貓店，也逐漸注重疾病的控管與售後服務，的確有令人耳目一新的感受。

貓咪的來源 ▬

在台灣有很多養貓的管道，但如何選擇一隻適合自己的貓咪，可能需要貓迷們好好深思熟慮一下了。不管是品種貓或是米克斯貓（mixed cat）都有牠們的優缺點，而每個品種的貓咪都有該品種貓的獨特性格或是遺傳性問題，因此在選擇品種貓時最好能先作點功課，充分了解想要養的品種貓，再決定是否購買，而不是到了發現這些貓有品種上的問題後，才開始注意。米克斯貓比較沒有品種遺傳的問題，所以個性可能會是挑選的重點。牠們跟人一樣也有很多種個性，有活潑好動的，有安靜沉穩的，也有喜歡跟人喵喵叫互動的貓咪，所以別忘了，正因為每隻貓的個性不同，與您相處激盪出的火花才是養貓的樂趣啊！

動物收容中心

許多流浪小貓會被送到收容所安置，收容所裡有獸醫師駐診，因此在那裡的小貓都會有醫師幫忙作檢查、驅蟲或是打預防針及施打晶片，甚至有些已經到了節育年紀的貓咪，醫生還會幫忙作節育手術。在領養前都可以詢問貓咪的狀況，不過，因為是流浪過的貓咪，所以有些貓咪也許有心理受創的經驗，對於人及環境的不信任感會很嚴重，需要更多耐心及愛心來對待牠們。

▲ 有些從小失去媽媽的小貓，會由愛心媽媽撫養長大。

中途之家

中途之家的小貓來源大多是愛心媽媽在路上撿到的小貓，有少部分是從收容所領養回來的小貓。愛心媽媽會帶小貓到醫院作檢查、驅蟲、施打預防針，甚至有些貓到了節育年紀時，也會帶牠們到醫院進行節育手術。因為中途收養的貓咪數量不像收容所那麼多，因此愛心媽媽們對於每隻小貓的身體狀況及個性都是瞭若指掌。

動物醫院

有些動物醫院會有愛心媽媽寄養小貓，尋找有緣人士的領養，這些小貓都有做過檢查、驅蟲，而且小貓的狀況醫生也都會詳細地告知。

路上撿到

貓咪的繁殖速度非常快，因此在路上常常會發現與貓媽媽走失的小貓，也會有與人親近的成貓。如果是從年幼時開始養，小貓會非常容易教養及親人；成貓則是要看本身的個性，有些貓咪因為已經在外自在慣了，有可能會無法適應關在家裡的生活，或是在外吃習慣人類的食物，因此在家還是會跳上餐桌偷吃人的食物，不過這都是「因貓而異」，不是每隻貓咪都會如此。在帶回家養之前，最好先帶到動物醫院請醫生幫貓咪做身體檢查，沒問題後再帶回家隔離觀察，別急著和家中其他小寵物放在一起。

▲ 建議以領養代替購買。

網路

有些人會因為想留下自己貓咪的後代而讓貓咪繁殖，出生後的小貓大部分會送給認識的人養，或是PO文在網路上，讓人購買或領養。由於自家繁殖小貓的生長環境大多簡單、乾淨，所以小貓的健康狀態大多是良好的。

店面購買

如果要向店面購買，建議選擇信譽良好的貓舍，小貓的健康品質也比較有保證。

貓咪的品種

先前我們已經討論過長毛、短毛貓在照顧上的差異；熱門的貓種價格總是高不可攀，一旦冷卻後，市場機制就會回歸正常，所以別當一窩蜂的冤大頭了！每一種貓都有其特性，短毛貓多屬於肌肉型或纖細型，所以活動量大就不足為奇；而長毛貓大多是屬於厚重型，動作較遲緩、慵懶，各有特色，無所謂好壞，全視個人喜好而定。

外觀

選購貓時，千萬別挑林黛玉型的，最好挑選有肉、活動力強、精神活躍的小貓，因為這些是健康的基本條件，如果不想自找麻煩的話，只要有一點小瑕疵的，就別下訂，因為這些小瑕疵可能就是重大疾病的前兆。試想，您去買一台車時，如果車身有刮痕、有撞傷，您會選擇它嗎？挑選小貓時，要注意眼睛一定要清澈明亮、沒有眼屎；鼻頭一定要濕潤，但並無分泌物或鼻水；耳朵一定要乾淨沒有異味，如果有很多黑褐色的耳屎，就可能有耳疥蟲的感染；皮毛一定要光滑柔順，沒有任何脫毛區或皮屑、痂皮；肛門周圍的皮膚及披毛一定要乾淨，沒有沾附任何糞便。說到這裡，不禁有人要問「找得到這樣的小貓嗎？」，答案是「很難！」，但這些都是大原則，千萬別為買貓而買貓，這樣不僅可以挑選的空間變小，更可能會在賣方一時的花言巧語下，買了一隻全身是病的小貓，屆時您所花的醫藥費可能是貓價的好幾倍！

◀ 讓健康的貓咪成為家中的一份子。

專業檢查

在購買前或將貓咪帶回家前，最好先經由專業獸醫師檢查是否有疾病，包括人畜共通傳染病或跳蚤等外寄生蟲。當然賣方可能有長期配合的獸醫院，但因為其合作關係，或許就會有不客觀或掩蓋病情的疑慮，所以最好有公平公正的第三方來進行檢查，較為客觀。完成了以上步驟，您的愛貓就正式成為家中一員，牠不再是有貼價碼的商品，而是您的家人、至親！

Ⓒ 新進貓咪的照顧

首先必須恭喜您挑選到一隻心目中的夢幻貓咪，也慶幸這隻貓有這樣好的歸宿！第一次飼養幼貓的貓奴對於小貓要吃些什麼？一天吃多少量？要準備些什麼日常用品等問題都不是很了解，等到帶貓咪到醫院檢查時，才發現貓咪吃得不夠，或是吃的東西不對，甚至有些貓奴認為貓咪吃得少，就不會長得太大隻……但其實幼貓就跟小孩一樣，活動力旺盛，因此對熱量的需求也相對大。此外，營養攝取也必須要均衡，才不會造成幼貓發育上的障礙。

貓咪的食物 ▰▰▰

一般市售的貓咪主食大致上分成乾飼料和罐頭。乾飼料的廠牌種類很多，大部分會分幼貓、成貓和老貓。少部分的廠牌會將幼貓、成貓和老貓的飼料再細分，例如離乳小貓、挑嘴成貓和腸胃敏感等飼料。因此可依貓咪的年齡和狀況來選擇適合的飼料。幼貓一般是指2個月至1歲的小貓；成貓則是指1～7歲的貓咪；而老貓一般是指7～10歲以上。

一般幼貓在六週齡後，器官生長完成，且貓咪的腸胃道也漸漸開始習慣固體食物，可以開始轉換成乾飼料。此外，也因為幼貓的熱量需求是成貓的3倍，如果不是給予幼貓專用飼料，會造成貓咪營養不均衡以及發育障礙。還有，幼貓的胃容量比成貓小很多，最好是少量多餐，等貓咪1歲後就可以換成成貓專用飼料了。一般貓咪的平均壽命約為14～16歲，7歲以後貓咪的身體機能會慢慢衰退，所以7歲以後可以將成貓飼料慢慢轉換成老貓專用飼料。雖然每個廠牌對於老貓年齡的設定不太一樣，但大致上不會差太多。

常常有貓奴問我，到底是給貓咪吃乾飼料好，還是吃罐頭好？還是乾飼料和罐頭混合給予？食物的口味是不是要常常更換，才不會讓貓咪容易吃膩？我覺得只要是貓咪能接受的，營養成分也足夠，容易 被身體消化及吸收，可以使貓咪體重維持穩定的食物都是好的。而乾飼料和罐頭各有優缺點，以下將乾飼料和罐頭之間的差別整理出來，各位貓奴可以視貓咪對食物的接受程度、自己的經濟能力、方便性來決定愛貓的食物。

貓咪每天要給多少食物？

如果是乾飼料，可以根據飼料包裝袋上的建議量給予。幾乎所有的飼料包裝袋上都會有清楚的標示，如月齡、體重以及每日需要吃的公克數。不過貓奴們可能就得準備一個小磅秤，秤出每日需要吃的公克數，再分成3～4餐給予小貓。而成貓也是根據飼料包裝袋上的標示給予，但可以將每日的量分成2～3餐給予。如果一天只餵食一次，有些貓咪會一下子吃得很多，反而會增加胃腸道的負擔；讓貓咪空腹的時間延長，也可能造成貓咪討食次數增加，或是引起貓咪嘔吐。

乾飼料

優點

1. 乾飼料比較硬脆，所以貓咪在吃的時侯會去咀嚼，牙垢就比較難堆積在牙齒上。
2. 跟罐頭相比較便宜，保存時間也較長。
3. 由於每單位重量的營養價值很高，相同的熱量下，乾飼料的分量比罐頭來得少；也就是說貓咪吃1克的乾飼料，而罐頭卻要吃幾十克，熱量才會一樣。

缺點

1. 乾飼料的水分含量少。
2. 每日攝取量過多，容易造成貓咪肥胖。

保存

乾飼料保存期限長，需避免陽光直射，在常溫下保存，並且減少與空氣接觸，保持密封狀態。如果飼料沒有保存好，會造成氧化而使飼料味道變差。飼料放在食盆的時間愈久愈容易降低香味及口感，而且貓咪唾液碰過的飼料也容易腐敗，所以放了一天的飼料，如果貓咪沒吃完就丟棄吧！

罐頭

優點

1. 因為罐頭的水分含量多，所以貓咪吃罐頭能額外補充水分。
2. 罐頭的味道比乾飼料香，大部分的貓咪也會比較喜歡吃罐頭。

缺點

1. 成本比乾飼料高，保存期限也較短。
2. 每單位重量的營養價值比乾飼料低，吃的量要比乾飼料多，才能達到該有的熱量。
3. 水分含量高（約75～80%），因此也比乾飼料容易腐敗。如果罐頭沒開封，保存時間可以比較長；一旦開封後，即使是放入冰箱保存，也建議最多只能放到隔天。
4. 濕食容易附著在牙齒上，因此比吃乾飼料更容易形成牙結石。

保存

罐頭開封後移放至密閉的容器中，可以防止氧化，夏天時，更需要特別注意罐頭的保存。由於罐頭容易變質，所以貓咪食用後20～30分鐘，如果還有殘餘，貓咪也不吃了，就丟掉吧！另外，因為貓咪不太喜歡吃冰的食物，因此冷藏的罐頭要先加溫後再給貓咪吃，加溫後的食物不但會增加香氣，適口性也較好。

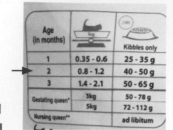

方式1

Step1
先找出貓咪體重該吃的一日總量。例如二個月大的幼貓，體重如果介於0.8～1.2 kg，則一天飼料總量為40～50g。

Step2
用小秤子秤出一天要給予的總飼料量，再分成3～4 餐給予。

年齡	每日的熱量需求 （每公斤體重的需要量）
10 週齡（2 個半月）	250 kcal / kg
20 週齡（5 個月）	130 kcal / kg
30 週齡（7 個半月）	100 kcal / kg
40 週齡（10 個月）	80 kcal / kg
10 個半月至 1 歲	70 ～ 80 kcal / kg

方式2

Step1
根據右表確定貓咪的年齡和每日熱量需求。

Step2
根據貓咪實際體重計算出一日所需的熱量需求。
例如：2個半月齡、0.9 kg的小貓：0.9 kg × 250 kcal ＝ 225 kcal／天

Step3
按照飼料包裝袋上的標示，計算出小貓每日需要吃的總量（公克）。
例如：2個半月齡、0.9 kg的小貓，一天需要的熱量為225 kcal。
225 kcal÷445 kcal ×100g＝50.5 g／天，再將50.5g的飼料分成3～4餐給予。

◀ 紅線的標示為每100g飼料約有445 kcal，請以各飼料袋上的標示為主。

食物轉換

在帶貓咪回家之前，最好先與前飼主確認貓咪吃的食物，因為新進貓咪最忌諱食物的轉換，所以最好先索取先前吃的食物，以避免腸胃炎的發生。而幼貓轉換飼料時，最常看到的不適症狀就是下痢(拉肚子)，持續性的下痢容易造成脫水。如果真

的必須幫幼貓轉換食物，也要循序漸進地轉換，例如：先前的飼料3/4搭配轉換飼料1/4，再慢慢將先前的飼料減少到1/4，搭配轉換飼料3/4，最後再完全改變成要轉換的飼料，至少花一週來調整。提醒您，沒有所謂的好飼料，只有適不適合的問題，一旦牠適應某一種飼料，那就是好飼料，任意地更換可能會造成腹瀉或嘔吐。

飼料轉換示意

| 新飼料1／4盆 | 新飼料1／2盆 | 新飼料3／4盆 | 全部換成新飼料 |

貓的食盆和水盆

對新進幼貓而言，小而淺的食盆及水盆是最重要的配備。此外，盆子最好還有止滑功能，免得邊吃盆子邊跑，水盆也必須時時刻刻保持滿水位，並隨時更換新鮮的水。再者，因為食盆容易有細菌的滋生，所以每日的清潔及消毒是很重要的，否則容易造成貓咪腸胃道的問題。

陶瓷材質

優點

與不鏽鋼材質一樣，細菌不易繁殖，但重量較重，貓咪在吃的時侯不容易移動。

缺點

價格相對昂貴，容易打破，且會造成貓咪切割傷。

塑膠材質

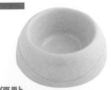

優點

價格上相對便宜。

缺點

易滋生細菌，且貓咪進食時碗容易移動。

不鏽鋼材質

優點

細菌難以滋生。

缺點

重量輕，貓咪進食時碗容易移動。

貓咪的披毛 ▅

貓咪一年有二次的換毛期，大約是
在春天、秋天二季。一般而言，貓
咪會在春天將冬天厚重的毛髮換成
適合夏天的毛；在秋天時將夏天的
毛換成適合寒冬的厚毛衣。

▶ 定期幫貓咪梳毛。

梳子

換毛時貓咪的掉毛量會比平常還多，必須要常常幫貓咪梳毛，將脫落的毛梳理掉，
如果不梳理，很容易造成貓咪吐毛球，因此換毛期，最好能每天幫貓咪梳毛。

不論短毛貓或長毛貓都要梳毛，定期梳毛不但可以減少披毛結球以及毛球症的發
生，也可以促進皮膚的血液循環，讓毛髮皮膚更加地亮麗健康。選一把適合的梳子
是最重要的，市面上常見的釘耙梳並非很好的選擇，容易造成貓咪疼痛，進而討厭
梳毛。建議長毛貓最好採用排梳，短毛貓最好採用細密的鬃梳，這方面可進一步請
教獸醫師或專業美容師。

化毛膏

化毛膏這個名詞不知道是誰發明的，真是太有創意，也誤導了大家！其實化毛膏就
是一種軟便劑、利便劑、便祕治療劑，是無法將毛髮消化掉的。貓咪的舌頭上有粗
糙的倒刺，可以用來梳理自己的毛髮，在這樣的舔毛過程中，會將脫落的毛髮吞入
胃腸，少量的毛髮不會引起任何症狀，但若有結毛球或大量掉毛時，吞進胃腸的毛
量就會相當可觀，並且可能造成所謂的「毛球症」，也就是腸胃阻塞，貓咪會嘔吐
及便祕。那麼問題來了！幼貓需要吃化毛膏嗎？答案是，除非發生嚴重掉毛的皮膚
病，否則六月齡後再開始給予化毛膏即可。養成每天梳毛的習慣，其實就可以觀察
出何時需要化毛膏，何時不用：如果是普通掉毛，可以每週2～3次；根本沒掉毛時
就停用；掉毛嚴重時，每天服用一指節的化毛膏；如果已經發生便祕狀況時，就必
須增加量到兩指節，並且每天增為兩次。

貓咪的砂盆 ▬

貓砂盆的大小、深度可以依照貓咪的體型、貓砂的種類以及環境空間彈性選擇。對幼貓而言，砂盆應選擇較小而淺的，也可以用餅乾盒或紙盒來替代，但須隨時清理、保持乾淨。使用砂盆是貓的天性，通常不用額外訓練，而貓砂盆的位置最好選擇安靜隱密的地方，離食盆與水盆別太近。

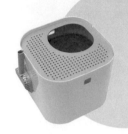

單層／開放式貓砂盆 ▬

市面上單層的貓砂盆，有周邊較淺或是周邊加高型可選擇。而周邊加高的貓砂盆可減少貓咪將貓砂帶出。

優點

貓咪進出容易，貓砂盆的清洗也容易。

缺點

貓咪在撥砂時容易將砂子撥出，或是上完廁所後，腳會將貓砂一起帶出，且貓咪上完廁所後，排泄物味道容易飄散出來。

雙層貓砂盆 ▬

優點

可以減少清潔工作。

缺點

適用於木屑砂等會崩解的貓砂，因此不喜歡大顆粒貓砂的貓不適用。

馬桶蹲式貓砂盆 ▬

優點

不會有貓砂撥出或帶出的問題。

缺點

必須要花時間教貓咪使用，並讓牠習慣馬桶蹲式貓砂盆。

貓咪的貓砂

市售種類非常多，貓砂顆粒有粗大的有細小的，有含香味或是無香味，材質選擇也多，因此選擇一個貓咪適合，且不會為家裡環境帶來困擾的貓砂很重要。另外，有些小貓會有吃貓砂的行為，應注意觀察，並選擇適當的貓砂材質，最好採用原來使用的品牌。

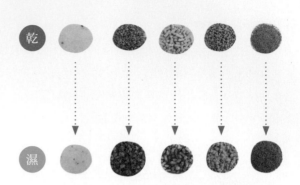

乾

濕

每種貓砂接觸到尿液後的反應、特性皆不同，選擇貓砂的同時，別忘了搭配合適的砂盆！

水晶砂

優點

1 除臭力非常好。

2 不會凝固，需要兩層式的貓砂盆。

3 會吸收水分，且味道好。

4 無粉塵，不易被貓帶出。

缺點

1 如果長時間使用會使貓砂的吸附力降低。

2 貓砂不會凝固，因此小便的量和次數難以確認。

3 一般是作為不可燃垃圾處理。

豆腐砂

優點

1 豆腐砂有一種特別的味道，也具有除臭效果。吸收快速，會結成塊狀，凝固力較差。

2 重量輕且環保，可以直接丟入馬桶沖掉，也可以作為一般垃圾丟棄。

缺點

1 價位偏高。

2 有些貓咪和主人會不喜歡豆腐砂特殊的味道。

3 保存不好會長蟲子。

4 有些幼貓會吃豆腐砂而造成腸胃炎，此時應立即停用。

木屑砂

優點

1 木屑砂有木頭的天然香味，具有除臭效果。重量比礦砂輕。

2 大部分的木屑砂碰到尿液時會分解成粉狀散開。現在也有凝結的木屑砂，吸收力很好。建議使用雙層網狀貓砂盆，過濾散開的木屑。

3 環保。處理的貓砂量少時，可以直接丟入馬桶沖掉；如果量多，以一般可燃垃圾處理。

缺點

1 凝固力和除臭力會因為使用的時間拉長而降低。

2 散開的木屑容易沾附在貓毛上（尤其是長毛貓）。

3 木屑品質和除臭力的好壞，在價格上也會有差。

紙砂

優點

1 環保。作為可燃垃圾處理。

2 因為會殘留小便的痕跡，所以可以檢查小便的次數。

3 無粉塵。散落在貓砂盆外的砂容易清掃。重量較輕，購買時也容易搬運。

缺點

1 除臭的效果有限，最好與芳香劑一起使用。

2 凝固效果差。

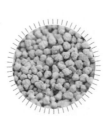

礦石砂

優點

1 除臭力非常好（因有重量且顆粒小，對糞便臭味覆蓋力強）。

2 凝固成結實的塊狀物，與未污染的貓砂界限分明，方便清理。

3 因為礦砂的觸感接近天然砂子，所以貓咪會比較喜歡。

缺點

1 顆粒小，容易被貓腳帶出，打掃時困難，也易有粉塵。

2 礦砂較重，購買搬運不方便。

3 當貓砂量少時，附著力不夠，貓砂會黏在便盆或貓毛上。

貓咪的居住環境 ▬

給貓咪一個安全、舒適、遮風、擋雨、禦寒的環境，是愛貓一族的基本責任，環境內避免有盆景植物，因為有不少植物對貓咪是有毒的；另外，很多貓咪對塑膠製品、線狀物有特殊癖好，常常誤食而導致嚴重的腸阻塞，不論診斷或治療都非常困難且所費不貲，因此應將所有可能的危險物品收放在安全地方。

▶ 貓跳台對貓咪來說是好的運動場所。

運動空間

貓咪的個性本身就是好動，且因為好奇心重，所以對於任何事物總是抱持著高度興趣，要小貓乖乖待著不到處跑，簡直就是不可能的任務，因此除了要滿足牠們的運動需求外，也要給予牠們能夠安全活動的空間。貓咪喜歡居高臨下，能夠掌握環境的變化會讓牠們比較安心。可以給貓咪使用貓跳台，滿足貓咪跳高的同時，也減少貓咪跳到櫃子上的機會，還兼具磨爪功能及增加運動量，使貓咪體重不至於有過胖的風險。此外，櫃子上的飾品擺放需要特別注意，尤其是玻璃製品。應避免貓咪跳到家具上，不小心把飾品碰撞下來，破裂的飾品會造成貓咪受傷。

貓砂盆放置位置

貓砂盆最好放置在安靜隱密的地方，因為貓咪在排泄時是較沒有防備的狀態，所以吵鬧、人來人往的地方會讓貓咪無法安心地上廁所。另外，貓砂盆與食盆和水盆的距離別太近，貓咪將貓砂撥出時，可能會飛濺到食盆和水盆中造成污染。貓砂建議每週更換一次。倒掉舊的貓砂、清洗和消毒貓砂盆，以減少細菌滋生，再倒入新的貓砂。常常幫貓咪清理砂盆內的排泄物及消毒砂盆是很重要的，有些貓咪會因砂盆不清潔而在砂盆以外的地方上廁所，或是憋住不上廁所，直到砂盆清乾淨才去。消毒貓砂盆時，要避免含石碳酸或煤焦油的消毒劑，想要幫貓咪更換不同材質的貓砂

時（由礦砂換木屑等），也要採循序漸進的替換法，如果一下子就換成新貓砂，有些貓咪可能會因為無法接受，而到處亂大小便喔！更換貓砂盆的位置也是一樣，採短距離的移動更換，免得貓咪一下子無法適應，而在原來的地方大小便。

室內溫度差

貓咪和人一樣，最適當的居住環境溫度為25～29℃，因此夏天要保持通風涼爽，避免貓咪因為環境溫度過高而造成中暑。夏天氣溫高時，貓咪腳底的汗腺一樣會排汗，此時為預防貓咪脫水，適當的水分補充非常重要；冬天則是要保持室內溫暖，環境溫度過低，容易造成貓咪感染呼吸道疾病或其他疾病，此時可以幫貓咪製造溫暖、隱密的地方睡覺。

貓咪的行

買貓或認養貓時，都應該備妥手提籃，免得貓咪一時緊張而逃脫，而且以後也難免有上醫院或美容院的需要。貓咪的提籠種類很多，可依據個人的需求來選擇。不過，如果貓咪很容易緊張，甚至會想要衝出提籠的，不建議用軟式的提籠，易造成貓咪半路脫逃。一般來說，選擇上開式的提籃較好，因為方便貓咪的放入與抓出。若有長途旅行的需求，最好能選擇大型的運輸籠，讓貓咪有舒適的空間。不過，當貓咪有被帶到醫院或美容院的經驗後，下次要再帶出門，可能就要與貓咪鬥智，因為牠們不會這麼輕易就被放進提籠內，乖乖跟你出門了！

▲ 給貓咪一個舒適又隱密的睡覺地方。

Ⓓ 貓咪生活需知

貓咪很愛乾淨

貓咪舌頭上的倒刺像刷子一樣可以梳理全身的毛，也可以將身體上的污物去除，並將自己的味道留在全身，讓自己安心。不過，舔入過多的毛會造成貓咪吐毛球；雖然吐毛球症是一種生理現象，但太頻繁地吐毛球會造成貓咪體力消耗，並且造成食道和胃的負擔，因此還是要定期幫貓咪梳毛，除去過多的毛。貓咪上完廁所後，如果有沾附到一些糞尿時，會立刻將身上的污物清理乾淨，此外，貓咪吃完飯後同樣也會有清理的動作。

▲ 貓咪會用舌頭梳理自己的毛。

▼ 貓咪的睡眠和休息時間佔一天的2/3。

一天之中有2/3的時間都在休息和睡覺

每隻貓咪的日常活動各有差異，但牠們對睡眠的喜好是相同的。一般相信肉食動物會儘量減少平時能量的消耗，以供應捕獵時所需的極高能量。雖然現在飼養在家中的貓咪已不需要狩獵，但睡眠的習慣仍然存在，貓咪每天約需16小時的睡眠，是哺乳類動物中最長者；且貓咪是夜行性動物，活動時間大多在夜晚到清晨，白天多半都是在睡覺。大部分的貓咪都相當獨立，可以在家裡任何角落睡覺；假如你願意的話，可以用盒子或籃子來當作貓咪的床，或是購買市售的貓床，但並非絕對必要。至於小貓，我們可以準備一個箱子，或簡單的硬紙箱當床用，在箱子底部襯幾張報紙，然後再加塊毛毯，並定期清理更換，這樣小貓會住得較舒適，不僅可以防風、保暖，也能防止意外傷害。但切記千萬不要在貓床內餵食，以免弄得一團髒。需要外出時，留下足夠的水和食物，可以將貓留在家中至多24小時；如果要外出更久的時間，就必須麻煩鄰居每日幫牠補充食物和飲水、清理便盆，這樣貓咪就可以不用被迫離開熟悉的環境，也能減少得病的機會。

貓咪特有的呼嚕聲

有些第一次養貓的貓奴發現家裡的愛貓發出很特別的聲音，但也沒看到貓咪張開嘴巴叫，因此納悶聲音是從哪發出來的？是不是生病了？其實，呼嚕的聲音來自喉部，是一種空氣動力學的現象。對貓咪來說，是天生和自發性的行為，幼年時期的貓咪就已經會發出呼嚕呼嚕的聲音了。當貓咪感到安心和放鬆時會呼嚕呼嚕，不過，在醫院的診療台上也會遇到貓咪呼嚕呼嚕，但牠明明已經害怕到全身發抖了；也曾遇到骨折的貓咪，雖然傷口很痛，卻也是從頭到尾都呼嚕地叫著，因此貓咪不只是感到放心時才會呼嚕喔！

▲ 貓咪會有踏踩的動作，是來自於幼貓時期的吸奶行為。

▼ 貓咪排便的姿勢。

前腳的踏踩動作

貓咪會有左右前腳交替踩踏的動作，主要是源自於幼貓時期的吸奶行為。有人認為成貓會有這種動作，是因為想起吸母貓奶時的安心感，轉而表現在與貓奴的互動上，也許是想要跟貓奴撒嬌吧！有些貓咪除了踏踩的動作外，還會吸吮貓奴的皮膚或衣物，有可能是因為皮膚和衣物的觸感與母貓的乳房很像。我甚至還看過邊搓揉自己肚子，邊吸自己肚子的貓咪呢！也許那時的牠，正沈醉在幸福感之中。

貓咪的居家訓練 ▬

貓很愛乾淨且聰明，養在室內並不會像狗一樣產生許多問題，牠們很能適應家居生活，就算你的公寓再小，牠們也能自得其樂；而貓咪基本生活器具中，以衛生設備及磨爪用具較為重要。對於年幼小貓，我們應該特別花時間教導牠們的行為，而且越早越好。小貓3～4週齡開始吃固體食物時，就應該教

導牠如廁，必須將便盆放在小貓容易到達的地方，並且也要注意貓砂的隱密性，一旦小貓看起來有想大小便的姿勢時，就把貓咪帶到便盆(蹲下、尾巴蹺高及眼神茫然時，就表示想上廁所了)。當貓咪在錯誤的地方大小便時，千萬不要強迫牠們去聞自己的糞尿，亂大小便的地方應消毒並去除味道。貓非常愛乾淨且很快能訓練成功，非常老的貓偶爾會忘記或失控，我們就必須忍耐一下了。

服從

所有的貓咪都應該認識自己的名字。要常叫牠們的名字，特別是在餵食時，我們應該設定固定的時間餵食或梳毛等。也可以訓練貓咪一些小把戲，比方說乞求食物；但是別忘了在表現好時，給予獎賞和讚美(給一些牠最愛吃的食物)；如果牠不願意作，也不要勉強。話雖如此，如果貓咪有些不良的習慣，還是必須改正過來，像有些貓咪喜歡亂咬人或撲到人身上，這時應該輕輕地將牠提起來並放置地板上，然後聲色俱厲地跟牠說「不可以」。一般來講，有機會與外界的貓接觸的話，貓咪的「反社會」行為是會減少的，或者給它一塊磨爪板也是可以。

▼ 在家中放置貓抓板，可以大幅減少貓咪在家具上留下爪痕的機會。

磨爪

貓咪的爪子總是讓每個貓奴很頭疼，牠們總是會在家裡各處留下爪痕，尤其是沙發、桌子、牆壁等，讓貓奴們得經常更換新的家具。但請不要責怪貓咪，因為對牠們來說磨爪子是一種本能，牠們的腦袋無法理解貓奴為什麼要生氣。貓咪抓家具的行為主要是為了作記號及劃分地盤，告訴其他貓咪：這裡是我的！前面也有提到，貓咪的肉墊有汗腺，也有能分泌特殊味道的腺體。因此貓咪在抓家具時，除了留下爪痕，也同時留下自己的味道。此外，貓咪抓家具也是在將爪子磨得尖銳，並將老舊的指甲替換掉。因此，可以給牠一個磨爪板，讓牠盡情地磨爪子。磨爪板有壓平的瓦楞紙板材質、麻繩材質、地毯類材質、或者一根繞滿繩子的柱子，都可在寵物店買到。使用磨爪板是可以靠訓練來完成的。

▲ 逗貓棒可以增加貓咪與主人間的互動。

貓咪的遊戲

逗貓棒、玩具等,都是增加貓咪運動量與主人之間互動的最佳用品,很多人把逗貓棒留給貓咪自己玩,這樣不僅沒意義,也會有危險;逗貓棒上的毛球或羽毛若被貓咪吞下去,有可能會造成嚴重的腸阻塞。因此,逗貓棒一定要由主人操縱,讓貓咪充滿興趣、不斷地撲抓,不僅可以增加貓咪的運動量,也可以博君一笑。

多運動有益健康

貓咪在運動方面並不需要我們操心,這一點對某些人來說真是一大福音。貓咪可以在遊戲中獲得運動的效果,並且獲得無窮的快樂,即使是一顆乒乓球,或一個讓牠們跳進跳出的箱子,都可以讓牠們玩得不亦樂乎。而養在室內的成貓,平常可以準備磨爪板讓牠們運動,當然若你能撥空和貓咪一起遊戲,就更好不過了。而遛貓並不像遛狗一樣簡單,大部分的成貓不願意從事這種活

▼ 用牽繩帶貓咪出門散散步。

動,即使勉強牠,也不會有多大的效果。如果真的想訓練貓咪,最好是在幼貓剛離乳後就開始,讓牠們慢慢適應並體會其中的樂趣,最初應在室內進行,然後再外出到公園,最後再到人行步道。引導繩的材質要輕、長度要夠、最好是附有項圈。不過,貓咪本身的個性也是很重要的決定因素,如果從幼貓時期就容易緊張,或是對外界的變化特別敏感,就別勉強訓練了。

貓咪換牙

小貓出生後就會逐漸地長出乳齒，等到近兩月齡時就有能力咬食乾飼料了，而母貓也會因為小貓長出牙齒，造成哺乳時疼痛，而逐漸拒絕小貓的吸乳行為，也就是所謂的斷奶。在4月齡之前所見的牙齒都是乳齒，之後都會逐漸脫落而被永久齒所取代；換牙過程中，會有流血的現象，這樣的狀況會持續到7～8月齡，牙齦也會輕微紅腫，甚至稍微厭食，這些都是正常現象。為什麼我們從來未曾看過脫落的乳齒呢？因為貓咪大多會將脫落的乳齒吞食入肚，一般來說是沒關係的，但若有疑慮，還是可以請獸醫師檢查一下。乳齒有可能不掉嗎？當然是有可能的，但是這樣會影響永久齒的生長及方向，所以如果超過8月齡仍有乳齒滯留，就必須請獸醫師拔除。

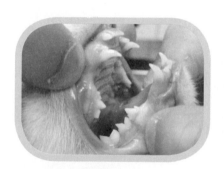

▲ 貓咪的乳齒比恆久齒尖且小。

▲ 避免用手抓住貓咪的頸背部

貓咪的抱法

抱著自己心愛的貓咪是非常美好的事，但是一定要支撐牠全部的身體，不要只是抓住牠的腋下懸吊著；因為有些貓咪對於浮在半空中感到不安、不喜歡，可能會掙扎甚至咬人。因此在抱貓咪的時侯，手臂和身體要緊密地包覆貓咪，讓貓咪有安全感，也比較不會害怕。抱小貓時更應特別小心，因為小貓的肋骨非常柔軟，如果動作太粗暴，可能會造成內傷。雖然母貓在帶小貓時會咬住牠的頸背部，但你應該儘量避免做這種動作，雖然沒有什麼傷害，但太頻繁做這個動作會引起小貓排斥。除非你只是在貓咪不合作或過分頑皮時，突然短暫伸手捉住牠。當貓咪身體受傷時，特別是骨折，這種動作是不被允許的。

抱貓前先安撫貓咪，讓牠放鬆

貓咪比較不會讓牠信賴以外的人抱，所以必須先和貓咪建立良好關係。在抱貓咪之前可以先輕輕撫摸牠，讓牠鎮靜下來之後再嘗試抱牠。

用手抱著貓咪的上半身

將貓立著，一手抓住貓咪的兩前腳，手指放在貓咪的胸前，會讓貓咪較安心。這時侯不要刻意去撫摸貓咪討厭被觸碰的地方，如肚子和尾巴，這樣反而會讓牠更掙扎。

Step3 支撐貓咪的下半身

另一隻手抓住貓咪的兩後腳，並用手掌托著貓咪的臀部。讓貓咪的身體能緊密地貼著人的身體，尋找一個能讓牠穩定的位置。

▲ 要抱起貓咪時，先將貓立著，不要刻意觸碰牠的肚子或尾巴。

Step4 讓貓咪緊貼著自己的身體

用雙臂包覆著貓咪，讓牠的背部、臀部是靠著人的手臂，不會有騰空的感覺。如果貓咪有稍微掙扎時，可以用手按住貓咪的前腳，用手臂壓住貓咪的身體，並安撫牠。

▲ 緊密地貼著人的身體，讓牠穩定安心。

讓貓咪坐在懷裡

另一個抱貓咪的方法，是將手掌置於前腳後方胸部處，然後左手托住臀部，再將貓咪的前腳置於肩膀，讓貓咪坐在你臂彎內。

貓咪喜歡咬人的手和腳

貓是完全的肉食獸，在食物鏈上扮演著掠食者的角色，因此牠們從小就開始有狩獵行為，這是一種天性，演練的對象就是母親或兄弟姐妹，在遊戲的過程中學習咬的力道輕重。但是，當貓咪被人類帶回家飼養後，這些學習及練習的對象都不見了，該怎麼辦呢？當然就只剩下人類了。常有飼主抱怨：「牠都一直亂咬，也會突然衝出來咬我的腳！」其實這就是一種狩獵行為的學習過程，屬正常現象，因為腳對貓咪來說，是在牠的狩獵視野範圍內，人類腳步移動時，在貓咪看來像是獵物在移動，會引起牠們高度的狩獵興趣。

在幼貓時期，就應該要預防小貓習慣性咬人，如果常用手跟貓咪玩，會讓牠們記得「手是可以咬的東西」，即便是成長中的幼貓，認真咬也會使人受傷。因此，在和牠們遊戲時，可將苦味劑塗抹在手上，貓咪吃到苦味，自然會討厭咬手；或著也可以玩具代替手，用玩具（如逗貓棒）陪貓玩，轉移牠的注意力，讓貓咪知道逗貓棒才是牠的獵物，而不是人的手和腳。這樣不僅可以滿足貓咪運動和玩耍的需求，減少咬傷人的機會，也可以建立與貓咪之間良好的關係。當然，水槍也是一個可以教導小貓的道具，當貓咪要咬你的手腳時，可以從牠的背後射水槍，貓咪被嚇到後，就會停止咬的動作，幾次下來，便會把咬手腳和被水槍噴的不好印象聯想在一起，就不會再有這樣的動作了。

此外，當貓咪咬著你的手腳時，如果大聲叫罵或是有過大的肢體反應，只會讓貓誤以為你要陪牠玩，而且牠也無法了解你的疼痛，反而會讓牠想繼續咬下去；因此，建議儘量不要有太大的叫聲，應該發出警告聲，讓貓咪張嘴放開，然後走出房間，暫時不和貓咪互動，讓貓咪知道即使咬住了，也不會有玩耍的動作，久了便會失去興趣。事後也絕對不要體罰貓咪，這樣不僅會破壞你跟貓咪之間的互信關係，有些貓咪甚至會因此更容易出現攻擊行為。

◀ 儘量避免用手和腳逗貓咪玩。

▲ 家中貓抓板擺放方向可依貓咪的喜好來決定。

貓咪會亂抓家具　■■■

貓咪會在牆壁和家具上磨爪，利用肉墊上腺體的分泌物，將氣味留在磨爪的地方，這對貓咪而言是地盤的劃分；也就是說，磨爪子是貓咪的本能行為，沒辦法阻止貓咪磨爪，只能在貓咪抓家具之前，早點讓牠習慣在貓抓板上磨爪子，否則，可能就得看著心愛的家具慘遭貓爪蹂躪了！有些國家會幫貓咪作去爪手術，在麻醉的狀況之下，由獸醫師來進行外科手術。在澳大利亞與英國是違法的，紐西蘭也不贊同這種手術；在台灣，目前這種手術也不是很普遍。以人類的觀點來看，這樣的手術確實是很方便，但對貓來講的話，就十分殘忍。

貓咪的異食癖　■■■

有一句話是這麼說的：「好奇心會殺死一隻貓！」這句是真的再貼切不過了，小貓對任何事物總有無限的好奇。牠們就像小朋友一樣，任何小東西（如鈴鐺、鈕扣、帶線的針、繩子、橡皮筋等）到了牠們的視力範圍，最後的下場一定是被吃進肚。此外，很多貓咪對於塑膠的味道也有特別的癖好，常有主人拿塑膠袋、竹筷袋或塑膠繩來取悅貓咪，這是非常危險的行為。一旦貓咪愛上這類塑膠製品後，胃口就會越來越大，可能連泡棉地板都會加以啃食，而造成可怕的腸阻塞。小貓因此會嘔吐、食慾減退、體重變輕，不僅診斷困難，手術及住院費用也可能會造成很大的負擔，而貓咪經過這樣的折騰，九條命可能也不夠用了。

而且貓咪是永遠也學不到教訓的，同樣的狀況可能會一再發生，曾有貓咪兩年內連動四次手術，夠可怕了吧！此外，也有不少貓咪對纖維有癖好，所以縫衣線、毛線、毛衣這類的纖維紡織品也盡量離貓遠一點。而貓咪對纖維的癖好，有一種說法是牠們狩獵本能的表現，因為野生貓咪獵到小鳥時，會將羽毛拔掉，以方便進

▲ 繩子類的異物對貓造成的傷害比想像中更嚴重。

食；另一種說法則是貓咪認為咬毛衣和毯子時的觸感，很像幼年期吸母奶的觸感；但也有人說貓咪是因為體內纖維質不足，而找尋相似口感的東西來吃。不管是哪一種，千萬不要存著「貓咪只是咬，沒吃下去」或是「就算吃下去，也會吐出來或拉出來」的心態，因為線狀異物可能造成嚴重的腸胃切割傷害，不可不慎！當看到貓咪的肛門口有繩子排出時，也切記不要硬拉出來，因為你無法知道腸道內的狀況，有時硬拉反而會造成腸道受傷得更嚴重！如果繩子長度太長，可以先將繩子剪短，並將貓咪帶至醫院檢查。此外，家中的電線也是貓咪喜歡玩和咬的物品之一，因為電線輕，隨手一撥就會動，當然會引起貓咪很大的興趣。如果電器用品的電線正插著，而貓咪不小心咬斷，會造成觸電的危險。臨床上就曾經遇過狗狗咬斷電線，因觸電造成心臟和呼吸停止，到院時已經來不及救了。因此，請儘量將不要用的插頭拔掉，並將過長的電線妥善收納或藏在家具後面，讓貓咪無法找到；也可以將電線用較厚的塑膠管包覆住，避免貓咪將電線咬斷、觸電。

了解貓咪的習性，注意居家環境的安全，會讓你和貓咪都少了很多不必要的麻煩及醫療花費。千萬不要存著僥倖的心態，覺得這些事不可能發生，因為貓咪總是隨時隨地在挖掘新事物，「好奇」是牠們個性的一部分，所以貓咪往往會在你看不到牠的時侯闖禍，或是發生危險。與其限制牠們或是大聲斥責，不如從預防下手，耐心地教導吧！

▲ 塑膠袋是異食癖貓咪的最愛。

▲ 貓咪很喜歡咬電線，因此要妥善收納好。

人類食物對貓的影響 ▰▰▰

很多貓奴會問：「醫生，貓咪能不能吃人吃的東西？」其實，很多人類可以吃的東西，對貓咪卻會造成危害。有些食物，貓咪只吃一點點就會引起中毒症狀，嚴重的甚至會危及生命。此外，人類食物中的調味料，也都會增加貓咪身體的負擔。主人們應特別避免以下這些會危害貓咪健康的食物：

青蔥、洋蔥和韭菜類

此類蔬菜中含有破壞貓咪紅血球的成分，會引起貧血、下痢、血尿、嘔吐和發燒，最嚴重的情況會造成貓咪死亡。因此，這些蔬菜絕對不能讓貓咪吃到，即使是微量也不要給。

雞骨和魚骨頭

雞骨和魚骨尖銳的邊緣可能會卡在喉嚨或消化道，甚至可能會造成消化道穿孔。因此，丟棄這類廚餘時，一定放在有蓋的垃圾筒內，以免貓咪不小心吃到，造成嚴重的傷害。

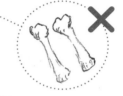

巧克力

巧克力中含有可可鹼和咖啡因，攝取過量會造成急性中毒。巧克力中毒會出現消化道、神經和心臟的症狀，嚴重的話甚至會造成貓咪死亡。

肝臟

長期提供雞肝給貓咪吃，容易導致鈣缺乏，引發步行障礙。此外，雞肝中含有豐富的維生素A，攝取過量會導致骨頭發育異常。

葡萄

葡萄會造成貓咪腎功能衰竭，尤其葡萄皮特別危險。葡萄乾也同樣會造成腎功能衰竭。

烏賊、章魚、蝦子、螃蟹和貝類

這類的食物讓貓咪長期生食時，會阻礙體內維生素B1的吸收。當貓咪體內缺乏維生素B1時，會引起食慾降低、嘔吐、痙攣、走路不穩，甚至會導致後腳麻痺。而鱒魚、鱈魚、鰈魚和鯉魚等生魚片也會阻礙體內維生素B1的吸收，導致癱瘓。因此不建議給貓咪此類食物的生食。

小魚乾、海苔和柴魚片

鈣、鎂和磷等的礦物質都是造成貓咪尿道結石的重要因
素。而小魚乾、海苔和柴魚片是貓咪非常喜愛的食物，
它們也都含有高量的礦物質；因此應儘量少給貓咪吃這
類的食物，避免尿道結石發生。此外，菠菜和牛蒡含有
大量的草酸，也容易引起貓咪泌尿道結石。

咖啡、紅茶和綠茶

咖啡、紅茶和綠茶含有咖啡因，若貓咪誤食
會造成下痢、嘔吐、多尿，甚至造成心臟和
神經系統異常。

牛奶

國外影片上常見餵貓喝牛奶的情節，是非常錯誤的示範。大
部分的貓咪於兩月齡後就會發展成為乳糖不耐症，喝牛奶會
引發水樣下痢。你可能會說：「我的貓喝牛奶都沒事呀！」
那可能只是幸運，但長期飲用牛奶的貓咪，必定會對水不感
興趣，因此減少牠的飲水量，長期下來便會造成腎臟隱憂。

含酒精飲料

貓咪誤食後，酒精會在血液中被吸收，如果超過容
許量，就會破壞腦和身體的細胞，引起嘔吐、下
痢、呼吸困難以及神經系統異常；最嚴重的狀況是
貓咪會陷入昏迷，甚至會致死。一般而言，貓咪攝
入後30～60分鐘內會出現症狀，誤食5.6ml/kg的
量便可能致命。即使是少量也是危險的，所以絕對
不能讓貓咪接觸到任何含有酒精的飲料。

室內植物盆栽對貓咪的影響 ▬▬

聽老一輩的人說過，狗狗和貓咪因為肚子不舒服，或是為了要吐出肚子裡的毛球，會去吃草。不過，並不是所有植物貓咪都可以吃，有些吃了會造成腸胃道不適，甚至中毒。為了貓咪的安全著想，將盆栽放在牠接觸不到的地方吧！如果真的要給貓咪吃草(一般寵物店都有販售種子，可自行栽種)。對貓有毒的植物至少有 700種以上，下面列舉幾種一般家中可能會種植的盆栽。

百合花

百合花對於貓咪來說是非常危險的植物，任何部位都會造成危險，尤其是根部。貓咪吃了百合花後會嘔吐、過度流口水，精神和食慾變差，72小時內造成腎臟衰竭。

鈴蘭

不管貓咪吃了鈴蘭的哪個部位，對牠們而言都是非常毒的，尤其是根部。貓咪誤食鈴蘭會引起嘔吐、過度流口水、拉肚子和腹痛，甚至會造成心跳過慢。嚴重的會出現癲癇，甚至猝死。

黃金葛和常春藤

整株植物對貓咪都是危險的。尤其是葉子和莖的部分有毒，貓咪吃了會刺激口腔，並且造成發炎、疼痛；另外，也可能會發生過度流口水、吞嚥困難、腹痛、下痢、嘔吐，以及腎臟疾病和神經症狀。

杜鵑花

所有部位對貓咪都有毒性。貓咪誤食會造成持續性嘔吐、有吸入性肺炎的危險，甚至癲癇和全身無力等神經症狀都可能發生。

蘇鐵

所有部位對貓咪都有毒性，尤其是種子。貓咪吃下後很快就會出現嚴重的嘔吐、下痢、無法控制走路、昏迷或癲癇。最後會因肝臟衰竭而死亡。

聖誕紅

貓咪吃了莖或是葉子，會造成嘴巴劇痛，或者嘔吐和下痢。

Ⓔ 迎接第二隻貓

很多貓奴在養第一隻貓得心應手後，總是會蠢蠢欲動想要再多養一隻，或者在路上看到可憐的流浪貓，起了悲憫之心，而發願收養。但在決定之前，是否有考慮到家裡原來貓咪的安危問題呢？如果新貓帶來了傳染病，反而讓原來的愛貓遭受威脅，你不會愧疚嗎？不會懊悔嗎？現在，我們就來討論一下新貓的飼養問題吧！

▼ 籠子的隔離無法作到完全，
還是會讓貓咪互相接觸到。

一切以保護原來的愛貓為主 ▬

我們當然不可能帶一隻有傳染病的貓回家來危害原來的愛貓，但偏偏很多人又會犯這樣的錯誤，總認為自己眼前所看到的貓是健康的，是無害的，而這就是無知所造成的後果。事實上，就算是專業貓科醫師，光以肉眼判斷，都無法保證貓咪是否具有傳染病；很多傳染病必須仰賴檢驗試劑的檢查，如：貓瘟、貓白血病、貓愛滋病、梨形蟲、貓心絲蟲、貓冠狀病毒等，並且要經過長時間的隔離觀察。

帶新貓回家之前，應先到獸醫院進行完整詳細的健康檢查，並確認家中有足夠的空間進行隔離。一旦新貓驗出具有非嚴重致死性的傳染病，如：黴菌、耳疥蟲、疥癬、跳蚤、梨形蟲、球蟲、線蟲、貓上呼吸道感染等問題時，應立即進行治療，並與原來的貓咪完全隔離至少一個月以上，更要讓原來的貓咪進行完整的預防接種。如果很不幸的，新貓檢驗發現已感染具致死性的傳染病，特別是貓白血病及貓愛滋病，就真的要慎重考慮飼養的可能，必須做到終其一生與原來的貓完全隔離。

千萬別以為原來的貓咪有完整的預防接種就足以抵禦而不被感染，因為預防針的效力並非100%，且長期慢性接觸大量病原的狀況下，就算有金鋼不壞之身，也難逃感染的命運。如果檢查結果一切都ok，也不代表新貓就可以立即混入原來的貓群中，因為所有的疾病都有潛伏期，不一定能當下發現或檢驗出來，例如傳染性腹膜炎，就是無法在發病之前確診的。所以新貓在混入貓群前，還是必須隔離至少一個月以上，且固定每週進行基本的健康檢查，而這也是一般人最難做到的。有太多人因為

一時的衝動，帶新貓回家，或者因為貓咪不喜歡被隔離、不斷喵喵叫，而提早將牠與家中原有貓咪放在一起……為了一時的不忍，造成後續一大堆問題，讓貓咪受苦，人也跟著心疼，不是得不償失嗎？

何謂隔離

隔離是醫學上的專有名詞，一般人很少有正確的觀念，所謂的隔離包括直接及間接兩種：直接的方面包括完全的接觸阻斷，新貓不能與原有的貓有任何直接的接觸，隔著門縫或籠子都不行，必須有獨立的空間、獨立的空調，而且進行隔離的空間，應在較偏遠不易接近的地方。間接隔離則包括所有可能接觸到新貓的人事物，例如新貓不能與原來的貓共用砂盆、水盆、食盆、毛巾、提籠、梳子等，而抱過新貓之後，應立即洗手且更換衣物，越高規格的要求標準，越能確保隔離的成效。

新貓可能帶來的傳染疾病 ▰▰▰

上呼吸道感染

貓上呼吸道感染是收養流浪小貓最常見的疾病，而其中貓卡里西病毒和貓疱疹病毒就佔了貓上呼吸疾病的80%。此外，披衣菌的合併感染也是常見的小貓上呼吸道感染病原菌。就算原有的貓都有接種完整的疫苗，但如果短時間內接觸大量且毒性夠的病毒時，原來的貓群也可能會爆發嚴重疫情，所有的貓幾乎都會出現打噴嚏、流淚、輕微發燒、厭食等症狀。發病小貓的口水、眼鼻分泌物中具有大量的病毒，會經由直接接觸、打噴嚏或人的間接接觸而感染原有貓群；不只新貓要治療，原有的貓群也會陸續發病，並且可能成為帶原者，讓你的貓群一直飽受上呼吸道感染之苦；整個療程約費時2～3週，到時候你可能會忙到焦頭爛額！

▲ 上呼吸道感染的貓咪，眼睛和鼻子有膿分泌。

貓愛滋

貓愛滋病是由貓免疫缺陷病毒感染，感染後會使身體的免疫功能逐漸下降，而導致後天免疫缺乏症候群；目前可以經由血液篩檢來檢出，這是收養成貓最常見且最可怕的疾病。有些人認為貓愛滋是經由血液感染，所以只要貓不打架就不太容易感染，這是很錯誤的防疫觀念，請務必避免讓自己原有的貓群曝露在這種病毒的威脅

之下！臨床上我們就遇過從不打架的兩隻貓，其中一隻卻將愛滋病傳染給另一隻的案例。因為愛滋貓會經由唾液散播病毒，而且貓咪的齒齦多多少少有發炎出血的機會，因此牠們可能經由互相梳理舔毛而感染。

▲ 貓愛滋常經由打架咬傷傳染。

貓白血病

貓白血病主要是由貓白血病病毒感染，經由直接的口鼻接觸就可以感染成立，因此非常容易在貓群中爆發，特別是四月齡以下的幼貓較成貓容易感染。目前可以經由抽血檢查來進行篩檢，感染貓咪會引起淋巴瘤、白血病、骨髓和免疫的抑制和其他症狀。台灣目前五合一接種率還蠻高的，且大多國外購入的種貓都有所謂的陰性檢驗證明，因此國內案例並不多。

貓泛白血球減少症

貓泛白血球減少症也就是所謂的貓瘟，會造成幼貓頻繁地嘔吐和下痢，嚴重者會血痢、脫水，甚至造成死亡。貓瘟一般大多是發生在貓咪生產的季節，好發於一歲以下或是未施打預防針的幼貓。成貓也有可能會被感染，但成貓的免疫力比幼貓好，因此胃腸道症狀較幼貓輕微，有些貓咪甚至沒有症狀。不過，臨床上也遇過成貓因未施打預防針，而感染貓瘟死亡，因此不要因為是成貓就輕忽了傳染病。

傳染性腹膜炎

▼ 腹膜炎的貓咪腹部會膨大，但背脊消瘦。

這是一種可怕的致死性傳染病，大多是由自身存在的冠狀病毒突變而引發疾病，很少是經由傳染發病的。初期無法以任何檢驗方式確認，新貓會出現陣發性的發燒症狀，然後就逐漸消瘦、腹部膨大，或者腹部內出現異常團塊。這種疾病在初期非常難診斷，所以無論新貓的狀況如何，都應隔離至少一個月，如果期間有出現發燒的症狀，就必須再延長隔離的時間。因為傳染性腹膜炎死亡率幾乎是100%，在無法早期篩檢的情況下，隔離就成為保護原有貓咪的唯一手段。千萬不要因為一時心軟，而讓悲劇一再發生。

新貓可能帶來的皮膚疾病 ▬

皮黴菌病

如果新貓還沒有出現明顯的脫毛、皮屑等病灶時，很難早期檢出，因此隔離就顯得非常重要，一旦出現脫毛及皮屑病灶時，應立即進行皮毛鏡檢或黴菌培養。若新貓沒有隔離就進入貓群的話，所有的貓就必須同時進行治療，療程約須4～6週，不但費用會增加好幾倍，餵起藥來也是件大工程。

疥癬

這是一種外寄生蟲性的皮膚病，會造成貓咪嚴重搔癢、皮屑、紅疹，初期感染時很難從皮毛鏡檢來確認，大多先造成耳緣的皮屑及脫毛。如果未事先隔離，就會一隻傳給一隻，沒完沒了，必須全體同時接受治療。而且疥癬的特效藥可能會造成貓咪暫時性的目盲副作用，約1～2個月的時間，你忍心讓原來的愛貓接受這樣的風險嗎？

新貓可能帶來的體外寄生蟲 ▬

耳疥蟲

一般新買回的純種幼貓大多有耳疥蟲感染，有過經驗的貓奴都知道這種治療是很麻煩的，特別是才剛感染時，獸醫師是無法檢查出來的。如果新來的幼貓有耳疥蟲感染，而未加以隔離的話，到時候一家子的貓都中獎，滴耳藥的療程要連續4週。

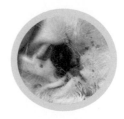

跳蚤

一隻母跳蚤可以產500顆以上的蟲卵，蟲卵無色無附著性，所以會到處掉，跟著灰塵跑，並且可以在不孵化的狀態下於日常環境存活1～2年，等到環境溫度濕度適合時才孵化！所以在新貓還沒進家門前，就應先請獸醫師確認有無跳蚤感染，就算無感染跡象，也最好先滴一劑體外除蟲劑，並加以隔離，否則一不小心弄得整家都是跳蚤，可是需要1～2年的時間才能清除。

新貓可能帶來的體內寄生蟲 ▬▬▬

貓心絲蟲

這種病傳染率雖然不高,但如果新養的貓有感染心絲蟲時,就等於是擺個定時炸彈在家,讓其他貓都曝露在感染的高危險群之中。除非原來的愛貓有定期服用心絲蟲預防藥,否則新貓在滿六月齡之後,最好都能進行心絲蟲篩檢。

毛滴蟲

是貓咪常見大腸性下痢的病因,被傳染的貓咪會持續慢性軟便,目前並無檢驗試劑可供使用,只能依靠糞便檢查來發現蟲體,或者必須送往美國進行PCR檢驗,治療藥物可能會對貓咪產生神經毒性,治療前必須與獸醫師詳加討論。

球蟲

這是一種討厭的腸道寄生蟲,對健康貓並不會引發嚴重的症狀,但對於抵抗力差的小貓、老貓、病貓,就有可能造成腸炎,而且這樣的寄生蟲一旦進入貓群之後,是很難根除的,會一直反覆地造成疫情。所以新貓在隔離期間,應每週至少進行一次糞便寄生蟲檢查。傳統的治療方式為口服藥兩週。

梨形蟲

這是貓咪常見的慢性下痢病因,帶原貓咪並不一定會出現下痢症狀,但會經由糞便排出梨形蟲而感染其他的貓,傳統的糞便檢查檢出率並不高,目前已有專門的檢驗試劑可供使用,準確率可達90%以上。一旦梨形蟲進入貓群之中,就會陣發性地爆發疫情,很難從貓群中去除掉。傳統的口服藥治療療程約需兩週。

線蟲

這大概就是大家最熟悉的蛔蟲、鉤蟲之類的腸道寄生蟲,雖然不至於造成貓咪嚴重的症狀,但也有人畜共通感染的疑慮,所以新貓在隔離期應進行完整的驅蟲計畫。

PART

3

貓咪營養學

A 貓咪基本的營養需求

貓咪和人及狗狗一樣，都需要五大營養素：蛋白質、脂肪、碳水化合物、維生素和礦物質。只不過貓咪屬於肉食性動物，因此在消化吸收和營養需求上會與人和狗狗有些不同。

▲ 貓咪的基本營養需求與人和狗狗不同。

大部分的貓奴都知道，貓咪可以說是完全的肉食性動物，牠們的身體主要是以消化蛋白質和脂肪為主，但還是可以消化少量的碳水化合物。

這種特殊的營養需求，主要是因為貓咪的祖先在嚴苛的環境中，靠著獵食小動物維生，因此身體也逐漸演化成適合食肉的特性。但這種特別又可愛的肉食性動物為什麼可以吃高量的蛋白質卻不會生病（如高血氮症）呢？下面就來了解貓咪獨特的新陳代謝和營養需求吧！

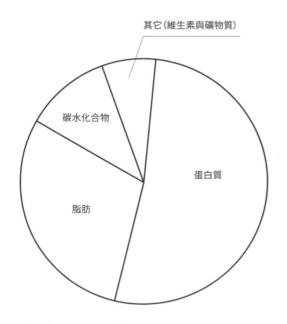

其它(維生素與礦物質)

碳水化合物

蛋白質

脂肪

◀ 在貓的飲食中，基本營養物質佔的百分比為蛋白質55%、脂肪38%、碳水化合物9-12%、其它，比例會依據貓咪的生活環境而有些微差異(如家貓和野貓就有不同)。

因食肉特性的演化，造就了貓咪特有的新陳代謝及營養需求：

1、貓的口腔缺少澱粉酶，所以無法消化大量碳水化合物。

2、貓的胃容量很小，無法像狗一樣儲存食物，適合少量多餐的進食方式。

3、貓的身體可以不斷處理吃進來的高量蛋白質飲食，並利用它來產生葡萄糖，作為能量使用。

4、貓的飲食中不能缺乏必需胺基酸（如精胺酸和牛磺酸），若缺乏易造成疾病。

5、貓的身體無法合成維生素A和菸酸，必須從飲食中獲得。

蛋白質 ▰

大家都知道蛋白質對貓咪來說很重要，除了能提供身體熱量外，身體的代謝合成(如細胞、肌肉和毛髮)以及荷爾蒙運作等，都需要蛋白質。不同的蛋白質是由許多不同的氨基酸組合而成，可以由身體合成的氨基酸叫做**非必需胺基酸**；無法由身體合成的叫做**必需胺基酸**。

貓咪可以藉由攝取新鮮的全肉食物，來獲得豐富的必需胺基酸(如精胺酸、牛磺酸)。因此，對於每餐都吃肉的貓咪而言，並不用擔心攝取的蛋白質不夠。

貓咪的身體還有一個特點，就是能持續不斷的消化吸收蛋白質。體內的快速處理系統不但可以將大量的飲食蛋白質轉換為葡萄糖(能量)，也讓貓咪不會因為吃了大量的蛋白質，而形成高血氨症。

這也是為什麼貓咪對於蛋白質需求會高於狗和人了。相反的，當貓咪攝取過少的蛋白質，導致必需胺基酸缺乏時，就會造成嚴重疾病發生。例如，貓咪只要一餐沒有攝取到含有精氨酸的飲食，就會造成高血氨症，嚴重時會致命；缺乏牛磺酸時，則容易造成心臟疾病、視網膜病變和生殖道疾病。

▶ 貓咪對於蛋白質的需求比人和狗狗還要高很多，缺乏容易造成疾病的發生。

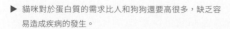

脂肪 ▰▰

脂肪飲食會造成人類肥胖與疾病的形成(如胃腸道症狀)；不過，貓咪卻不一樣，牠們可以吃脂肪含量很高的飲食，也不會造成身體不適。

在貓咪的飲食中，脂肪含量可以由 25%～45%，既然貓咪的脂肪攝取量可以這麼高，那麼飲食中的脂肪對貓咪的身體有什麼功用呢？

1、當攝取飲食的營養過多時，就會轉變成身體的脂肪貯存起來，在身體需要能量時，脂肪細胞就會分解，變成可以使用的能量。

2、每公克脂肪能夠提供比蛋白質和碳水化合物多一倍的熱量。

3、飲食脂肪提供身體無法合成的必需脂肪酸。

4、脂肪可以增加食物風味、提高貓咪的嗜口性。

5、幫助脂溶性維生素的吸收。

6、飲食中多餘的脂肪會被貯存在皮下或是內臟器官周圍。在器官周圍的脂肪具有保護作用，可以避免器官受外力傷害；而皮下脂肪可作為絕緣體，具有隔熱保溫作用。

雖然脂肪是貓咪重要的熱量來源，但也不可給予過多，尤其是已結育的貓咪。再加上脂肪提供了高熱量密度和好的嗜口性，一不小心就會造成貓咪過食，引起肥胖。因此，在脂肪的給予上還是必須謹慎。

▲ 高脂肪飲食容易造成貓咪的肥胖

碳水化合物 ▰▰

很多貓奴都認為貓咪是肉食性動物，所以不需要碳水化合物。的確，貓咪的飲食中只要有大量的蛋白質和脂肪，就能合成足夠的葡萄糖和能量，讓身體正常運作。但是，你知道嗎？野外貓咪獵食到的齧齒類或鳥類的胃中，還是含有少量的碳水化合物，因為有這些少量碳水化合物，身體也就會自然演化成能消化它們的樣子。

此外，貓咪缺乏唾液澱粉酶，無法將澱粉分解成葡萄糖；肝臟中也缺乏葡萄糖激酶，所以無法處理大量的碳水化合物。這些原因都讓貓咪無法消化大量的碳水化合

物。因此，餵食貓咪高量或不易消化的碳水化合物，容易導致腸道中的細菌過度產生，造成消化不良，使得貓咪拉肚子。

但是，這不代表貓咪無法消化和吸收碳水化合物喔！雖然貓咪的飲食中可以不需要碳水化合物，但在能量需求中是需要碳水化合物的。舉例來說，餵食懷孕和哺乳母貓少量的碳水化合物，可以讓母貓穩定提供營養給小貓，使小貓健康成長。所以，當貓咪有特殊需要時，給予少量的碳水化合物是會有幫助的。

維生素

貓咪在某幾種維生素的需求上和哺乳動物有些不同。在此將幾種維生素不同的部分提出來說明。

首先，先來談談脂溶性維生素，包括了維生素A、D、E和 K。其中維生素 A、D 和 E 對貓咪來說是一定不可以缺少的，因為貓的身體內無法合成，需要從飲食中來獲得；當然，維生素K也是不能缺少的，不過它可以經由腸道菌叢來產生足夠的量。

由於貓咪是肉食性，加上維生素 A 一般存在於動物組織中(尤其是內臟)，所以貓咪只要有攝取動物組織，就不太會缺乏維生素A。但如果維生素A攝取過多，會導致貓咪關節僵直、畸形和癱瘓。

此外，貓咪和人類不同，維生素 D 無法經由陽光照射轉換而得，貓咪只要攝取足夠的肉食性飲食(如富含油脂的魚、肉類和蛋黃等)，就不需靠身體合成。維生素 E 具有抗氧化的作用，因此在許多市售的飲食中都會添加，以防止脂肪的氧化傷害；維生素 E 可以在種子、部分全穀物的胚芽中、植物油和綠葉蔬菜中獲得。

▶ 貓咪的身體無法經由曬太陽來得到維生素D。

水溶性維生素包括維生素 B 和 C。貓咪和人類不同，牠們能夠由體內的葡萄糖來合成維生素 C，不一定只能由飲食中獲得。但維生素 B 群卻是唯一必須由飲食中獲得的水溶性維生素，大部分的維生素B都能由肉類、豆類和全穀類中獲得，不過，維生素 B12 是例外，它必須由動物性飲食中獲得。

維生素 B 群在蛋白質、脂肪和碳水化合物的代謝中是很重要的存在。例如，維生素 B1 與使用碳水化合物作為能量轉換為脂肪、脂肪酸及某些胺基酸的代謝有關，如果缺乏維生素 B1 會影響中樞神經系統的功能(如癲癇)。

而植物來源的維生素B3(菸酸)絕大部分無法被身體吸收，動物性來源則可以被吸收。此外，狗狗能夠由飲食中的必需胺基酸──色胺酸來合成維生素 B3，但貓咪只能從飲食中滿足身體對維生素 B3 的需求，所以貓咪對於飲食中維生素 B3 的需求會比狗狗高四倍。另外，蛋白質在轉換為葡萄糖的過程中，需要維生素 B6 的存在，因此維生素 B6 的需求也比狗狗高很多。如何讓貓咪每日都能攝取到足夠的維生素，以減少疾病產生，是非常重要的喔！

礦物質 ▬▬

雖然礦物質只佔動物體重的少量，但卻是維持生命和保持健康的重要元素。在幼貓生長過程中，礦物質在牙齒形成和骨骼發育上是重要的營養素，不管是哪一種礦物質攝取得過多或不足，都可能造成貓咪發育障礙（如神經系統或血液異常）。

對人類而言，攝取均衡的飲食營養對於身體是很重要的，對貓咪也不例外。只不過貓咪對於營養的需求和人類會稍微有些不同。不管是哪種營養素，攝取過多或過少都會對身體造成危害，因此，請給予貓咪適當且適量的飲食。

Ⓑ 各階段貓咪的營養需求

熱量需求 ▬

不管是健康、肥胖、生病或各年齡階層
的貓咪，攝取適當的熱量是非常重要
的。因為在不同的情況下，身體對於熱
量需求會有所不同。

比如說，健康的貓咪在正常活動時，會
消耗身體能量；天冷時，身體會發抖產
熱以維持體溫，這也會消耗能量；而在
生病時，疾病的代謝過程中同樣會消耗能量。

▼ 貓咪在活動時，是非常耗能的狀態。

所以，必須透過飲食來提供身體基本的熱量需求，使貓咪的體重及身體狀況都能維
持。如果沒有進食，或是進食不夠時，身體為了維持運作，只好消耗肌肉和脂肪，
貓咪就會變得越來越瘦，這樣的惡性循環最後可能會導致貓咪死亡。

計算熱量需求 ▬

◀ 肥胖的貓咪不能以實際體重去計算每日能量需求。

一般飼養在家裡的貓咪，從食物中獲得的
熱量大部分是用來維持基礎代謝的功能，
也就是休息能量需求(resting energy
reauirement；RER)。這些熱量也用於
運動、消化和體溫調節。

不管是哪個階段的貓咪，為了能讓牠們

維持良好代謝功能及體態(不會過胖或過瘦)，並減少疾病的發生，計算貓咪每天的
熱量需求是很重要的。貓咪和人一樣，也有最適當的體脂肪量，體脂肪含量以20～
25%為適當。

所以，在計算熱量時不能以貓咪目前的體重去計算，必須先計算出理想體重。例如
一隻體脂肪40%的肥胖貓咪，在計算熱量時就必須把多的脂肪量扣掉，才不會增加
額外熱量的攝取，轉變成更多體脂肪。(體脂肪的評估請參照P.287)

1—**理想體重的計算：**

一隻 6.8kg 的貓，如果身體狀況評分是 5/5 或 9/9，那麼脂肪量估計為 40～45%。所以，貓咪的瘦體重為 55%（6.8kg × 0.55 ＝ 3.7kg）。在理想的身體狀況（20%脂肪量）下，3.7kg 的瘦體重佔貓體重的 80%，3.7kg × 100 / 80 ＝ 4.7kg 便是貓咪的理想體重。

2—**RER的計算：**

$$RER（kcal / day）=（體重_{kg}）^{0.75} × 70$$

或

$$RER（kcal / day）=（體重_{kg} × 30）+ 70$$

計算出貓咪的 RER 後，還必須根據貓咪的年齡、活動狀態和是否結紮，來選擇生命階段因子參數，並乘上 RER，計算出貓咪的熱量需求或稱每日能量需求（DER）。不過這每日能量需求的因子參數，建議與您的醫生討論後再決定會比較好喔！

幼年貓

這個階段的貓咪剛好會經歷斷奶期→生長期幼貓→結育階段。還在喝奶的幼貓通常會在三～四週齡時開始斷奶。在斷奶前，幼貓的熱量大部分會由母乳或配方乳中獲得。

開始要斷奶時，因為小貓喝習慣液狀奶，因此不太會吃固體食物，所以最好以泡軟的飼料或是幼貓離乳罐做成糊狀飲食給予。當幼貓生長到五～六週齡時，固體食物吃得比較多了，從固體食物中獲得的熱量會增加到 30%。當貓咪六～九週齡時會完全斷奶，這時的熱量就完全由固體食物中獲得了。

▲ 開始要斷奶的小貓會跟著母貓學習吃固體食物。

▲ 生長期幼貓的飲食中需要大量的蛋白質。

貓咪斷奶後，在成長過程中需要大量的蛋白質和脂肪，才能合成身體的肌肉、毛髮、骨頭等，生長期幼貓的飲食較適合這個階段的小貓。此外，在斷奶後，幼貓腸道內可以分解乳糖的酵素降低，這時如果餵食牛奶很容易造成貓咪拉肚子。除了乳糖，其它的碳水化合物也不適合給予太多，因為貓咪無法消化吸收過量的碳水化合物。

生長期幼貓在六個月大後，就可以開始準備結育計劃了。結育後的貓咪必須留意進食量，因為結育後對於熱量的需求會降低約 20%。如果這時候還是給予高熱量的飲食，非常容易造成肥胖。貓咪通常在十個月大時會達到成年期的體重，這時可以將幼貓飲食換成成年貓飲食，或許在體重的控制上會容易些。

成年貓 ▬

成年貓咪的生長發育已達成熟階段，此
時期的貓咪不再像生長期，需要高熱量
來提供生長。這個階段貓咪的營養主要
在維持身體健康，減少疾病發生。

請給予貓咪均衡的營養飲食，以滿足身
體日常需求，更重要的是要能維持理想
體重狀態。這除了能減少疾病發生（如
肥胖、糖尿病），還可以維持貓咪的生
活品質和延長生命。

▲ 成年貓咪的營養需求主要在維持身體健康，以及減
　少疾病的發生。

在餵食上，乾食或濕食各有優缺點，可以根據貓咪的喜好來選擇。不過，乾食中碳
水化合物的含量比較高，如果貓咪又習慣自由進食，就要留意肥胖的問題了。所以
除了飲食的種類外，進食的量也是影響體重的原因之一喔！

老年貓 ▬

貓咪到幾歲才算是老年貓咪？大部分的人都認為貓咪到了七至八歲就進入老年期，
但實際上貓咪身體的代謝和消化吸收的改變是在十一歲之後，包括體脂肪和身體肌
肉的減少。

當長期攝取不足的蛋白質和脂肪時，會導致老年貓咪肌肉減少症的形成，並增加死
亡風險。此外，這種消化吸收的減弱也會導致其它維生素和礦物質的缺乏。正因為
如此，老年貓咪需要攝取的蛋白質和脂肪相對也會比成年貓更高。

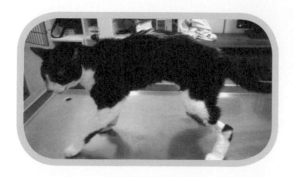

◀ 熱量、蛋白質和脂肪含量較高且好消化吸收
　的飲食較適合老年貓。

熱量、蛋白質和脂肪含量較高且好消化吸收的飲食較適合老年貓咪，但肥胖的老年貓咪可能就比較不適合；老年貓咪的體重過重，會增加關節疾病和其它老年疾病(如糖尿病)的發生；若是沒有腎臟疾病的老年貓咪，則不應該去限制飲食蛋白質的含量，嚴格限制蛋白質的攝取，反而會造成營養不良及更明顯的體重減輕，對身體的不良影響反而更大。

懷孕和哺乳母貓 ▬

▲ 懷孕和哺乳中的母貓進食，不只是要維持自身熱量需求，也必須提供熱量讓胎兒生長。

母貓懷孕時，進食不只是要維持自身的熱量需求，也必須要提供熱量讓胎兒生長。所以懷孕和哺乳的母貓需要的熱量是非常大的。因此，需要給予高量的蛋白質和豐富的必需脂肪酸飲食，才能提供較高的熱量。

但是，也請注意母貓的體重，過重或過輕都不適合。例如，營養不良的母貓可能很難懷孕，也可能生下體重不足的胎兒或畸胎；而肥胖的母貓則可能會死產或需要剖腹產。因此，留意這個階段母貓的體重也是很重要的事。

懷孕和哺乳母貓的飲食大都建議給予生長期幼貓的飲食，因為這類飲食的熱量比較高。再加上母貓懷孕時會比成年期需要多 25%～50% 的熱量，所以生長期幼貓的飲食可以滿足這個階段的熱量需求。

此外，哺乳期母貓的熱量需求是所有時期中最高的，要有充足的營養和熱量，才能讓小貓健康成長。很重要的一點是，胎兒發育和哺乳小貓的生長，需要動物性蛋白質中的必需胺基酸和脂肪酸，所以千萬不要給母貓吃素食，這會讓小貓有營養不良的危險。

營養對於貓咪的重要性，無法由前面的文章全部概括，這個章節中提到的只是一個簡單的概念。不要輕忽了營養素對貓咪的重要性，無論是哪個生命階段的貓咪，都必須提供適合且均衡的飲食，才能維持貓咪的健康。

PART

4

保健及就診

Ⓐ 貓友善醫院

貓友善醫院的認證,是由國際貓科醫學會(International Society of Feline Medicine,簡稱ISFM)以及美國貓科醫學會(American Association of Feline Practitioners,簡稱AAFP)所發起的,也是近幾年來貓科研討會常見的議題。主要目標是創造一個對貓咪友善的診療環境,以期能提供更好的醫療服務給所有需要的貓咪。

▲ 美國貓科醫學會的貓友善醫院認證標誌。

▲ 國際貓科醫學會的貓友善醫院認證標誌。

想申請貓友善醫院,必須先加入國際貓科醫學會或美國貓科醫學會並成為會員後,才有資格申請。每年的年費為220美金,可以收到一年八本的最新貓科研究期刊(Journal of Feline Medicine and Surgery),目前兩岸三地加入會員的獸醫師並不多,主要是因為語言的關係以及很多的會員福利都是在國外才能享受。

先不論獸醫師本身的技術水平以及醫院的設計,願意花錢參加這些國外貓科醫學會的獸醫師大多是精通英文且在貓科領域有一定水平,可透過這些期刊與世界的貓科醫療水平同步化,是不錯的貓科醫院選擇。

台灣於2018年12月29日成立台灣貓科醫學會(Taiwanese Society of Feline Medicine，簡稱TSFM)，而本書的作者林政毅獸醫師就是創會理事長，並與日本及韓國的貓科醫學會結為姊妹會，而大陸雖然已有多家醫院加入國際貓科醫學會並且得到貓友善醫院認證，但目前尚無貓科醫學會的成立。貓友善醫院的認證若能經由各地貓科醫學會進行實地勘查認證，才能更安心且更負責任的進行推薦。

▲ 台灣貓科醫學會的標誌。除了定期舉辦獸醫師的再教育
　課程外，也會舉辦貓奴相關的照護課程，以提升貓科診
　療水準及增進養貓正確的照護知識。

貓友善醫院的認證標準包括：

1—與貓飼主間必須充分溝通所有的醫療行為及相關費用。

2—醫院員工必須定期接受教育訓練：獸醫師每年至少受訓35小時，助理15小時。

3—醫院必須提供獸醫師及助理免費且最好、最新的專業期刊及書籍。

4—詳實監督及審核病例與治療效果。

5—在貓保定及操作過程中，確實遵守貓友善原則。

6—提供貓專用候診室、貓專用住院病房及隔離病房、獨立的看診空間，以避免貓與狗的任何接觸。

7—完整的醫療設備：包括手術室、麻醉監控儀器、外科手術設備、齒科及眼科相關診察及治療設備、X光及超音波掃描等影像學設備。

Ⓑ 貓咪的醫病關係

當貓咪生病時，就會有醫病關係的發生，這關係中包含了醫師、你還有貓咪，如何保持良好的關係，創造三贏的局面，就是我們要探討的。

▶ 建立良好的醫病關係，對貓咪的健康是很重要的。

醫師 ▰▰▰

大部分的醫師都受過專業訓練，並累積有豐富經驗，所以是值得信賴的；目前台灣尚未有專科醫師制度，因此大部分的醫師會根據自己的興趣去鑽研，各有所長。帶貓咪上醫院前，應先了解自己所需要的是哪方面專長的醫師，可透過網路、媒體或貓友介紹，選定幾家之後，事先電話探詢或親自造訪，實際了解醫院和醫師的狀況。好的專業貓科醫師並不是萬能的，但他必須對貓科疾病有全盤認知及了解，一旦遇到特殊病例，就須轉診至其他專科醫師；作轉診處理的醫師不代表能力不足，而是對專業及生命的尊重。

你 ▰▰▰

正在看著這本書的你，你的態度可能會決定貓咪的生死。人一向是最難搞的，每個人都有自己的個性、教養及談話方式，但請記得，當你帶貓咪到醫院「求診」時，就是要請醫師幫忙的意思，所以千萬別一副花錢就是大爺的心態，對醫師或護理人員呼來喊去。另外，既然醫院是你自己選擇的，就請抱著一顆信賴的心，對於醫師的治療方式應加以尊重，即使有質疑，或是你並不認同醫師的診斷，也別當場冒犯醫師的專業和尊嚴；畢竟在貓科醫學上，醫師是有受過訓練的，而你也許只是看了幾篇網路文章，並不能因此就全盤否定醫師的專業。醫療有很多種方式，醫師會根據貓咪的狀況來選擇最佳的方式，如果你的態度是很不信任、很怕花錢，醫師就可能會採取保守的治療方式，反而有可能會延誤最佳的治療時機。另外，有些貓奴在候診時，會把貓咪抓出來，或讓貓咪隔著手提籃和其他貓咪交朋友，這樣的動作是很容易讓貓咪更不安的，等到看診時，就會不肯配合醫師的檢查。

貓咪

貓咪的脾氣你是最清楚的，應該在問診時就告知醫師，醫師會根據你的描述來決定檢查的步驟跟方式。有時看診時，醫師會採取某些保定方式，看起來或許有點殘忍、不舒服，但這樣的措施除了保護醫師之外，也是在保護貓咪跟你，免得只是看個診，就搞得大家都傷痕累累。貓咪跟人一樣是有脾氣的，即使平時好脾氣，不代表牠不會翻臉、不會生氣；當牠翻臉或生氣時，也不代表醫師的動作粗魯或技術差，或許只是一時的情緒反應罷了，別一下子就否定醫師。貓咪到醫院大多是非常驚恐的，對於突如其來的動作或聲響都會非常緊張，也可能因此產生攻擊性；所以當醫院雜聲鼎沸時，實在不適合看診，醫師的操作一定要輕柔，避免造成巨大聲響。而不時稱讚貓咪的配合、輕聲細語安慰貓咪，也能讓貓咪感受到善意而穩定下來。

ⓒ 看診前的準備

準備帶貓咪就診前，要先思考究竟是要處理哪些問題？到底貓咪是出現哪些症狀？如果問題有點複雜或多樣的話，最好先將要解決的問題或症狀記錄下來，以免到了醫院忘東忘西，不僅浪費時間，也會造成診療流程上的困擾。最好一次將所有問題提出，醫師才能據此擬定檢查項目及診斷流程。

症狀

所有觀察到的異常表現都可算是症狀的一種，這有賴平時的細心觀察及記錄；記錄的越詳細，對醫師診斷上的幫助越大。如果是牽涉到動作上的異常表現，或者這樣的異常表現並非時時刻刻出現時，最好能利用攝影工具記錄；因為有不少的貓咪一到醫院後，就不再顯現異常的表現，而你沒有受過獸醫的專業訓練，對於症狀的描述可能會與現實有很大的落差。

保留病材

一旦發現貓咪身體某個部位有異常的分泌物或排泄物時，最好能試著收集這些病材，如異常的尿、異常的糞便、嘔吐物、不明的分泌物或液體，要注意的是，有些沾附在身體上的異常分泌物應該保持現狀。有些飼主會急著將沾附的分泌物擦拭乾淨，

這會讓醫師毫無線索可循。如果懷疑貓咪有皮膚病，不應於洗澡後就診，因為洗澡會破壞皮膚原本的病灶及症狀。

手提籠

有些疾病的治療是需要麻醉的，在麻醉恢復的過程中，貓咪可能會出現興奮期，就算平常再溫馴的貓都可能有過度緊張、逃跑或產生攻擊等行為。有些人認為自己的貓很乖巧，可以直接抱持著坐車或在外行走，但建議還是謹慎為佳，以手提籠保護貓咪，避免貓咪一時緊張脫逃而產生危險。

毛巾

毛巾是貓咪就診時很好的保定工具，平時就應準備一條就診專用的大浴巾，在貓咪看診時可以鋪在診療桌上，讓貓咪不覺得桌檯冰冷，不僅可稍稍緩解緊張的情緒，也可以保護你不被貓咪咬傷或抓傷。

預防手冊或健康紀錄

這對初診的貓咪而言是相當有用的資訊，醫師可以據此了解貓咪的預防注射紀錄、貓咪的既往病歷，或者貓咪曾進行過哪些傳染病的篩檢，對疾病的診斷上有極大的幫助。另外，你也應該熟記你的愛貓有哪些用藥過敏的紀錄、曾發生過什麼嚴重的疾病，或已經證實的先天缺陷，在進行診療前詳實地告知，便可免除不必要的藥物傷害或檢驗。

金錢及證件

動物醫療所需的費用往往會超出飼主原本的預期，建議多帶一點現金以備不時之需。另外，若貓咪的疾病是需要住院觀察或治療時，大部分的醫院會預收保證金或登記相關證件；因為寵物被遺棄在醫院的例子屢見不鮮，也請你體諒並且配合醫院的住院規定。

電話確認

準備要前往獸醫院時，最好能先打電話確認看診時間、醫師班表或事先掛號，有些人只信任某位醫師的診療，有些疾病只能由專科醫師處理，有些醫院只接受預約的門診，有些醫院有固定的休假日或午休時間，或者醫師因為臨時有事而歇業，這些狀況都可能讓你白跑一趟，甚至延誤了貓咪的黃金治療期，所以務必要在就診前先電話確認。

慎選動物醫院

貓咪就診前，應先收集動物醫院的相關資料，了解該醫院的專長項目及門診時間，並事先評估醫院的環境，以及醫生的看診態度、醫術及醫德。

Ⓓ 施打預防針

預防重於治療是我們琅琅上口的教條，但是看看您身邊的牠，有多久沒打預防針了？是您輕忽了嗎？捨不得牠挨打針的痛？或者捨不得花這樣的錢？還是有很多錯誤的資訊誤導了您？每一種動物都有常見且傳染性高的疾病，試圖毀滅掉這些物種，或者物競天擇地挑選能倖存下來的基因，但對我們而言，每隻貓咪都是心肝寶貝，怎能放任牠們有任何意外的發生？這些疾病的感染很可能會造成牠們死亡及大筆醫藥費用支出，因此科學家們不斷研發新疫苗，以預防疾病感染的發生。畢竟預防是控制疾病感染的最佳手段，可以讓貓咪免除掉疾病所造成的病痛及死亡。以下是常見的預防針說明。

貓五合一 ▬

這是貓咪最常施打的預防針，顧名思義就是可以預防五種貓咪的重大傳染病，包括三種常見上呼吸道感染：疱疹病毒、卡里西病毒及披衣菌，貓的病毒性腸胃炎，即貓小病毒(俗稱貓瘟)，以及無藥可醫的貓白血病病毒。貓的上呼吸道感染（疱疹病毒、卡里西病毒、披衣菌）會造成幼貓嚴重的眼睛發炎、鼻炎、舌炎及口腔潰瘍，更嚴重者則導致肺炎而死亡；成貓若未施打預防針而感染者，症狀會比幼貓更為嚴重，包括流涎、呼吸困難、食慾廢絕等。而貓瘟的感染會造成嚴重的腸胃炎，症狀包括嘔吐、下痢、發燒、食慾廢絕、脫水甚至死亡。

狂犬病 ▬

這是施打率第二高的預防針，也是最重要的法定傳染病預防針，政府的法令明文規定犬貓都必須每年注射狂犬病疫苗，對於不施打者，也有相關的罰則，而且在政府的強勢介入之下，一劑施打費僅要200元，在此呼籲大家千萬不要辜負了政府這項德政！臺灣已數十年為非狂犬病疫區，但自2012年底在鼬獾身上發現狂犬病病毒後，臺灣又變成狂犬疫區。幫心愛的寶貝定期施打狂犬病疫苗是您的責任，也可以有效地防止狂犬病擴散。但因為狂犬病疫苗的施打可能會成引發注射部位的惡性腫瘤，所以很多貓奴不願意施打，近來已有不含佐劑的狂犬病疫苗上市，大大減少惡性腫瘤發生的機率，也希望台灣能早日引進。

貓三合一

三合一包括疱疹病毒、卡里西病毒及貓小病毒，跟五合一的差別在於少了披衣菌及貓白血病的預防，至於施打哪一種比較好？沒有一定的答案。近年來五合一的施打容易引發注射部位腫瘤，貓奴為此心疼貓咪，所以大都是以選擇三合一為主。但因三合一不含白血病的疫苗，而貓白血病是一種相當重要的貓科動物傳染病，所以會建議只打三合一的貓咪，再加打三年一次的基因重組白血病疫苗。

傳染性腹膜炎

傳染性腹膜炎在近幾年已成為臺灣貓咪的第一大殺手，貓咪會呈現陣發性的發燒、食慾廢絕、腹圍增大或腹部內出現團塊、胸水及呼吸困難(波及到胸腔時)、脊柱兩旁肌肉逐漸消耗掉，甚至發生慢性腹瀉或慢性嘔吐，發病後幾乎無存活的可能。目前全世界只有一種點鼻劑的疫苗上市，由於傳染性腹膜炎的致病源尚未被確認，且大多數學者認為是由存在腸道的冠狀病毒發生突變所感染的。所以如果貓咪已感染冠狀病毒，在接受疫苗接種後，雖可以預防外來的冠狀病毒進入體內，但卻無法控制已存在體內的冠狀病毒。因此現今的作法，是建議在施打前先進行冠狀病毒的抗體檢測，若呈現陰性(也就是體內無冠狀病毒的抗體)，或許接種會有保護的效果，但若檢測呈現陽性，則接種的效力不明確，但並不會有任何副作用發生，就由飼主或家庭醫生決定施打與否。

預防針的種類

	三合一	五合一	單一疫苗
貓泛白血球減少症（貓瘟）	○	○	
貓病毒性鼻氣管炎	○	○	
貓卡里西病毒	○	○	
貓披衣菌肺炎		○	
貓白血病		○	○
狂犬病			○
貓傳染性腹膜炎			○

預防針免疫注射流程表 ▰▰▰

年齡	三合一預防針檢測項目	五合一預防針檢測項目
2 月齡	貓愛滋病／白血病檢測 三合一疫苗（1） 基因重組白血病（1）	貓愛滋病／白血病檢測 五合一疫苗（1）
3 月齡	三合一疫苗（2） 基因重組白血病（2）	五合一疫苗（2） 狂犬病
4 月齡	三合一疫苗（3） 冠狀病毒篩檢 傳染性腹膜炎疫苗（1）	冠狀病毒篩檢 傳染性腹膜炎疫苗（1）
5 月齡	傳染性腹膜炎疫苗（2） 狂犬病	傳染性腹膜炎疫苗（2）
	注意事項： 一年後每年定期施打三合一、狂犬病及傳染性腹膜炎疫苗。基因重組白血病疫苗則是三年一次。	注意事項： 一年後每年定期施打五合一、狂犬病及傳染性腹膜炎疫苗。

接種計畫 ▰▰▰

▼ 貓咪預防針施打部位為大腿處。

年輕幼貓的抵抗力比成年貓弱，容易因為一些病原的感染而造成小貓生病，嚴重的甚至會使小貓死亡。小貓剛出生時如果有喝到母貓的初乳，初乳中的免疫球蛋白會在小貓體內形成保護力，降低小貓感染疾病的危險。這些初乳中的抗體也就是所謂的「移行抗體」，移行抗體會在小貓出生後50天慢慢開始下降。因此一般是建議在小貓二個月大時開始接種預防針，讓牠的抵抗力能夠持續保護。

預防針要打幾次？

在疫苗的接種計畫中有所謂的基礎免疫，就是當貓咪第一次接觸到抗原時(預防針中的病毒)，身體會開始製造特殊的抗體來對抗，但第一次的接觸總是生疏了點，所以產生的抗體力價就會較低，而且長時間之後，身體的免疫系統可能會逐漸淡忘掉這

樣的抗原，所以在一個月之後必須再接種第二次疫苗，身體就會產生激烈的免疫反應，於是產生的抗體力價就會達到高標準，以對抗日後可能的病原入侵。但日子久了，終究還是會慢慢遺忘，所以必須每年補強接種疫苗一次，重新喚起免疫系統的記憶。常規的五合一、三合一及傳染性腹膜炎都建議是這樣的接種流程，而狂犬病的基礎免疫則只須一次即可，但這四者都必須定期每年補強一次。常規的建議流程為貓咪二月齡時接種第一次五合一(或三合一)疫苗， 於三月齡時接種第二次五合一(或三合一)及狂犬病疫苗，於超過三個半月齡時抽血確認冠狀病毒抗體呈現陰性，並接種第一次傳染性腹膜炎疫苗，於一個月後再接種第二次傳染性腹膜炎疫苗，之後就是每年補強一次五合一(或三合一)、狂犬病及傳染性腹膜炎疫苗，一直到變成貓天使之前都必須每年定期接種。

打了預防針後就一定不會感染疾病？

預防針對於疾病的防護力並不是100%，但的確是可以提高貓咪對疾病感染的保護力。有些疾病發病時是沒有特效藥可以治療的，例如預防針中的貓白血病或是貓愛滋病，而貓瘟在年幼小貓中也是致死率非常高的傳染病。因此，在貓咪健康的情況下，及早施打預防針可降低感染這些疾病的機會，而每年的定期接種更可以維持貓咪身體的抵抗力。

施打預防針該注意的事 ━━

預防針哪裡打？

所有的醫療行為包括預防注射在內，都應由具合法獸醫師資格者來進行，切莫貪小便宜，隨意讓寵物店注射來源不明、成分不明、效果不明的預防針，因為預防針的效果平常是看不出來的，要等到與病原接觸後才能確認效果，由獸醫師施打的預防針有專業的保障，也會開具預防手冊，貼上預防針的證明貼紙，並由醫師蓋章負責。

施打前要檢查嗎？

預防注射的當下反而會使得身體抵抗力下降，所以施打前必須先確認身體健康狀態，如果貓咪有打噴嚏、嘔吐等不適症狀時，就不建議施打預防針。在預防針施打前，醫師應該要進行基本的健康檢查，包括聽診、問診、視診、觸診、糞便檢查、皮毛檢查等項目，確定貓咪健康後才能施打。此外，剛帶回家的貓咪也不建議馬上施打，最好是先讓貓咪習慣新環境後，再帶到醫院施打預防針，以減少貓咪因轉換環境，造成的免疫力低下。

有副作用嗎？

不少貓咪於施打預防針後2～3天會出現食慾減退、精神不佳的症狀，有些貓咪的
體溫也會略為升高，這些都是輕微的過敏狀態，但若持續五天以上就應與獸醫師聯
絡。若貓咪於施打當天呈現顏面水腫或上吐下瀉時，就有可能是所謂的急性過敏，
應立即將貓咪帶回醫院就診，但這樣的發生機率是非常低的，也不用為此將預防針
視為畏途。

施打預防針最好是在白天？

基於副作用發生的可能性，所以一般會建議在白天施打預防針，尤其是初次施打的
小貓，無法知道是否會出現不適反應。如果是在白天施打，您會有足夠的時間來觀
察貓咪是否出現不適反應，以及帶貓咪到醫院就診；若是在晚上醫院休息時間前施
打的話，可能會遇到半夜找不到醫生的窘境。

打完針後可以幫貓咪洗澡嗎？

預防針施打完後的一週要減少對貓咪的刺激，盡量不要帶貓咪出門，或是上美容院
洗澡，因為這一週小貓的免疫力會下降，幾天後才會慢慢上升，如果這時候接觸到
病原菌時，反而容易讓貓咪生病。

都不出門也要施打嗎？

家裡的貓咪從不出門，也必須每年定期施打預防針嗎？其實貓難免需要出門看病、
上美容院或可能自行逃出家園，只要外出就有感染的可能，何必去冒這樣大的風險
呢？有些家貓甚至會隔著紗窗跟流浪貓打交道，這也是有感染的可能。另外，主人
的衣服、手、鞋子也都可能會帶病原回家，所以還是定期施打、永保安康吧！

▼ 預防手冊及狂犬病疫苗注射證明。　　　　　　　▼ 施打預防針前，會先幫貓咪作基本檢查。

Ⓔ 貓咪基本健檢

健康檢查是早期發現疾病的利器，所以在人醫的部分常倡導定期健康檢查，因為等到病痛時才發覺疾病的存在常常為時已晚；如果能早期發現，並且即時地診斷、治療，就可以運用藥物或食療的方式來減緩甚至治癒疾病，這才叫作防患於未然。許多貓奴常會帶著剛撿到的流浪貓，或剛剛才買的純種小貓，到獸醫院進行所謂的健康檢查，但健康檢查包羅萬象，涵括的範圍及收費各有不同，如果自己不事先確認，而獸醫師也未在進行檢查之前說明清楚，可能就會造成不必要的醫療糾紛，所以務必要在事前先詢問相關事宜及收費的明細。另外，天下沒有白吃的午餐，任何人都沒有必要提供免費的服務，這樣的服務包括專業的知識及醫生的勞務，請記得在離去時，禮貌地詢問健檢費用，如果醫生說不需付費，請記得懷著一顆感恩的心，如果必須付費，是本來就應該的，也不需要大驚小怪。

一般理學檢查 ▰▰▰

視診

簡單而言就是用眼睛觀察，從貓咪進到診間、打開手提籃、抱出愛貓、量體重、上診療檯，獸醫師就已經開始用眼睛來進行視診，包括貓咪的整體外觀、披毛狀態、步態、神情、皮膚的顏色、精神狀態、是否有異常分泌物等等。「看看而已嘛，還收什麼錢呢？」這樣想的話就錯了！專業的訓練需要多年時間，而視診就是中醫所謂的望，需要經驗的累積，有經驗的獸醫師會在診療過程中持續觀察你的愛貓。

▲ 眼睛外觀的檢查。

具有分泌腺體的器官如果有異常的分泌物出現時，就表示這些器官正受到某種程度的刺激，或因感染而發炎，如眼睛、鼻子、耳朵等；如果從身體的管腔排放出異常分泌物時，代表管腔內可能已發炎，如子宮蓄膿或陰道炎；而這些異常的分泌物排放出來時，會沾

▲ 鼻子外觀的檢查。

染周圍的毛髮，這也是視診時可以發現的線索，所以就診前切忌洗澡或擦拭，以免這些線索遭到破壞。

外觀的狀態代表著這隻貓的營養狀況、水合狀況、精神狀況。有經驗的獸醫師一看到貓的外觀，幾乎就可以判斷疾病的嚴重與否、是否有脫水的狀態、是否有營養上的問題，這些線索能提供獸醫師作初步的判斷。此外，皮膚及黏膜的顏色也是視診上非常重要的一環，蒼白的黏膜代表可能有貧血或血液灌注量不足的問題；發黃的皮膚表示黃疸的存在，代表有出血、溶血、肝膽疾病的可能性；發紫的舌頭則代表氧合濃度的不足，可能有心肺功能上的問題⋯⋯這些發現都能讓獸醫師縮小診斷的範圍，並針對重點進行深入檢驗。

▲ 翻開耳殼看是否有過多的分泌物。

▲ 觸診可以提供醫生許多疾病的線索。

觸診

身為獸醫師，必須有一雙巧手，而這是需要透過經驗的累積及不斷練習的。在疾病診斷的初期，手的觸摸是非常重要的，有經驗的醫師可以藉由觸診得知某些骨關節疾病、體表腫瘤、體內腫塊、腫大的膀胱、便祕累積的糞石等等，也可以判斷腎臟的大小或形狀，脾臟的腫大與否。當體表觸診到腫塊時，獸醫師可以藉由觸診來判斷腫塊的堅實度、是否有液體在其中、是否會引發疼痛、是否有熱覺，這些資訊可以讓獸醫師初步地判斷及決定進一步檢驗的手段；如果腫塊是柔軟且可能內含液體時，就可以用注射針筒抽取其中的液體，進行抹片檢查；如果腫塊是堅實的，就考慮採用細針抽取採樣抹片檢查，或者直接開刀切除，或以採樣器械進行組織採用，並將檢體進行進一步的組織切片檢查，以判斷腫瘤是良性或惡性。

當貓咪有跛行的症狀時，獸醫師也會藉由觸診來定位疼痛的部位及判斷骨折的可能性。如果跛行是發生在後腳，透過觸診也可初步判斷是否有膝蓋骨脫臼、髖關節脫臼等狀況，並決定所需的放射線照影部位及姿勢。

腹腔的詳細觸診則可提供更多的線索；如脹大堅實的膀胱可能代表貓咪排尿的阻

塞，充滿堅實巨大糞便的腸道代表便祕的可能性；不規則腫大的腎臟代表多囊腎或腎臟腫瘤的可能性，萎縮變小且堅實的腎臟代表末期腎病的可能；未節育母貓的腹腔觸診到大的管腔構造，或者能觸診到子宮，代表子宮蓄膿或懷孕的可能性；有經驗的獸醫師甚至可以在懷孕20天之前，就能判斷懷孕及胎數。

腸道的觸診可以區分糞便、異物，或腸套疊的可能性；腹腔內觸診到異常團塊時，就代表著腫瘤或乾式傳染性腹膜炎的可能性；觸診到腫大的脾臟時，代表著腫瘤、髓外造血、血液寄生蟲、脾臟鬱血等的可能性；觸診到腫大的肝臟時，代表著肝臟腫瘤或肝臟發炎的可能性。胸腔的觸診有實際上的困難，但因為貓的胸腔可壓縮性很高，在初步判斷某些胸腔內腫瘤也佔著重要的角色。

聽診

聲音表現在診斷上扮演著非常重要的角色，特別是難以觸診的胸腔。除了用耳朵直接聆聽貓咪主動發出的聲音外，也必須靠聽診器進行更深層的聽診，如心跳音、呼吸音、腸蠕動音等。貓咪所發出的聲音或許會跟某些病症有關聯，也可以作為判斷呼吸道系統、心臟、腸道等功能的依據，醫師可藉此縮小診斷範圍，因此良好的聽診運用是獸醫師診療上的一大利器。

貓咪可能主動發出的聲音包括打噴嚏、咳嗽、哮喘、疼痛的嚎叫等，打噴嚏代表著鼻內異物、鼻過敏、鼻炎，上呼吸道感染的可能性；咳嗽代表著氣管受到刺激或發炎的可能，如果是發生於嘔吐之後，可能就與吸入性肺炎或咽喉受到胃酸刺激有關；哮喘的聲音代表著氣管塌陷、過敏性氣喘、慢性氣管炎的可能性；痛苦的嚎叫聲則是非常罕見的，因為貓對於疼痛的耐受力是非常強的，如果貓主動發出激烈疼痛的嚎叫聲時，通常代表有嚴重疾病。

◀ 01／利用聽診來作初步診斷。
02／打開貓咪嘴巴，除了看牙齒，還可以聞口腔味道。

臨床上發現，因肥大性心肌病所造成的動脈血栓症，會使得貓咪後軀癱瘓，並發出非常淒厲的嚎叫聲。很多人無法正確判讀貓咪所發出來的聲音，例如貓咪咳嗽的聲音常被解讀為喉嚨卡到東西、打噴嚏常被解讀為貓咪發出怪聲音，所以獸醫師能模仿貓咪的聲音是最好的，也能讓貓奴們能指認出他們所聽到的聲音。

聽診器的運用是需要精良的訓練及經驗的，專業的小動物心臟專科醫師甚至可以精確地定位心臟雜音所發生的部位，這對於心臟病的早期發現是非常重要的，當心臟聽診發現異常的心音(心雜音)或心律時，就代表著心臟病的可能，獸醫師會據此給予進一步胸腔放射線照影及心臟超音波掃瞄的建議。

嗅診

顧名思義就是利用鼻子的嗅覺來進行診斷資料的收集，願意聞貓咪口腔氣味的醫師，才是真正懂得貓科醫療的醫師；因為當貓咪發生某些疾病時，身體就可能會散發出某些異常的氣味，例如皮脂漏、尿毒、糖尿病等疾病，會散發出特定的氣味，獸醫師可以藉由聞到的味道來作初步判定。當貓咪發生腎衰竭或尿毒時，嘴巴會散發出阿摩尼亞的味道；當貓咪罹患糖尿病且已經到達酮酸血症時，嘴巴的口氣就會出現酮味；當貓咪發生牙周病或其他口腔發炎疾病時，口臭就會非常嚴重，聞起來甚至會像腐屍味；而皮脂漏時，貓咪皮膚會散發出濃濃油脂味。

問診

這是一般醫生最難作到的，因為大家都很趕時間，有時醫生問太多反而會被認為是菜鳥。其實不論是人醫或獸醫，問診是所有診療過程最重要的一環，詳細的問診才能發現問題所在、縮小診斷範圍，也可以對貓咪有正確的初步了解。看診時最怕一問三不知的貓奴，醫師縱然有通天本領也無法一下子就切入重點。你給的資料越詳實，越能縮短看診的時間及花費，當然醫師對於你的說辭也不會照單全收，因為很多貓奴的敘述都會有所隱瞞或謬誤，醫師會將敘述加以整理分析，並針對疑點詢問；其實這就像警察辦案一樣，不斷地抽絲剝繭，讓真相大白。以下檢查所需的費用不高，且可以很快地進行，因此被列為一般的實驗室檢查。

▲ 貓咪的體溫檢查。

一般實驗室檢查

體溫檢查

通常採用傳統的水銀溫度計，但請注意醫生是否有套上用後即丟的肛表套，這樣才能防止疾病的傳染；而採用肛溫的方式，也可以同時採集糞便檢體來化驗。貓咪的體溫通常在39.5度以下，如果量體溫時有掙扎或極度緊張，就可能會超過40度；臨床上常遇到獸醫師將39度以上的貓咪判定為發燒，這對狗或許還說得通，在貓而言就有點誇大了。

▲ 顯微鏡下的糞便檢查。

糞便檢查

一般藉著量肛溫時，肛表套沾附少許糞便檢體，直接塗抹在玻片上，置於顯微鏡下觀察，可以藉此了解是否有寄生蟲的感染、是否有特殊細菌的存在、是否有細菌過度增殖的現象、是否有消化問題等等；缺點是檢體太少，即使沒有檢出病原，也不能就此排除可能病原的感染。

▲ 耳鏡檢查耳道內。

皮毛鏡檢

這是在皮膚病的診療上最初步也最重要的檢查，如果你的醫師是懶得鏡檢就直接診斷的話，那他絕非是專業的獸醫師。皮毛鏡檢可確診的疾病包括黴菌、疥癬、毛囊蟲等。獸醫師大多會採用止血鉗直接拔取病灶或周圍的毛髮置於玻片上，並滴上數滴KOH溶液，然後蓋上蓋玻片置於顯微鏡下觀察，如果還無法檢出可能病原的話，醫師或許會採用刀片刮取皮膚病材，但大部分的貓奴不太能接受這樣的方式。

▲ 眼底鏡檢查。

眼耳鏡檢查

透過特殊的五官鏡，進行眼睛及耳朵的檢查，對於耳疥蟲的診斷上非常有幫助。獸醫師可以藉此觀察到正在移動的蟲體，也可以判別耳道內是否有異物、發炎、積血或積膿；在眼科部分，則可以觀察瞳孔的縮放情形，以及眼瞼、結膜、鞏膜、角膜、眼前房、水晶體的細微變化。

Ⓕ 貓咪深入健檢

這邊所提及的檢查,都需要精密且昂貴的儀器輔助,因此最好在進行檢查前先了解收費方式。將收費標準說清楚不代表醫生市儈,詢問檢驗收費也不代表你不愛你的貓,台灣的動物醫院很多,如果對收費方式有疑慮可以轉院,但要記得,一分錢一分貨,例如同樣是超音波掃瞄,有一台十幾萬的,也有一台三百多萬的,收費必然不同。事前先說清楚講明白,反倒可以減少掉不必要的醫療糾紛。而深入健康檢查建議於滿一歲之後每年進行一次,或者於麻醉前進行,醫師會根據貓咪的狀況,擬定所需的檢查項目。

血球計數

血球計數的數據包括紅血球、白血球、血小板,可以用來判別貓咪是否有發炎、貧血,或者有凝血功能上的問題,是專業檢查上最重要且最基礎的一環,收費約在600元左右。

以往都是人工計數,非常耗時,但較為準確。現在雖有全自動的儀器,可惜貓咪的血球在某些程度上與人類是有差異的,如果採用人醫的血球計數儀,可能會有相當大的誤差發生(但人醫的儀器不論在品牌或價位上,都較令人滿意)。所以,如果當你收到人醫儀器的檢驗報告時,那數據的準確性恐怕就有爭議;如果是獸醫專用儀器驗出時,就請在收費上多一些體諒,因為獸醫專用的儀器真的十分昂貴。

血清生化檢查

大部分的動物血清生化檢驗都可以採用人醫的檢驗儀器,這一類的檢查就是我們常說的肝功能、腎功能、胰臟功能、膽固醇、三酸甘油脂、尿酸等檢查。一旦貓咪出現較嚴重的病症,或病程拖得比較久時,醫生都會建議施行血球計數及血清生化,這兩類的檢查是臨床診療上最基本的。血清檢查的項目非常多,一般醫院會挑選某些項目作為常規檢查,或者會針對一般檢查時所發現的異狀來挑選檢驗項目,以下就常見檢查項目來一一解說。每項收費約100～150元左右。

▲ 幫貓咪抽血，作血液檢查。

ALT（GPT）

它是一種酵素，大部分都存在肝臟細胞內。貓咪的肝臟每天會有固定量的肝細胞淘汰，而這樣的淘汰就是肝臟細胞的破裂，過程中會將ALT的酵素釋放到血液循環中。貓的正常值是20～107，如果數值超過107時就表示肝臟受到某種程度的破壞，使得肝臟細胞的損失超過正常淘汰的範圍。不過，即使數值過高，醫師也不能直接判定為肝臟功能障礙或肝功能不足，這是非常不學術性的說法，應該更進一步進行影像學的診斷及採樣後的組織病理學檢查。如果貓咪出現肝硬化，表示已無足夠的肝細胞存在，這時ALT反而會回到正常值，所以數值的判斷還是有賴醫師的專業判斷。

AST（GOT）

也是一種酵素，主要存在肝臟細胞及肌肉細胞中。對貓而言，它的肝臟特異性較不高，如果有肌肉或肝臟傷害時，此數值就會攀昇，正常值為6～44。

BUN

又稱血中尿素氮。身體攝入的蛋白質經由肝臟轉化成含氮廢物，就是尿素氮，進入血液循環後由腎臟負責排泄；當腎臟功能出現問題時，BUN就會大量累積在血液循環中，而這類含氮廢物會對身體組織產生毒性，所以當BUN上升時，醫師會據此判定為腎臟功能障礙。另外，血液中BUN的上升也稱為氮血症，如果有合併臨床症狀時(如嘔吐)，就會稱為尿毒，正常值為15～29；如果BUN過低，您也別太高興，因為BUN是由肝臟轉化而來，過低就代表有肝臟功能障礙的可能。

CRSC（Creatinine）

中文稱為肌酸酐，是經由腎臟排泄的一種代謝廢物，主要依靠腎絲球體濾過，因此也代表著腎臟功能的足夠與否。一般而言，在腎臟受到傷害時，BUN都會先出現顯著的上升，CRSC則爬升較慢；相反地，在治療腎衰竭時，BUN對於點滴利尿會明顯降低，而CRSC則呈現緩慢下降。因此有人認為BUN代表著點滴利尿的效果，CRSC則代表著腎臟功能的實質改善。

LIPASE

這是一種脂肪酵素，主要存在胰臟細胞內，血液中的LIPASE爬升代表胰臟細胞受到破壞的可能，它的胰臟特異性較

AMYLASE高，正常值為157～1715，當數值攀升，醫師可能會懷疑胰臟受到某種程度的傷害。但現在認為血液中脂肪酶可以來自很多器官，因此這項檢驗已被認為不再具有胰臟炎的診斷意義，取而代之的是貓胰臟特異性脂肪酶（fPL）的檢驗。

GLUCOSE

就是大家所熟知的血糖，正常值為75～199，過低就是低血糖，如果高於250，就表示有糖尿病的可能。

TBIL

中文稱為總膽紅素，血液中的膽紅素主要來自年老紅血球崩解而釋出的血紅素。膽紅素在肝臟形成而排泄於膽汁中，一旦肝臟功能嚴重受損時，就會導致膽紅素積存於血液中，並且進入組織內而染黃，就是所謂的黃疸。但總膽紅素並沒有被拿來作為肝臟功能的評估檢測，而是作為肝臟疾病嚴重程度的指標（較常作為肝功能檢測的項目為膽汁酸及氨）。

ALKP、AP、ALP

中文稱為鹼性磷酸酶，主要來自肝細胞及膽道上皮細胞，當肝膽疾病造成膽汁排放受阻時會使得血液中濃度上升，因為貓的鹼性磷酸酶半衰期很短，所以任何程度的數值上升都有其臨床意義。但

發育期幼貓因為成骨細胞會製造很多鹼性磷酸酶，所以其正常值較高。

SBA(Serum Bile Acid)

中文稱為膽汁酸，是最有用的肝功能檢驗之一。正常狀況下，血清中的膽汁酸濃度是非常低的，那是因為腸肝循環會非常有效率地進行重吸收及再利用。在飯後引發膽囊收縮時，大量的膽汁會被排入腸內，而腸內膽汁酸的濃度就會明顯地上升，也因為有效的重吸收作用，使得膽汁酸大部分都被肝細胞吸收，僅有少部分得以脫逃至體循環內，所以只會使得血清中膽汁酸輕微且短暫地上升（約是禁食時濃度的2～3倍）。當有明顯肝臟功能障礙或膽道阻塞或門脈系統分流時，就會造成血清中膽汁酸濃度上升，而且飯後特別明顯。

NH3（Ammonia）

中文稱為氨，是身體內蛋白質代謝中較具毒性的一種，肝臟功能正常時，可以將血液中的氨轉化成較不具毒性的血中尿素氮而經由腎臟排泄，也就是BUN；而當肝臟功能嚴重受損或門脈分流時，就會造成血氨濃度上升，並引起嚴重神經症狀，如癲癇，也就是所謂的肝性腦病。

SDMA

中文稱為對稱二甲基精氨酸，為蛋白質降解之後的產物，會釋放於血液循環中而經由腎臟排泄，是一種新的腎臟功能指標，可以更早發現腎臟疾病的存在。血液中SDMA濃度在腎臟功能流失40%時就會呈現上升，而肌酸酐(CRSC)則要高達75%的功能流失時才會呈現上升，所以更能早期發現腎臟疾病。

K+

鉀離子是身體中一種必要的元素，主要經由肉類食物來獲取，是細胞內維持滲透壓的主要離子，也是神經傳導及肌肉收縮中不可缺乏的離子。所以當貓缺乏鉀離子時，會呈現嗜睡、沉鬱及肌肉無力等症狀，特別是當貓脖子無力抬起，一直垂頭喪氣時，就必須懷疑低血鉀的可能性。血液中鉀離子在腎臟會進行再吸收及排泄，但排泄似乎佔著比較重要的角色。在無尿或寡尿的急性腎臟損傷及尿道阻塞時，因為尿液無法排出，所以鉀離子無法排出身體外，就會引發嚴重高血鉀而導致肌肉癱瘓及心律不整。但在貓慢性腎臟疾病時則因為無法濃縮尿液而造成尿量大增(多尿)，很多鉀離子會隨著尿液排出體外而導致低血鉀。鉀離子正常值為3.5～5.1mE q／L (3.5～5.1mmol／L)。

Phospate, P, Phos

磷是身體必需的礦物質營養素，由於磷在自然界分佈甚廣，因此一般情況很少發生缺乏。肉類食物中含有豐富的磷，所以越高蛋白的食物中，其磷含量越高。磷的主要功能有構成細胞的結構物質、調節生物活性與參與能量代謝等，缺磷會造成成長遲緩、增加細胞鉀及鎂離子的流失而影響細胞功能，嚴重低血磷會造成溶血、呼吸衰竭、神經症狀、低血鉀及低血鎂；在腎臟疾病時，因為磷酸根無法順利從尿液中排出身體，所以會造成高血磷。

高血磷最大的危害是影響到與鈣有關的賀爾蒙調節，或是併發低血鈣的現象，而低血鈣易造成神經興奮增加、痙攣、癲癇等現象。高血磷也可能併發高血鈣，當血磷數值乘以血鈣數值大於60以上時（Phos x Ca > 60）就容易導致軟組織異常鈣化，如心肌、橫紋肌、血管、腎臟等，其中以腎臟最容易受到損害，因而更進一步造成腎臟功能的損害及病變。

臨床常用的生化檢驗儀器建議貓的正常血磷值為3.1～7.5mg／dL，但正常成年貓的血磷濃度應該為2.5～5.0mg／dL，那是因為將骨骼發育活躍的年輕貓族群也納入統計而造成的。在貓的慢性腎臟疾病控制上，則建議盡量將血磷值控制在4.5mg／dL以下。

Albumin, ALB

幾乎所有的血漿蛋白質都是由肝臟所合成的，有50%以上的代謝成果就是用來製造白蛋白，所以當肝功能不良或營養不良時就可能造成低白蛋白血症，而白蛋白也可能經由腎臟或腸道流失掉，分別稱為蛋白質流失性腎病及蛋白質流失性腸病，而血液中白蛋白濃度上升則代表脫水。

Calcium, Ca

鈣在許多的正常生理過程中扮演著關鍵角色，特別是在肌肉神經傳導上、酵素活性上、血凝功能上及肌肉收縮上（包括骨骼肌、平滑肌、及心肌），也是細胞內訊息傳遞及維持細胞正常功能所必需的。身體內有三個器官系統負責鈣離子的恆定，分別是胃腸道、腎臟以及骨骼。慢性腎臟疾病末期、泌乳、營養不良都可能造成低血鈣，慢性腎臟疾病初期、骨頭疾病、副甲狀腺功能亢進、惡性腫瘤等都可能造成高血鈣。

超音波掃瞄 ▬▬

超音波掃瞄可以即時的觀察到身體內各個組織的結構狀況，在血液生化數值出現異常前，就可以探知各個器官可能出現的問題，是早期探知器官異常的法寶之一，收費約在1000元以上。隨著時代進步，有越來越多的動物醫院擁有彩色杜普勒超音波，它是診斷心臟疾病的利器，這樣的儀器動輒上百萬，所以每次的心臟掃瞄收費約在4000元以上。

X光照影

在健康檢查上多用來探知心臟疾病、肺臟疾病、腎結石、膀胱結石、脊椎疾病、骨關節疾病、髖關節發育不良、氣管塌陷等，費用約在500～1200元之間，視拍攝的張數及部位而定，有些特殊的顯影劑照影會需要更高的費用。

內視鏡

內視鏡被用來作為很多慢性疾病的確診手段，如慢性鼻炎的鼻腔觀察及採樣、慢性嘔吐及下痢的胃腸道觀察及採樣、慢性氣管疾病的觀察及採樣、胸腔疾病的觀察及採樣、慢性耳道疾病的觀察及治療或採樣等。但貓咪必須在麻醉下才能進行檢查，費用在8000元以上。

心電圖

當貓咪被懷疑有心臟疾病時，心電圖可以提供某些程度上的診斷幫助，費用約在500～1000元之間。

血壓測量

血壓測量對小動物而言，也是一項重要的檢查。尤其是老年貓，平常看起來都很正常，但血壓測量出來卻偏高時，就可能是有潛在性疾病。不過，貓咪在醫院本來就容易緊張，因此測量出來的血壓會稍微偏高。此外，有心臟病、腎臟病、糖尿病、甲狀腺功能亢症等疾病的貓咪，血壓也會較高。

電腦斷層／核磁共振

這樣的檢查在人醫已經相當普遍，但對獸醫而言，卻是高不可攀的超昂貴儀器。近年來已有少數動物醫院引進，費用約在12000元以上。

PART

5

貓咪的終身大事

A 貓咪的繁殖

▲ 母貓發情時的姿勢。

▲ 公貓發情時會有噴尿的行為。

性成熟與發情 ▬

當您的愛貓超過六月齡之後，就有可能進入所謂的性成熟階段，很多的行為或個性上的改變都會與「性」扯上關係，如果您還在狀況外的話，可能就會誤把這些改變當成是疾病的徵兆，也可能因此錯失育種的良機。

性成熟

短毛家貓於六月齡大時，就有可能達到性成熟的階段，而長毛貓或外國品種的短毛貓可能會較晚，約在10月齡之後，或甚至更晚。一般而言，混血品系的貓其性成熟會較早，如短毛家貓、金吉拉等，若是打算長久育種的話，母貓最好是超過一歲之後再配種，這樣育種會較為容易，且發情會較為穩定。

動情週期

母貓屬於季節性多發情的動物，每次發情約持續3～7天，在發情季節約每隔兩週就發情一次，大多集中在春天到秋天，主要是因為母貓的發情與光照的程度有關，日照時間長的季節，貓咪就會發情。但家庭飼養的貓咪在晚上時也會有燈照，所以在非繁殖季節的冬天也會發情。而公貓基本上是沒有動情週期的，主要是受到母貓發情時分泌的費洛蒙刺激而開始發情。

母貓發情時會顯得很愛撒嬌並一直喵喵叫，身體前端平伏在地上，而接近後端的屁股會翹在半空中，後腿會像在踩腳踏車一般地踩踏，也會喜歡在地上滾來滾去。公貓發情時，尾巴會舉高，大部分會想往外跑，有些則是會有在家具或牆壁上噴尿的行為。

種貓的選擇性成熟

若真的打算讓母貓生育的話，必須尋找適當的種公貓。首先，先確認家中貓咪的品種，以相同品種交配的經濟價值較高，若是雜交的話，生出來的小貓很難去歸類品種，市場的價值就會較低，若是短毛家貓之間的交配就不用考慮那麼多，但要確認生下來的小貓是否送得出去，且是否能找到好的主人。種公貓的來源可以是繁殖場或是經由網路徵求，前者必須要付費，而後者可能必須要將出生的小貓分給對方，不論如何，都得先確認雙方的健康狀態，是否患有貓愛滋或貓白血病？是否定期驅蟲及施打預防針？這些都是要注意的，否則不小心染病回來，可是賠了夫人又折兵。

發情

要如何確認母貓已經開始發情了呢？何時可以配種？母貓在發情初期會較平常來得更有感情，非常熱衷於以身體磨擦地板和在地上翻滾，而且可能會開始叫春；不過，純種的長毛貓叫春會叫得比較含蓄，不像短毛家貓那般激烈，也會看起來很緊張的樣子，極度不安。一旦確認了上述這些症狀之後，就可以跟事先連絡好的繁殖場或貓友接洽，準備將母貓送往配種。

▲ 貓咪交配時，公貓會咬著母貓的頸部。

交配時機

依據和繁殖場或貓友的約定，將母貓送往配種，並將母貓安置在靠近種公貓的籠子內，當母貓開始向公貓求愛時，就可以將牠們關在一起，讓牠們交配3～4次，或者直接將母貓留在那裡3～4天，然後再將母貓帶回家。並不是每隻母貓都願意接受配種，特別是又轉換至有公貓的環境時，因此不用心急，有些母貓甚至要待個7～8天才會適應環境而開始挑逗公貓，當然有些性格強烈的公貓是會使用暴力來得逞的。此外，貓咪是屬於刺激排卵的動物，所以在交配的過程中，當公貓的陰莖從母貓的身體抽出後，母貓會因為疼痛的刺激而排卵，因此貓咪受孕的機會也相對的增加。

交配動作的確認

配種的動作是否有完成呢？公貓是否有成功插入？首先必須先介紹一下整個交配過程的動作：

1—母貓會在地上打滾，挑逗公貓，以吸引牠的注意。

2—母貓會擺出標準的交配姿勢，牠的身體前部會緊貼著地板，而背部中央下陷，屁股則翹得高高的。

3—公貓這時開始會急著咬住母貓的頸背部皮膚，並騎乘在母貓身上。

4—公貓在插入前會一直調整方位，後腳看起來好像在踩腳踏車一般。

5—當公貓的陰莖成功插入母貓陰道後會立即射精，並可能伴隨著母貓淒厲的叫聲。

6—公貓與母貓迅速分開，公貓可能會閃躲不及而遭到母貓攻擊，公貓會在一段距離之外裝出無辜的表情，並且蓄勢待發。

7—母貓攻擊公貓後會在地上翻滾磨擦並伸懶腰，表現出舒適的樣子。

8—母貓將一隻後腿翹得高高的，並開始舔拭外生殖器。

9—上述所有動作會在5～10分鐘後再重複一次，並且會發生好幾次。

懷孕　━━━

母貓的懷孕期在56～71天之間，平均約65天。每次懷孕的平均胎數約3.88頭(美國)，當然體型越大的母貓胎數是會較多的。母貓每次排卵的數目或受精卵的數目都會比生出來的胎數來得多，這是因為受精卵的重吸收(會造成受精卵死亡)或胎兒的早期死亡所導致，對貓而言這是相當常見的狀況，並不會有顯著的症狀出現。

▲ 母貓每次懷孕的平均胎數為3～4隻左右。

如果仔貓在懷孕未滿58天就產出，通常會產下死胎或非常虛弱的仔貓。如果懷孕超過71天才分娩出來時，產下的仔貓通常會較一般來得大，並且可能導致難產。因此假使母貓已懷孕超過70天，且無任何的分娩徵兆時，就必須找獸醫師處理。一般而言，老母貓的懷孕胎數會較少，其實超過五歲的貓最好就不要再育種了，不但胎數會越來越少，且難產或死產的比例也會逐漸地上升。

世界紀錄最多產的胎數是14胎，而最適當的胎數是3～4隻，這樣母貓才能充分地照顧到每隻小貓。若一次生太多，在生產的過程中就耗盡所有的力氣，接著又必須分泌足夠的乳汁來餵養小貓，母貓很可能會發生低血鈣或奶水不足。如果沒有主人適當地照顧處理，很容易造成新生仔貓早夭及母貓死亡。

貓咪懷孕時身體和行為的表現

這裡所提的僅是一般性的原則，並非完全絕對的準則，因此懷孕的確認還是需要靠獸醫師的診斷。

1—大約在懷孕第三週左右，母貓的乳頭會變紅。

2—隨著懷孕的進行，母貓的體重會逐漸地增加約1～2公斤。

3—母貓的腹部逐漸膨大，此時千萬不要進行腹部的觸診，這樣可能會造成胎兒的嚴重傷害。當然，受過專業訓練的獸醫師是可以進行這樣的檢查的。

4—行為改變，母貓會變得較有母性。

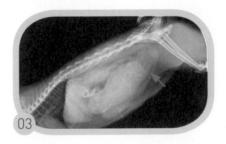

▲ 01／母貓懷孕三週時，乳頭變紅、變大。
　　02／懷孕母貓的肚子大約在懷孕45天時會明顯膨大。
　　03／X光片可以更準確的確定胎兒隻數。

懷孕檢查

貓不像人一樣可以用驗孕套組來檢查，所以早期的懷孕確認幾乎是不可能的。母貓配種後21～28天，應帶至獸醫院進行腹部觸診及超音波掃瞄，此時就可以確認是否懷孕，並且約略地估算胎數。

超過46天後，就可以進行X光照影來確認隻數，及每兩週進行一次超音波掃瞄來確認胎兒的狀況，並約略估算預產期。假懷孕是指母貓沒有懷孕，但其行為和身體卻出現與懷孕相似的症狀，主要是因為卵巢產生的荷爾蒙影響所引起的。雖然會出現腹部變大或是乳頭變紅的懷孕現象，但因為沒有實際的交配或是受孕。因此當過了貓的懷孕期（60天）後，這些症狀自然就會停止。（參考下頁流程圖）

母貓從交配到生產的流程圖

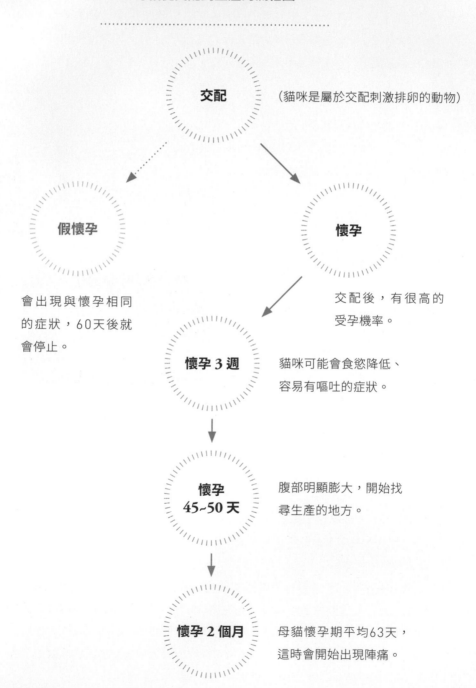

交配 （貓咪是屬於交配刺激排卵的動物）

假懷孕

懷孕

會出現與懷孕相同的症狀，60天後就會停止。

交配後，有很高的受孕機率。

懷孕 3 週　貓咪可能會食慾降低、容易有嘔吐的症狀。

懷孕 45~50 天　腹部明顯膨大，開始找尋生產的地方。

懷孕 2 個月　母貓懷孕期平均63天，這時會開始出現陣痛。

懷孕期間飲食

懷孕前半期的卡路里應少量增加，讓母貓的體重可以穩定上升，其熱量需求約為100kcal／kg／天。一般可以提供幼貓飼料給懷孕母貓，因飼料中的營養成分比例較均衡；此外，礦物質和維生素也必須額外提供，且減少任何會造成母貓緊張的環境，例如外出、洗澡等。

生產 ▬

產前先和獸醫師討論生產的問題，並記下醫生的急診電話。給予母貓良好均衡的飲食，並添加維它命及礦物質(根據獸醫師的建議)。胎兒逐漸增大時會使得母貓在懷孕末期發生便祕，可以適量地給予化毛膏來通便，使用量也必須聽從獸醫師的指示。

理想的生產場所

接近預產期時，就可以開始佈置產房，選擇溫暖、安靜且安全的地點。箱子的材質最好是木板或厚紙板，上面及另一側面為空的，箱底墊上報紙(報紙較毛巾或床單容易清理，且小貓容易被紡織品的纖維纏住)，箱子上方掛一個保溫燈，但高度不可低於一公尺。假如母貓拒絕使用，就在牠挑選的地方鋪上報紙，並掛上保溫燈即可，或者直接把產箱移到此處試試看。貓咪的產子數從1隻到9隻不等，不過平均來說約是3～5隻，因此產箱大小可以依據仔貓的隻數來預估。初產的母貓，其仔貓大部分都比較小，因此產箱可以選擇較小一些。

迎接新生命 ▬

大部分的母貓生產時，都會平安順利地將小貓生下來，並且會自己把小貓清理乾淨，讓小貓吃到初乳。但如果是第一次生產的母貓，生產時間會比經常生產的母貓長。一般母貓的生產會分成三階段。整個生產流程約為4～42小時，但也曾遇到超過2～3天才將小貓生完的母貓。此外，小貓與小貓之間的出生間隔約是10分鐘～1小時。如果生產時間過長，就要注意是否有難產的跡象。

母貓出現生產徵兆

不太舒服，偶爾看腹部，不安的行為變得更明顯，並且會尋找一個安靜、舒適的地方準備生產。也可能會出現不吃、喘氣、喵喵叫、舔外陰部或一直繞來繞去，有作窩的動作。這個階段通常會持續6～12小時，如果是第一次生產的母貓，甚至會長達36小時。而母貓的體溫會比正常的體溫略低，可能會下降1.5 度左右，這時母貓的子宮收縮、子宮頸放鬆，陰部會看到囊泡。

母貓用力生出小貓

持續時間通常是3～12小時，有時會到24小時。直腸溫度也會上升到正常或比正常體溫稍高。以下三種跡象顯示已進入第二階段：

1─母貓會舔破羊膜，讓羊水流出，可　以看到胎兒的身體露出來。

2─腹部用力會變得更明顯。

3─直腸溫度下降至正常範圍。

01

　　母貓在正常分娩，產下第一胎之前，腹部會頻繁地用力2～4小時，因此可能會變得虛弱。如果母貓非常用力但卻沒有小貓生下來時，可能會有難產的疑慮，應該帶到醫院請醫生檢查。

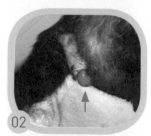
02

▶ 01╱將產房放置在安靜且隱密的地方。
　 02╱當囊泡露出陰部時，母貓會將羊膜舔破。
　 03╱舔破羊膜，小貓的腳露出來。

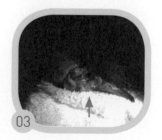
03

小貓、胎盤和胎膜一起排出

在這個階段，胎盤會隨著胎兒一起排出。胎兒分娩後，母貓會將小貓身上的胎膜咬破，並將連接在胎盤上的臍帶咬斷，再將小貓口鼻和身上的液體舔乾淨。小貓出生30～40分鐘後，身上的毛會變乾，並且開始吸吮初乳。

而每生產一隻小貓後，母貓的肚子會慢慢變小。生產完2～3週內，陰部會持續有紅棕色的惡露排放，不過母貓通常會很頻繁地清理陰部，因此很多貓奴大都不會發現貓咪有排出惡露，而母貓的子宮會在產後28天恢復正常。一旦生產完後母貓會躺在小貓身邊，身體蜷縮在小貓周圍，以保護並溫暖小貓。正常的小貓這時應該會有強烈的吸吮反射，前腳在母貓的乳房上前後踏，刺激乳汁排出。

▲ 01／母貓會將羊膜舔破，用力將仔貓生出。　02／母貓將小貓身上的羊膜舔掉，並將毛舔乾。　03／小貓最好在24小時內吸吮到初乳。

如何分辨母貓難產？
需要帶貓咪到醫院嗎？

母貓的分娩是可以由意識控制的，所以當母貓在陌生環境或環境的緊張下，可能會導致延遲分娩。而胎兒的胎位、大小，或是母體的狀況也會影響分娩。因此，在遇到下列狀況時，最好趕緊帶到醫院確認是否需要緊急剖腹產，剖腹產可以即時挽救母貓及胎兒的生命。

1—外陰部有異常的分泌物（如紅綠色分泌物且有臭味）。

2—母貓較虛弱，不規律的腹部用力超過2～4小時。

3—在外陰部可以看見小貓或囊泡，超過15分鐘還沒將小貓生出來。

4—羊膜破掉且羊水流出，但小貓卻沒生出來。

5—母貓會一直哭叫和舔咬陰部。

6—超過預產期一週以上還未生。

7—在第二階段的3～4小時後，還沒有小貓生出來。

8—無法在36個小時內將所有的小貓生出來。

母貓生產後不理小貓，該如何處理？

1—在胎兒生下後，立即將小貓臉上的羊膜移除，並且用乾淨、柔軟的毛巾將小貓的身體擦拭乾淨，擦拭身體的同時，刺激小貓呼吸、哭叫，讓小貓開始出現掙扎的動作。

2—用優碘擦拭小貓的肚臍部位和臍帶，再用優碘消毒過的棉線，在離小貓肚子2公分的臍帶處打兩個結，兩個結中間剪開，胎盤就和小貓分開了。而連接在小貓肚臍上的臍帶幾天後就會乾掉，並自動脫落。注意打結的地方不要離小貓的肚臍太近，避免造成臍赫尼亞(疝氣)的形成。

3—清理完小貓臉部的羊膜和羊水後，有些液體仍存在小貓的鼻腔和氣道內，這時用毛巾包覆住小貓，握住並扶著牠的頭頸部往下傾斜輕輕甩，讓氣道內的水分流出，再將口鼻擦乾。傾斜的時間不要太長，且頭頸部也要保護好，以免造成小貓受傷。

4—處理過程中必須幫小貓保溫，將牠擦乾或吹乾。所有動作都要持續到小貓的活力、哭叫聲和呼吸狀況良好，且身體完全乾燥後再停止。

5—正常小貓的口鼻和舌頭顏色應該是紅潤，如果呈現暗紅色，小貓的活動力也不好時，應馬上帶到醫院，請醫生檢查。

6—最後，將小貓放在母貓旁邊，母貓會舔舐小貓，刺激小貓喝奶。小貓要在出生後24小時內吃到初乳，才能得到良好的抵抗力。

結紮處

01

02

▲ 01／臍帶結紮的部位離小貓肚子約
　　2公分。
　　02／用右手扶住小貓的頭頸部，
　　頭部朝下傾斜，輕輕甩。

產後照顧 ▅▅

貓咪生產完後，除了應注意母貓的精神食慾外，環境的保溫及安靜也很重要。此外，產子數多的母貓，也必須要每天注意每隻小貓喝奶的狀況及體重變化，因為如果奶水量不足，也會導致小貓生長發育變差。所以產後母貓和小貓的狀況都必須時時注意。

產房保溫及保持安靜

母貓生完後，盡量不要打擾母貓照顧小貓，有些母貓會因為怕小貓不見，而常常將小貓搬移處所。通常飼養在家的貓咪比較不會因為外在環境的壓力或是身體的不舒服等原因將小貓吃掉。

每日觀察母貓及小貓的情況

每日觀察母貓和小貓的狀況，如果有發現下面的狀況時，請特別留意，或是帶到醫院請醫生檢查。

母貓：體溫異常(發燒或低體溫)、陰部或是乳腺有分泌物(血樣或膿樣分泌物)、食慾變差、虛弱沒精神，乳汁量減少或沒有乳汁。

小貓：體重減輕、過度哭鬧，甚至是活動力變差及不愛喝奶。

母貓營養的攝取

一般母貓在生產完後24小時內會開始進食，給予的飼料最好是以懷孕母貓或是幼母貓專用飼料為主，而飲水的提供不要限制。生產後第一週，母貓大部分的時間都會在產箱內，就算離開也只是極短暫的時間。因此貓砂盆、食物和水盆應放在離產箱不遠處，讓母貓可以更放心如廁及攝取食物和水。

小心產後低血鈣

母貓在分娩後3到17天可能會有產後低血鈣的發生，會出現步態僵硬、顫抖、痙攣、嘔吐和喘氣等症狀。如果母貓有發生這些症狀，最好帶到醫院，請醫生檢查血液中鈣離子的濃度。不過，不建議在生產前過度補充鈣，以免造成內分泌失調。

Ⓑ 貓咪的繁殖障礙

很多愛貓一族會希望貓咪可以生產出可愛的下一代，因為他們也知道一般貓咪的壽命很難超過20年，而新的生命誕生後，可以當作情感的延續，但常常事與願違，越期待反而越不容易受孕，越不希望生產的，反而多子多孫。

▶ 母貓交配後會在地上翻滾。

母貓 ▬

研究母貓繁殖障礙的第一步，就是找出問題是發生在整個繁殖過程的哪一個階段、哪一個環節，這有賴您與獸醫師共同努力。在診斷一隻處女貓是否為發情障礙時，首先必須考慮牠是否達到適當的年齡；短毛混血貓約在5～8月齡時開始發情，純種波斯貓約在14～18月齡開始，可見品種之間的差異性相當大。貓咪是屬於季節性多發情的動物，週期是由日照時間的長短來控制的，一般而言，持續14小時的光照即可確保生殖活性(提供人工光照)。

假懷孕也會造成無發情的現象，有的母貓一發情後即被其他的母貓或去勢的公貓騎乘，而導致發情終止、排卵及假懷

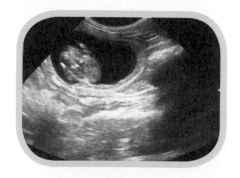

▲ 超音波下，約三周大的胎兒。

孕。所謂假懷孕就是母貓身體內的賀爾蒙一直處在懷孕的狀態，身體錯誤的認知造成母貓出現懷孕的可能行為，並且會刺激乳房的發育及泌乳，就是所謂的處女泌乳，當然也就不可能會發情了。有些母貓對突如其來交配行為會產生抗拒，特別是單隻飼養的母貓。

公貓陰莖插入的動作會刺激母貓排卵，因此引發排卵障礙的最主要原因就是不完全的交配動作，所以您必須詳細觀察整個交配過程中的所有動作，公貓是否有完成交配動作？母貓是否於交配時出現一長聲的慘叫？是否於配種後立即地攻擊公貓？並很激烈地在地上磨擦、翻滾，之後才開始舔自己的陰部？ 如果沒有這些反應或動作的發生，表示此次配種很可能是失敗的。如果配種的動作上沒有問題時，就必須檢視配種管理上的問題，約有1/3的母貓於單一一次配種動作之後並無法刺激排卵，因此交配次數也扮演著重要的角色，多次且密集的交配才能確保排卵的成功。貓咪是屬於交配刺激性排卵的動物，因此受精率相當地高，很少發生受精失敗的現象，這個項目的探討方面牽涉到特別的專門技術，一般臨床獸醫師是無法進行的，所以一旦牽涉到受精失敗的問題時，通常就只好認栽，死了這條心。

懷孕後期母貓繁殖障礙的表現形式，最常見的是流產及胎兒重吸收，此二者都是發生於著床之後，因此懷孕的診斷便是探討這個項目的一個關鍵，最常用的方法就是腹部觸診及超音波掃瞄，約於懷孕的第三週至第四週內進行。

▶ 母貓如果不喜歡
　公貓，會排斥公
　貓的交配行為。

公貓

初步的臨床檢查包括仔細的外生殖器檢查，可能會發現極少見的機械性障礙，如永存性陰莖繫帶及陰莖毛環，這種狀態下公貓通常對母貓還有性慾，會有騎乘的動作，但感覺上似乎不太願意交配。配種障礙較有可能的原因為對母貓失去性慾，以往能成功育種的公貓突然失去性慾，最重要的兩個因素是心理因素及緊迫因素。公貓在自己熟悉的環境內(或籠子)通常都能展現強勢的配種能力，一旦轉換了環境，在陌生的環境中性慾就可能被抑制，直到適應了新環境之後才又能一展雄風。有的年輕公貓將第一次給了一隻兇惡的母貓，特別是配種後會狂怒地攻擊公貓的母貓，

可能會使得這隻公貓失去性慾，從此不近女色，而治療的方法就是挑選一隻溫馴且合作的發情母貓來鼓勵交配，或許可以讓牠重拾尊嚴與信心。

要探討一隻公貓不育的原因之前，應該先確定牠已經與多隻種用母貓(已被證實具有生育能力的母貓)交配過而無懷孕現象，並且已排除任何管理上的問題，而交配動作上也沒有任何的疑問，配種的母貓可於交配後數日監測血清助孕素濃度來確認已有排卵。

在配種管理上，最常發生的問題就是讓公貓冒然地與發情母貓共處一籠，貓咪跟人類一樣，需要談談小戀愛，如果突然讓牠們共處一籠，母貓可能會激烈反抗，並可能會攻擊公貓，讓公貓的尊嚴受損，因此最好是能將母貓及公貓各自放在兩個相連的籠子內，讓母貓慢慢緩和情緒，逐漸適應公貓的存在，之後母貓就可能會開始勾引公貓，作出很多嫵媚挑逗公貓的動作，這時再將牠們共置一籠，配種的成功率就會大增。同時，也必須注意配種籠的大小，太小的籠子不但會讓公貓無法施展，也會在配種成功之後使得公貓無處逃竄，慘遭母貓無情的攻擊。

此外，先天性雄性素不足也會引起性慾的喪失，但正常公貓的血清雄性素濃度尚未有一套標準值，因此增添了診斷上的困難；染色體的異常也可能引起繁殖障礙，但很少發生，像龜甲波斯的公貓即是一種染色體異常，而引起繁殖障礙的病例。或者，像波斯品種的公貓，有的甚至要到2歲才會達到性成熟，而單獨飼養的公貓也會有延遲性成熟的現象，因此一隻沒有育種經驗的配種障礙公貓，可能只是尚未到達性成熟而已，而延遲性成熟的公貓可與多隻母貓一起飼養來刺激性成熟。

精蟲品質不良是公貓不育最有可能的解釋，公貓採精需要專門的技術，臨床上檢查有實際的困難，大部分的人認為精蟲品質不良的公貓其睪丸會較小，且堅實度異常，但經由觸診的評估其實並不客觀且不準確。

ⓒ 貓咪優生學

貓咪跟人類一樣是經由基因所控制的，基因決定了貓咪的外觀及健康狀態，良好的基因可以讓貓咪有更迷人的外表及更好的疾病抵抗力，不良的基因會讓貓咪發生畸形、先天缺陷，或對某些疾病具有感受性（意思就是特別容易感染某些疾病，如黴菌）。但是所有事情很難面面俱到，很多育種者為了讓貓咪有更迷人的外觀，特別挑選特定條件的貓咪來進行配種，或者近親繁殖，雖然這樣的挑選配種可以讓良好的基因保存下來，或者讓良好的基因更加純化，但同時也會使得不良的基因更加地純化集中，例如所謂的一線波斯，讓貓咪的臉更扁更美，但相對地也使得鼻淚管更加地扭曲，使得齒列更加不整齊，也使得鼻孔更加狹窄，對黴菌的感受性更強，所以這類的扁臉貓特別容易發生鼻淚管阻塞、咬合不正、上呼吸道感染、皮黴菌病及呼吸窘迫所繼發的心血管疾病。如何在純種化與健康上取得平衡，一直是專業育種者頭痛的問題，如果您只是一般的愛貓族，配種時應以健康考量為主，以下的幾種狀況是在考量配種前必須注意的。

近親繁殖 ▬

雖然近親繁殖能讓好的基因保留下來且更純化，但相對地也會使得不良的基因禍延子孫，而且很多人也無法接受這樣的亂倫行為，近親繁殖容易產下畸形的胎兒及先天缺陷的後代，這是已被證實的理論，特別是那些不斷近親繁殖所產生的後代。

遺傳性疾病 ▬

有些疾病會藉由基因而遺傳給後代，如果事先知情卻仍進行繁殖育種，不論是在道德上或優生學上都是不被允許的，因為這樣會產生更多病態的族群，使得繁殖出來的後代一輩子遭受疾病所苦，如果將這樣的後代出售，也是不道德且有損商譽的。

髖關節發育不良

這樣的疾病對大型犬而言是耳熟能詳的疾病，但貓咪也是有發生的可能，但因為貓咪的體重有限，所以髖關節發育不良的症狀並不會特別明顯，大多會於老年之後才發生嚴重的跛行症狀，因此，貓咪可以在決定育種前進行X光照影來判斷有無髖關節發育不良的可能。

膝關節脫臼

這樣的疾病是小型犬常見的遺傳性缺陷，如馬爾濟斯、博美犬、吉娃娃及迷你貴賓犬等，對貓咪而言並不常見。貓咪若發生後肢跛行的症狀，會隨著年齡的增長而逐漸惡化，醫師可以經由膝關節的觸診來診斷，一旦確診後就必須考慮進行外科手術，也不應以這樣的貓咪來進行育種。

毛囊蟲

這是犬隻常見的遺傳性皮膚病，貓咪並不常見，但可能會因為長期施用類固醇而誘發毛囊蟲大量增殖，目前仍相信毛囊蟲為遺傳性疾病，所以也不應作為育種之用。

肥大性心肌病

很多的小動物心臟病學者認為肥大性心肌病有家族遺傳性，如緬因貓及布偶貓，發病的貓病大多呈現急性肺水腫，死亡率非常高，有些貓則是引發動脈血栓而造成後肢突發性癱瘓，貓咪會呈現喘息及嚎叫，而最終因為肌肉壞死導致死亡，對貓咪而言是一種死亡率高且花費不貲的疾病。

隱睪

貓咪如果超過六月齡之後睪丸仍未進入陰囊，就是所謂的隱睪。這樣的缺陷也是有家族遺傳性的，留滯在皮下或腹腔內的睪丸可能會因為長期高溫的狀態而誘發癌化病變，最好能在年輕時就進行手術將隱睪取出。

多囊腎

發病貓大多會於四歲之前就出現慢性腎衰竭的相關症狀，腎臟會出現持續增大的水囊腫，壓迫到腎臟實質部，造成機械性的傷害或局部缺血性壞死，而且大多是雙側腎臟都會發生，目前並無治療方式可以消除或抑制水囊腫，是一種治療無望的疾病，貓咪最後會因為尿毒而死亡；獸醫師可以經由超音波掃瞄早期發現多囊腎，或者在水囊腫已造成腎臟變形時，藉由觸診而得知。近來已有研究進行血液檢查來早期探知多囊腎的基因，此一檢查的準確度若被證實後，專業的育種者應該對種貓進行篩檢，若呈現陽性者，就不作為配種之用，這樣便可以減少悲劇發生。

蘇格蘭摺耳貓內生軟骨瘤病

蘇格蘭摺耳貓本身就是一種突變品種，其基因中存在許多不穩定性，在某些國家更是明文規定摺耳貓不可以跟摺耳貓進行育種，因為會有太多可怕的先天缺陷及畸形發生，最常見的就是內生軟骨瘤病，特徵包括短尾、掌骨、蹠骨與趾骨過短、骨頭融合、外生骨贅，於一歲就可能出現嚴重的跛行症狀。

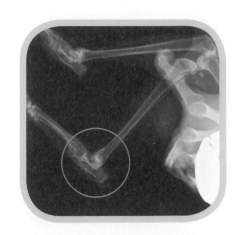

傳染性疾病

很多小貓的傳染病是經由母貓所傳染，如果母貓存在著某些傳染病或者帶原時，所生下的小貓幾乎無一倖免，站在優生學的立場，這樣的母貓在未治癒之前，是不適合育種的。

皮黴菌病、耳疥蟲、疥癬

母貓若已感染這些疾病，生下來的小貓會經由接觸而被傳染，若要避免新生小貓被傳染，就必須在出生後立即與母貓隔離，完全由人工撫育。

白血病、愛滋病、弓漿蟲

這些可怕的疾病有時並不會影響到母貓懷孕，但卻可能會傳染給新生小貓，讓這些小貓從一生下來就背負著可怕的疾病威脅。

上呼吸道感染

很多母貓在小時候已感染過上呼吸道疾病(卡里西病毒、疱疹病毒、披衣菌等)，有為數不少的感染貓於症狀緩解

▲ 小貓因上呼吸道感染，造成眼、鼻膿的形成。

後會形成帶原的狀態(本身症狀輕微，但會持續排放出病毒或病原)，在遇到緊迫狀態如懷孕、泌乳、環境轉換、天氣轉換時，就會出現輕微流淚及打噴嚏症狀，而這些眼、口、鼻的分泌物內含有大量的病毒或病原，可能讓新生小貓被感染而發病。

品種

如果不是專業的育種者，並不建議進行
貓咪繁殖，因為您不一定能讓所有生下
的小貓都有美好的歸宿，而且也需考量
自己的能力及知識是否足以處理懷孕、
生產、哺乳過程中所產生的問題。如果
您堅持要讓愛貓進行育種，或許品種就
是必須考量的，因為這牽涉到小貓是否
容易出售或送出。若您的愛貓是屬於特
定品種，如金吉拉、喜瑪拉雅貓、美國
短毛貓等，最好能進行純種的繁殖，因
為不同品種間交配所產下來的後代，也
就是所謂的混血貓，在外觀上是很難預
期的，其市場經濟價值較低，或許有些
人會硬把牠歸類到某個品種而出售，但
一遇到行家就不攻自破了，對於商譽影
響甚鉅。

Ⓓ 孤兒小貓的人工撫育

在貓咪的繁殖季節，總是會出現「小貓潮」，走在路上偶爾會聽到小貓的叫聲，或是遇到貓奴帶著剛撿到的小貓來醫院，甚至是家中的母貓在生產後因奶水不足，無法餵飽小貓，而這些小貓的年齡從未開眼到斷奶的小貓都有。斷奶小貓(1個半月至2個月齡以上)在照顧上比較容易，小貓會自己吃，也會自行使用貓砂，身體也具有一定的保溫能力。但如果是未斷奶的小貓，吃喝、排泄和保溫都需要人幫忙照顧。未斷奶的小貓跟小孩子一樣，需要頻繁地餵奶，以及保持環境的溫度以免小貓生病，並且要幫小貓催尿。照顧未斷奶的小貓時，如果稍有不慎就會造成小貓生病，嚴重的甚至會死亡，每個環節都必須要特別注意。

環境溫度

環境溫度的控制對新生小貓而言是很重要的。因為出生後第一週的小貓體溫是35～36℃，比成年貓還要低，必須要靠環境的溫度來保持體溫。此外，新生小貓無法在移動的過程中產生熱能，也沒有明顯的顫抖反射(出生後第六天開始才會有)，所以無法保持體溫。因此，出生後第一週的新生幼貓需要一個保溫器，讓環境溫度能保持在29～32℃；而出生後第二週至第三週的小貓，或是小貓已能積極地爬行和走路之前的正常體溫是36～38℃，此時室內溫度最好不要低於 26.5℃；之後的三至四週，已經開始可以產熱時，環境的溫度不要低於24℃。特別是當只有單一隻新生小貓時，要更嚴格地控制溫度，因為單一隻小貓無法像多隻新生小貓一樣，可以擠在一起保持體溫。

▲ 01／在貓咪繁殖季節，常常會發現很多新生小貓。
02／多隻小貓會彼此擠在一起取暖 。吸吮到初乳。

人工撫育的理想環境

生理環境溫度的控制對於新生小貓
而言也是非常重要的，保溫的用具
有很多種，也各有各的優缺點。

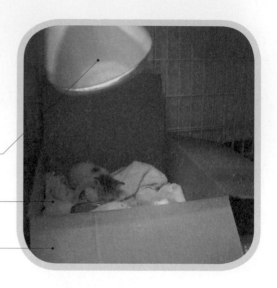

保溫燈 ————

毛巾 ————

保溫盒 ————

暖暖包或熱水袋

以毛巾包裹暖暖包或熱水袋是有效的保溫方法，但缺
點是必須要常常注意溫度是否夠熱，以及需要經常更
換重新加熱後的熱水袋或暖暖包。

保溫燈

是較常使用的保溫方法，其熱度可以根據保溫燈源的
大小來調節，當小貓覺得過熱時，也可以跑到燈源比
較照不到的地方。不過要特別注意，保溫燈與小貓的
距離不要太近，避免造成小貓灼傷。另外，保溫燈在
濕度的控制上較差，會增加電線走火的危險性。

電熱毯

使用電熱毯時應特別注意電毯的溫度，並且在電熱毯
上鋪厚毛巾，以免造成熱燙傷。電熱毯的缺點是過熱
時小貓沒有地方躲會造成小貓燙傷，因此在使用上必
須特別注意。

▲ 塑膠類的盆子容易清洗，也不易散熱，可以放置容易吸水的毛巾或尿布墊。

幼貓的小窩佈置

小貓需要一個乾燥、溫暖、無風和舒適的小窩。小窩的周圍應該要夠高，在無人看護時，新生小貓較不容易因爬到外面而導致失溫。小窩應該要容易清理，但是盡量不要選擇易散熱的材質(例如不鏽鋼)，避免新生小貓接觸時造成失溫。塑膠類或是紙箱類比較適合，因為塑膠類容易清洗，也不像不鏽鋼那麼容易散熱，而紙箱類則是保溫效果好，雖然不易清理，但可隨時更換。另外，也可以在小窩內放一些保暖的衣服或布。布料的選擇最好是以柔軟、吸水性強、不易磨損，且方便清洗、舒適保暖的為佳，也可以選擇尿布墊，方便每天更換，保持窩內的衛生及清潔。

小窩的放置處

盡量減少環境因素對小貓造成壓力是很重要的，讓小貓可以安心睡覺、吃飯和長大。而孤兒小貓因為沒有媽媽在身邊，對於陌生環境感到害怕，也必須試著自己適應環境，這些對小貓來說都是壓力。此外，有很多人經過、有吵雜聲音的地方也會增加小貓的壓力，都應盡量避免，直到小貓3～4週齡後。過度的壓力會降低小貓的免疫力，增加感染風險，並且對於之後的社會化階段有不好的影響，所以務必慎選小窩放置的地方。

▼ 選擇一個安靜，可以讓小貓安心睡覺的地方。

良好的衛生習慣

在照顧小貓時，必須要有良好的衛生習慣，因為小貓的身體構造、代謝和免疫狀況雖然正常，但因為牠們太年幼，非常容易感染傳染病，因此貓奴應謹慎地清潔貓床和餵食用品。照顧小貓的人數應該少一些，並且每個人都應該要經常洗手，以減少感染風險。此外，可用溫和的肥皂、溫水作為清洗劑，選擇適合的消毒劑，並避免這些消毒劑成為環境中的毒素。新生兒的皮膚非常薄，也比成年貓的皮膚更易吸收毒素；且消毒劑在高濃度時具有呼吸刺激性，因此使用消毒劑應特別小心，過度使用可能會增加新生小貓的危險。

幼貓的食物 ▰▰

餵食新生小貓時，最常見的問題是要餵些什麼？怎麼餵食？一餐要餵多少？一天要餵幾次？

初乳

用奶瓶來哺育新生小貓不是什麼困難旳事情，但最好能讓新生小貓攝取一些母貓的初乳。貓奴應該嘗試以手去擠出一些母貓初乳，並以滴管餵予新生小貓，因為這些初乳中含有豐富的移行抗體，能幫助新生小貓在往後的四十幾天對疾病有足夠的抵抗力。

代用乳品的選擇

在選擇代用乳品時，可以使用適當溫和的替代食物來餵食。貓奴可以選擇下例兩種之一：第一種是貓咪專用替代奶粉，可從獸醫院或是寵物店購買到，這類的奶粉是最好的選擇，因為蛋白質的含量及其他營養素是針對貓咪而調配的，使用方法依照罐內說明即可。現在

各種母乳成分比例說明

市面上也有罐裝的液狀寵物配方奶。第二種是嬰兒用奶粉或罐裝的濃縮奶，但貓代用奶濃度應為人的兩倍，故此為較不適當的替代食物，牛奶及羊奶對新生小貓而言都太淡了。母貓（狗）的乳汁中含有大量的脂肪、低量的乳糖和適量的蛋白質。牛奶和羊奶中含有高量的乳糖，低量的蛋白質和脂肪，且熱量密度比母貓（狗）少，因此會導致小貓營養缺乏及成長速度緩慢。此外，牛奶和羊奶含有高量乳糖，會增加小貓腹瀉的危險，因此在臨床上餵養小貓時發現，以貓用奶粉餵養的小貓最不易有腹瀉問題，且體重及成長是最穩定的。

想要自己製作一份營養均衡的自製牛奶替代品是很困難的。而且準備自製替代食物有一些缺點，包括得購買優質的原料、易增加細菌污染的危險，以及很難製作與一般貓奶粉相同成分的自製奶。有研究表示，自製奶要給予的量會需要更多，且給予次數得更頻繁，但餵食自製奶的新生小貓生長速率仍比餵食市售貓奶粉來得慢。自製奶應該只用在緊急的情況下，當買到貓奶粉後，還是建議換成市售貓奶粉。而市售貓奶粉主要的問題大部分都是奶粉與水的比例混合錯誤，例如，貓奶粉配得太過於濃稠，會導致新生小貓嘔吐、腹脹和拉肚子；相反地，貓奶粉調得太過稀薄，會減少每毫升（c.c.）餵食的熱量密度，就必須餵食更多。

▶ 市面上有貓奶粉，及犬貓用的代用奶。

如何餵小貓喝奶？

餵食新生小貓一般可以用奶瓶或餵食管來餵食。嬰兒用的奶瓶對小貓而言太大了，早產兒的奶瓶比較適用於小貓，另外，市面上也可以買到新生小貓專用的奶瓶、眼用的滴管、3c.c.的無菌針注射筒也都可以拿來使用。所有的器具使用前都必須清洗乾淨，並且用煮沸過的溫水洗淨晾乾後才能使用。

仔貓餵食重點整理 ▄▄▄ ·····························

▲ 必須每日仔細清洗餵食器具。

1—餵食新生小貓時必須要有良好的衛生習慣，所有奶瓶、奶嘴、餵食管以及其他用品都得保持清潔；照顧人員也應仔細地清洗所有餵食器具，可以用煮沸過的溫水來沖洗乾淨。

▲ 將奶嘴上剪出一個洞或是剪個十字型。

2—市售奶瓶的奶嘴頭通常沒有孔洞，可以用一個適當大小的針加熱後在奶嘴上熔出一個孔洞，或是用小剪刀剪出十字型。孔洞太小，小貓會很難吸到代用奶；而孔洞太大，流出的乳汁過多，會增加小貓吸入性肺炎的危險。奶嘴孔洞的大小，以奶瓶輕壓可以流出一滴的大小為主，再以小貓吸奶時的狀況來調整洞口的大小。

▲ 貓用奶在給小貓喝之前，可以先隔水加熱。

3—餵食前應先將代用奶加熱，溫度最好與母貓體溫相同(38.6度)；且記得先將代用奶滴在手背上確認溫度。代用奶太冷會刺激小貓嘔吐、誘發低體溫，以及減緩腸道蠕動進而抑制腸道吸收。相反地，代用奶太熱會造成小貓口腔、食道和胃燙傷。如果是奶粉，可以先將一日分量沖泡好，放在玻璃容器中冷藏，要餵小貓喝奶時，再取出一次的量來加溫，以免沖泡好的代用奶因為溫度的變化而壞掉。

4—餵食姿勢也是很重要的，讓小貓趴
　　著並將頭輕微抬高，奶嘴頭直接對
　　準小貓的嘴巴，是用奶瓶餵食的正
　　確姿勢。新生小貓會推動前腳，並
　　且捲起舌頭包覆在奶嘴頭的周圍，
　　形成密封狀態，因此若奶嘴頭放的
　　角度無法形成密封，小貓會因吸入
　　空氣而發生腹痛。餵食時不應過度
　　伸展牠的頭，因為這個姿勢會增加
　　吸入性肺炎的危險。

▲ 餵食小貓時，小貓的前腳要接觸地面或是你的
　手，舌頭要完全包覆奶嘴頭。

5—奶瓶餵食對於精力充沛，且有強烈
　　吸吮反射的小貓比較適合。虛弱或
　　生病的小貓因為沒有力氣吸吮，也
　　就無法獲得足夠量的貓用奶。

▲ 不願意喝奶的小貓會一直咬奶嘴頭或是把頭轉開。

6—很多小貓在一開始餵食時，並不會
　　馬上就喝，所以在餵乳的過程中必
　　須有耐心地操作，不可太急躁，否
　　則很容易讓小貓嗆到。一旦發現有
　　乳汁從鼻孔中噴出時，應立即停止
　　餵奶；當小貓不願意喝奶時也要先
　　停止餵奶，不要太強迫，過一陣子
　　後再重新嘗試餵食。

▲ 以奶瓶餵食活動力旺盛的小貓。

7—身體較虛弱的小貓如果無法喝到足
　　夠量的貓用奶，就必須要用餵食管
　　來餵食。餵食管的選擇最好使用滴
　　管或注射筒，以2公分的塑膠管套
　　於注射筒上，可以將乳汁灌食於小
　　貓口中。

▲ 以針筒餵食虛弱的小貓。

8—另一種以胃管餵食的方法，必須在獸醫師的指導下才能操作，因為如果不慎將塑膠細管插入氣管內，會造成小貓窒息或吸入性肺炎。餵食虛弱且吞嚥反射差的小貓時，以5公分的塑膠管輕輕地由舌頭背面滑入食道內，就可將乳汁直接灌入胃中（這裡用的塑膠管可以蝴蝶針的套管或是紅色橡膠管來取代）。

▲ 不願意喝奶的小貓會一直咬奶嘴頭或是把頭轉開。

▲ 飢餓的小貓會一直哭叫，喝奶到飽才會停止。

餵食配方奶的量與次數

新生小貓餵食的次數可以依照小貓喝奶的意願來調整。例如，當小貓餓的時侯會一直喵喵叫，並且強烈地吸吮著奶嘴頭。而當小貓喝飽時，會將頭轉開，或是一直咬著奶嘴頭卻不吸奶。

此外，小貓的年齡、每次餵食的量和食物的熱量密度，也是餵食次數的種種考慮因素。大部分新生小貓的胃容量約4ml/100g體重，也就是100g大小的新生貓一次喝奶的量最好不超過4ml，吃得過多容易造成小貓嘔吐。代用奶的包裝上大部分都有建議量，可依照上面的說明給予。

如果是用針筒餵食的小貓，一般是在小貓7日齡前每二小時給予3～6c.c；7～14日齡時，白天每兩小時給予6～10c.c，晚上每四小時餵一次；14～21日齡時，白天每兩小時給予8～10c.c，晚間11點至清晨8點之間餵予一次。此外，小貓在過度飢餓時容易吸奶吸得很快，造成吸入性肺炎，所以餵食時要特別小心，也可以將餵奶的時間間隔縮短，避免過度飢餓。

每一餐都應該避免過度的餵食，因為這可能會導致小貓拉肚子、嘔吐，甚至是吸入性肺炎。如果小貓的體重沒有適當增加，可以增加餵食頻率，來達到每日總熱量的攝取。正常小貓需要的水分為40～60ml/kg體重，因此也要注意水分攝取是否足夠，以免小貓脫水。

刺激排便與排尿 ▬▬

出生後至三週齡的小貓需要人工刺激排泄，而刺激小貓排泄最好是習慣在餵完奶後。因為當食物進入胃的時侯，會刺激小貓腸道的蠕動，所以這時刺激小貓的排泄器官也會較容易排便、排尿。

◀◀ 以溫水沾溼棉球，輕輕擦抵小貓的生殖器。

◀ 擦拭後會有尿液排出。

母貓通常會舔舐新生小貓的肛門部位來刺激牠排便及排尿，所以每次餵奶完後，貓奴可以用溫水沾溼棉球，輕輕地擦拭生殖器和肛門口，並以手指輕拍小貓的肚子；當新生小貓方便完後，再將尾巴下方部位清潔乾淨。一般情況下，新生小貓每日有適度的黃色便，但可能不會每次刺激都會排便。小貓大約在一個月大後就會開始在貓砂上大小便，此時就可以讓小貓練習使用貓砂。貓砂盆可以先選擇較淺的盒子，方便小貓進出。此外，如果小貓不在貓砂盆中如廁時，可以在小貓吃完飯後，將牠放入貓砂盆中，讓小貓習慣貓砂。

◀ 01／母貓會舔舐小貓的肛門刺激排尿。
02／小貓的便便偏黃色，有時較軟像牙膏狀。

每日監控體重及活動力

出生後到三週齡的小貓需要以代用奶來餵食，小貓每天的體重會以5～10g的幅度增加。因此在餵食和照顧的過程中，觀察體重的變化和活動力可以知道小貓是否正常吸奶；而體重減輕是小貓健康出現問題的早期指標，一旦發生，便要立即找出體重下降的原因，才不會導致更嚴重的問題產生。健康的新生小貓應該是精力充沛、不斷地爬行，叫聲也會很大；如果小貓不太爬行，叫聲變小聲，吸奶也變少時，那麼得特別注意小貓的狀況，很有可能是小貓生病了！

小貓的斷奶 ▬

小貓的斷奶一般是在一至一個半月齡開始，部分小貓斷奶是在六週齡。斷奶對於小貓來說是一個壓力。小貓的腸胃道開始接受新的蛋白質、碳水化合物和脂肪。此外，攝取食物的種類和份量明顯改變時，會使胃腸道內的微生物群發生變化，而太快改成固體食物會引發便祕。此外，斷奶的小貓必須要隨時給予新鮮的水，避免小貓脫水；或者將固體食物浸泡在以溫水沖泡的代用奶中，製成粥狀給小貓吃。當其中一隻小貓開始吃之後，其他小貓也會跟著模仿開始吃。有些貓奴會使用人的baby food（沒有大蒜或洋蔥）或幼貓罐頭作為一開始的離乳食物。任何加熱過的食物都能釋放香味，刺激小貓的味覺，可以將食物塗抹在小貓的嘴唇上，讓小貓舔食並讓牠們嚐到固體食物的味道。幾天後，可以增加食物的量、減少液體的量。

如何從奶瓶轉換成固體食物？

▼ 01／將離乳食品塗抹在小貓嘴巴上，誘導小貓吃固體食物。
　　02／將固體食物以溫奶泡成粥狀或是給予離乳幼貓罐。

以奶瓶餵養的新生小貓於第四週時開始斷奶，先於乳汁中添加約半茶匙的剁碎的嬰兒食品(賽恩斯a/d罐頭或幼貓離乳罐頭)，以湯匙餵予數天，一天約四次；於第五週時可以給予離乳罐頭或是a/d罐頭食物，將這些食物放在一個淺底的碟子裡，儘管讓牠吃，但是量應維持總量的1/4，另外3/4仍給予乳類食物。第六週時可將固體食物的量增加至50%以上，固體食物最好是營養均衡的罐頭食物。新生小貓於第八週時已完全斷奶並長出所有的乳齒，每日應給予2～3次的固體食物和一小碟的奶汁，此時的固體食物可以考慮給予幼貓專用的乾飼料。

請參考P.133的飼料轉換表。

▲ 每日秤小貓的體重，確認是否有增加。

如何分辨小貓的性別？

大部分的小貓約三週齡大後就可以很容易地分辨是公貓或母貓，但小於三週齡的小貓較難分辨公母，有時還容易會判斷錯誤。分辨公貓母貓主要是以生殖器到肛門的距離來決定，公貓的生殖器到肛門的距離較長，主要是為了將來睪丸長出來的位置；相反地，母貓生殖器到肛門的距離較短。如果還是無法確定是公貓或是母貓，也可以帶到醫院請醫生幫忙檢查。

▶ 01／公貓。　02／母貓。

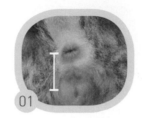
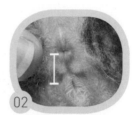

小貓的發育與行為發展 ▬

哺乳期小貓（出生後～第5週） ·········

▶**出生後第1天**：小貓的臍帶還是溼的。無法自己調節體溫，但會向溫暖的地方移動。

▶**出生後第2天**：小貓會開始呼嚕。

▶**出生後第1週**：小貓的視力和聽覺未形成。小貓不會自己排泄，因此需要母貓舔舐，刺激排泄。

▶**出生後5～8天**：小貓未開眼，但漸漸地對聲音有反應。

▶**出生後7～14天**：眼睛慢慢張開，耳朵開始聽到聲音，門牙開始長出來。

▶**出生後第2週**：眼睛開始看得見，耳朵慢慢立起來，開始會學走路。

▶**出生後第3週**：小貓開始會自行排泄，並用嘴巴梳理毛。

▲ 未開眼的哺乳期小貓，臍帶變乾燥。

▲ 開始學走路的小貓。

離乳期（出生後4～6週） ....

▶**出生後3～5週**：小貓開始會到處探險。

▶**出生後4～6週**：小貓開始進入社會化階段，會與同胎小貓玩耍，並且能夠自行調節體溫。

▶**出生後2個月**：乳齒漸漸長齊，小貓變得好動活潑。

▲ 離乳期小貓開始進入社會化階段。

幼貓期（出生後3～9個月） ....　　▲ 幼貓期小貓開始進入成熟階段。

▶**出生後第3個月**：眼睛的顏色開始改變。

▶**出生後4～6個月**：乳齒轉換成恆久齒。

▶**第一次發情期**：公貓於出生後7～16個月，母貓於出生後3～9個月。

●...

每個生命的誕生都有其珍貴的意義，撫育一個生命的成長更是意義非凡，我曾目睹這些盡責貓奴的驕傲神情，也曾分享他們對生命的喜悅，身為專業醫生的我都不禁懷疑自己是否能像他們一樣地堅持呵護生命的尊貴，如果真的必須照顧失怙的新生小貓，請不要輕言放棄，因為這比你完成任何事情都來得有意義！

幼貓餵食與飼料轉換表　▬

年齡	體重	餵食量
出生第 1 天	70 ～ 100g	一開始從 1c.c. 開始餵。
出生 2 ～ 4 天	90 ～ 130g	每二小時餵食 3 ～ 6c.c.，一日約餵 8 ～ 10 次。
出生 5 ～ 10 天	140 ～ 180g	每三小時餵 1 次，一日約餵 6 ～ 8 次。
1 ～ 2 週齡	約 200g	每日 6 ～ 10c.c.，一日餵 6 ～ 8 次。
2 ～ 4 週齡	約 300g	每四小時餵 1 次，每次餵食 10c.c. 以上，一日餵 4～6 次。
4 ～ 6 週齡	300 ～ 500g	一天餵食 4 ～ 6 次。將貓奶粉與幼貓離乳罐或是幼貓飼料粉加水混合，奶粉的比例慢慢減少，而將離乳食品慢慢增加。
	約 600g	一天餵食 4 ～ 6 次。用 1 ～ 2 周的時間將食物完全改變成離乳食品，停掉奶粉。
1 個半月齡	約 800g	一天餵食 4 ～ 5 次。可以將飼料泡軟，但飼料的形狀還在，讓小貓學習吃固體食物，如果小貓不太吃，可以加一些離乳幼貓罐。
2 個月齡	1 kg	一天餵食 3 ～ 4 次。用 1 ～ 2 週時間將離乳幼貓罐減少，或將泡軟的飼料轉換成乾飼料。

Ⓔ 新生仔貓死亡症候群

一般而言，造成新生仔貓死亡的原因不外乎下列幾個原因：先天異常、營養問題（母貓及仔貓）、出生體重過低、生產時或生產後的創傷（難產、食子癖、母貓因疏忽而造成傷害）、新生兒溶血、傳染病及其他各種早夭原因。

先天異常 ▬

指的是仔貓於出生時即可發現的異常狀態，大部分都是由於基因問題所引起，當然，也有很多的外在因子會引起畸胎，如 X 光或某些藥物。有些先天的異常會使得仔貓於生產時立刻死亡，或於 2 週內死亡，特別是那些包含中樞神經系統、心臟血管系統、呼吸系統的先天異常，其他的先天異常可能直到小貓能完全自主行動，才直接發現明顯的影響，或發現仔貓的成長遲滯時才會被注意到，且通常是在預防注射前的健康檢查被獸醫師發現。解剖上的異常包括：顎裂、頭骨缺陷、小腸或大腸發育不全、心臟畸型、過度的肚臍或橫膈赫尼亞、腎臟畸型、下泌尿道畸型及肌肉骨骼畸型；一些顯微解剖及生物化學上的異常通常無法加以診斷，並可能被歸類於其他的原因，或者不明原因的死亡。

畸胎作用 ▬

已有許多藥物及化學物質被認為會導致畸胎作用，並有完整的報告顯示該物質確實會造成仔貓的先天異常及早夭，因此，於懷孕期間應避免給予任何藥物及化學物質，特別是類固醇及灰黴素（治療黴菌用的口服藥）。

營養問題 ▬

餵食懷孕母貓不適當的食物，可能會造成其生出虛弱或疾病的仔貓，近十年來被認為最嚴重的營養問題就是牛磺酸的缺乏，已知會引起胎兒重吸收、流產、死產及發育不良的仔貓等問題。引起新生仔貓營養不良的原因包括：母體嚴重營養不良、胎兒期缺乏適當的母體血液供應，及胎盤空間的競爭。

體重不足 ▬

出生時體重不足往往會造成較高的仔貓死亡率，新生仔貓的出生體重應該不受性別、胎數及母貓體重所影響。引起出生體重不足的原因尚未明朗，但必定包含多因素，雖出生體重不足常被歸因於早產，但大部分的臨床病例則多為足期生產，可能是由於先天異常或營養因素

所引起。出生體重不足不僅有較高的死產及早夭的可能(六週齡內)，並且可能引起某些小貓變成慢性發育不良，於幼貓期內死亡，因此仔貓應於出生時秤重，並定期測量，直至滿六週齡。

生產創傷

生產時或出生後5日內的仔貓死亡，大多與難產、食子癖或母性不良有關。食子癖大多發生於神經質或高度敏感的母貓，但是，母貓將生病的新生仔貓吃掉是相當常見的，不能將所有母貓的食子行為歸罪於食子癖，這樣的食子行為是為了其他健康的仔貓，避免牠們受到可能的疾病感染，並且可以減少無謂的照料及母乳消耗。母貓通常對於生病的新生仔貓不會加以理睬及照料，甚至會將其叼出窩或推出籠外，這種行為很難與母性不良加以區別。

新生兒溶血

一般的家貓不常發生新生兒溶血，某些純種的新生仔貓較常見。

母貓初乳中含有豐富的移行抗體，新生仔貓的腸道只在24小時內能吸收這些移行抗體；其中也包含某些同種抗體，血型Ａ型的貓咪僅具有微弱的抗Ｂ型同種抗體，而血型Ｂ型的貓咪卻擁有強大的抗Ａ型同種抗體，因此，如果血型Ｂ型的母貓生出血型Ａ型或ＡＢ型的小貓時，母貓的初乳中便含有大量的抗Ａ型同種抗體，一旦新生小貓於24小時內攝食初乳後，這些抗Ａ型的同種抗體便被吸收至身體內，並與小貓的紅血球結合而使之溶解，這種溶血的狀態可能發生在血管內及血管外，而引起嚴重貧血、色蛋白尿性腎病、器官衰竭及瀰漫性血管內凝血，即使是初產的血型Ｂ型母貓也會引發相同的問題。

血型Ｂ型的母貓懷有Ａ型或ＡＢ型胎兒時，胎兒並不會與母親的同種抗體接觸，所以新生兒溶血的臨床症狀多發生於攝食初乳後。

小貓出生之後多呈現健康狀態，並能正常地吸吮母乳，一旦攝食初乳之後於數小時或數日內便會出現症狀，而症狀的表現有相當大的差異，但是大部分的小貓在第一天內便會突然地死亡而沒有任何異狀；或者，小貓會於最初3日內開始拒絕吸乳，並逐漸虛弱(臨床的發現包括因嚴重血紅素尿所引起的紅褐色尿液，也可能發展成黃疸及嚴重貧血，並持續惡化而於一週齡內死亡。

幸運存活下來的小貓有少數會於第一週及第二週之間發生尾巴頂端的壞死)，或者小貓仍持續吸吮母乳，並持續成長，除了尾巴頂端的壞死之外，無任何其他的明顯症狀發生，但是從實驗室的檢驗上可發現中度的貧血及陽性的庫姆斯直接試驗（Direct Coombs' test）。

傳染病

傳染病佔小貓早夭極大的比例，特別是斷奶後期（5～12週齡）的細菌感染。這段期間內的死亡大多歸因於呼吸道或胃腸道及膜腔的原發性感染，小貓在沒有任何緊迫狀況下與細菌接觸時，通常會表現出不顯性感染，或者症狀輕微而能自行痊癒；當環境或小貓本身具有不利因素時，一些疾病的感染會變得較為嚴重，使得小貓的早夭率提高。當細菌感染已超過小貓免疫系統所能抵禦的程度時，便會形成新生兒敗血症，影響的因素包括不適當的營養及溫度控制、病毒感染、寄生蟲及免疫系統的遺傳或發育缺陷。通常引起敗血症的細菌都是一些普通的常在菌。多病毒性的傳染病會引起新生仔貓的早夭，包括：冠狀病毒、小病毒、疱疹病毒、卡里西病毒，及逆轉綠酶病毒（傳染性腹膜炎、貓瘟、貓支氣管炎、貓流行性感冒、貓白血病），臨床症狀依據傳染的途徑與時間，與初乳移行抗體的多寡而定，就算母貓有進行完整的預防注射，新生仔貓也可能因為未即時吸吮初乳而得不到足夠的移行抗體保護。

◀
寄生蟲感染容易造成小貓早夭。

其他因素

圓蟲及鉤蟲感染也可能引起小貓的早夭，過多的腸道寄生蟲有害於小貓的生長；一般而言，單純的外寄生蟲感染（跳蚤、壁蝨）很難引起小貓的死亡。統計學上的研究發現，第五次生產時的小貓存活率最高，第一次及第五次以後生產，小貓的存活率最低。中等體型母貓的仔貓存活率較大型或小型母貓來得高，而隻數為5隻時有最低的早夭率。

原因診斷

在育種的過程中，小貓的損失幾乎是無可避免的現象，正確的診斷及判定，可以減少這方面的損失。臨床獸醫師應對新生仔貓進行完整的生理檢查，最好能再配合一些實驗室的檢查，並且在開始治療可能早夭的新生仔貓之前，一併進行細菌的採集和培養。一旦確定小貓無法存活時，最好就將這隻小貓送往教學醫院進行安樂死及屍體解剖，將可疑的組織或器官採樣來進行病原的培養，並製成切片，觀察組統學上的病變，這一連串的剖檢需由經驗豐富的臨床病理器醫師來進行，對於早夭病的診斷能有極大的助益。就如先前曾提及的，小貓的損失是無可避免的，然而，某些引起早夭的特殊原因是事先可以預防或避免的，因此，一旦原因確認之後，應針對這些因素加以排除，以期下一胎能有更高的仔貓存活率。

Ⓕ 貓咪節育手術

常聽到貓奴們說：「我的貓要結紮！」，這樣的說法其實是錯誤的，因為貓的節育手術是將子宮卵巢摘除或睪丸摘除，而不是像人類一樣的單純結紮方式，所以「節育手術」是近幾年來較被接受的說法，比起以前通俗的結紮說法來得正確且貼切，也可以免除掉一些誤解與糾紛。

為什麼要節育？

很多人會說貓咪動手術很可憐，很不人道，其實人類飼養寵物本身就是不人道的事情，所以大家也不必太泛道德化，把一隻貓關在家裡人道嗎？不讓牠外出交貓朋友人道嗎？不給牠自由人道嗎？逼迫貓咪洗澡人道嗎？所以就別再提人道問題了。您飼養貓咪也希望牠能健健康康、長命百歲，除了定期的預防注射及適當的飼養之外，節育手術是延長壽命及減少生病最簡單的方法，科學報告已證實節育的貓咪平均壽命會較未節育者高，意思就是有節育的貓咪會活得比較久一點，因為生殖系統對動物而言就只是繁衍後代的功能，對身體本身是耗能的，並不牽涉到本身身體機能的維持。簡單說，除了繁衍後代的功能外，生殖系統可算是身體的敗家子，這就是為什麼一直發情的母貓大多養不胖，而節育的貓卻很容易發胖的原因。多一個器官就多一個風險，且生殖系統跟身體本身生存的功能無重要相關性，所以

▲ 貓咪節育可減少外出打架的機會。

將生殖系統移除，對疾病風險的降低當然是有幫助的。就母貓而言，可以免除子宮蓄膿、子宮內膜炎、卵巢囊腫、卵巢腫瘤等相關疾病，也可以減少發生乳房腫瘤的機會；就公貓而言，可以免除攝護腺的相關疾病。除此之外，少掉性衝動的刺激，貓咪也比較不會打架，可以減少愛滋病的傳染機會。性衝動對貓咪而言是盲目的需求，所以未節育的貓會有較高的走失率，因為發情時牠們會想要到外面去尋求交配的對象，而不斷地發情嚎叫也會影響您及鄰居的生活作息，且這樣的狀況會持續好幾年。

節育手術可能的風險及副作用

這是一種常規手術，由熟練的獸醫師來進行的話，基本上是相當安全的，除非您的愛貓本身有某些潛在的疾病，其麻醉的風險性當然是比較令人憂心的，但術前完整的健康檢查及慎選施術的獸醫師就可以降低類似的風險。節育之後可能的副作用只有發福而已，但也不能太胖，可以透過調整食物來改善。

手術前的準備

麻醉的過程中最怕貓咪嘔吐，嘔吐物會阻塞氣管而造成吸入性肺炎，甚至是窒息，所以手術前應禁食、禁水至少八個小時，讓胃部排空。手術麻醉是大事，所以貓咪任何異常的狀況或以往曾得過的疾病，都應詳實告知施術的獸醫師。手術麻醉的恢復可能會有興奮期，所以最好提著大一點的貓籠前往，用手抱持是絕對不允許的。

▲ 以貓籠接送貓咪。

公貓節育手術

公貓節育手術又稱為去勢手術，是將雙側的睪丸摘除，而非單純的輸精管結紮。手術的方式很多種，一般採用自體打結法，且睪丸上的切口不必縫合，就算術後貓咪舔舐傷口也無大礙，所以可以不用戴防護項圈。整個傷口恢復期約14天，14天內不可洗澡，傷口也無需塗藥護理，僅需口服一週抗

▲ 手術前確認兩顆睪丸都在陰囊內。

生素即可。手術麻醉前最好請獸醫師確認貓咪的兩顆睪丸都在陰囊內(一般獸醫師都會先確認，但還是提醒一下較安心)，以避免不必要的糾紛，因為隱睪的手術費可是高很多的。

隱睪手術是較麻煩的手術，醫師最好在手術前先確認隱睪是否在皮下內，如果確認不在皮下內才會進行剖腹術去尋找，如果您認為這麼麻煩的話就算了，那可就錯了，因為大部分的隱睪於老年時可是會轉化成惡性腫瘤的！

母貓節育手術

母貓節育手術又稱為卵巢子宮摘除術，不是輸卵管的結紮手術，而是將子宮角及子宮體及雙側卵巢全數摘除乾淨；特別是卵巢，一定要確認雙側完全摘除乾淨，以免術後仍出現發情症狀。早年獸醫水準不高時，常常發生一些烏龍事件，有些不肖醫師會直接將子宮角、子宮體結紮，這樣的方式母貓一樣會發情，而且還會造成可怕的子宮蓄膿。另外，有些人認為留一顆卵巢有助於身體正常發育，這都是非常謬誤的觀念！母貓仍會持續發情，只是不會懷孕而已，而節育手術的好處則無法獲得。

母貓的手術時間約15～20分鐘，技術熟練的醫師只要2～3公分的小傷口就可以將卵巢及子宮摘除乾淨，這樣的小傷口不會有腹腔傷口崩裂的危險，再配合免拆線的表皮縫合法，大大提升整個手術的安全性，也降低術後護理的麻煩，施術的母貓不用戴防護項圈，也不用住院，當日即可回家，讓貓咪能更舒服地渡過恢復期。術後傷口並不需要護理及塗藥，只需口服抗生素一週即可，前面兩三天會有食慾較差的狀況，貓奴可以強迫灌食某些流質的營養液或營養膏，並盡量讓貓咪休息，且術後14天內不可洗澡。(以上提及的都是筆者醫院的手術方式及經驗，並非所有醫師都是這樣處理，也沒有對錯問題，相信您選擇的醫師就對了。)

▶ 01／母貓的結育手術。
　02／貓咪保定後，讓貓咪吸入
　氣體麻醉劑。

最佳手術時機

在美國已有大多數獸醫建議在2個月齡時實施節育手術，但台灣貓咪在2個月齡時常小病不斷，如上呼吸道感染、黴菌、耳疥蟲等，而且也正需施打預防針，所以大多建議在5～6月齡時實施，這時候的貓咪健康狀態較穩定，手術的風險性也相對較低，而且最好在發情前手術，免得術後仍有性衝動的產生。

有些資料顯示公貓在10月齡前去勢會有較高比例的尿石症，認為過早去勢會造成陰莖發育得不夠大，尿道會較狹窄而易阻塞，但尿石症主要是因為結晶尿及黏液栓子造成的，跟尿道的粗細無疾病發生上的相關性，因此這樣的理論已不被大多數獸醫師所接受。很多人對於節育手術有太多的疑慮，往往一考慮就是好幾年，等到貓咪發生子宮蓄膿、乳房腫瘤才不得不接受這樣的手術，但此時的手術風險已增大，因為貓咪本身已經是有病在身的狀態；另外也有貓奴是等到母貓很老的時候才大徹大悟，但也為時已晚，越老手術，風險越高且恢復越差，所以大多數的獸醫師也不願意冒這樣的風險來幫老貓實施節育手術。

術前的健康檢查

這樣的觀念在台灣還不是很普及，因為很多貓奴還是向錢看，捨不得花錢來評估手術的風險，所以很多獸醫師都是冒著風險在幫貓咪手術的；如果您的愛貓有心臟病，不經由檢查是很難確認的，且很有可能在手術中發生危險，如果可以先檢查出來，醫師就會考慮手術的必要性，並且選擇適當的麻醉方式及藥物預先處理。

手術前的健康檢查除了常規的聽診、觸診、視診、體溫外，應進行全血計數（紅血球、白血球、血小板），肝、腎、胰等器官的生化功能檢查，X光的檢查則有助於心臟及全身結構上的評估。沒有任何一種麻醉是沒有風險的，因此術前的健康檢查就更顯重要，了解貓咪的身體狀況，選擇適合的麻醉方式，可以將風險大大降低。有些人會認為節育手術是不人道的，但試想，貓咪一直在發情卻無處發洩會好到那裡去呢？就算可以交配，生下來的小貓怎麼辦，送的出去嗎？流浪動物還不夠多嗎？其實，手術真的是利多於弊，請三思！

貓咪繁殖冷知識

Q01　　　**棉花棒可以讓母貓停止發情？**

母貓是屬於插入排卵，意思就是要有公貓
陰莖插入陰道才會刺激卵巢排卵，而母貓
一旦排卵後，卵巢就會從發情的濾泡期進
入懷孕階段的黃體期，也就是母貓會停
止發情而開始進入所謂的懷孕階段，因此有些人會運用這樣的原理，認為以棉花棒
插入母貓的陰道內，就可以遏止母貓的發情行為。雖然在理論上及實際上都合情合
理，但這樣的作法會造成母貓假懷孕，而常常發生假懷孕的母貓，已被証實容易罹
患子宮蓄膿及乳房腫瘤，因此，這樣的處理方式並不被正統獸醫學所接受。

Q02　　　**為什麼公貓會知道哪裡
有母貓發情？**

母貓在發情時除了會發出嚎叫聲及挑逗公
貓的行為外，其尿中會出現特殊成分及氣
味，於生物學上統稱為性費洛蒙，這樣的
性費洛蒙可以藉由空氣傳播好幾公里遠，
所以附近的公貓都會聞香而來，希望能有機會一親芳澤。

Q03   配種後母貓為什麼會攻擊公貓？

公貓於交配時會咬住母貓的頸背部皮膚，這是一種固定住母貓或稱保定的行為，讓母貓能乖乖就範，以確保整個配種過程成功。交配的插入動作是一定會引發疼痛的，所以母貓會於交配後短暫地攻擊公貓，這樣的行為對於非群居性動物的貓咪而言也是合情合理，也有些人認為是因為公貓的陰莖上有倒刺的構造，所以母貓會疼痛到攻擊公貓，但其實不管有沒有倒刺，陰莖的插入都是一定會引發疼痛的。

Q04   為什麼公貓去勢後還會有性衝動？

對性成熟的公貓而言，只要聞到性費洛蒙的氣味或類似的氣味，都有可能會引發性衝動，甚至在清理包皮部位時，也有可能引發性衝動而越舔越高興；如果公貓在未達性成熟前就進行節育手術的話，一般而言是不會有性衝動，但如果在性成熟後，或有交配經驗後才進行節育手術的話，公貓仍會保有原始的衝動反射，有的甚至會與發情母貓進行交配。但一般而言，因為缺乏相關雄性荷爾蒙的刺激，公貓會慢慢地對「性」這件事越來越沒興趣。

**Q05   為什麼野外的成年公貓可能會咬死
其他哺乳期的小貓？**

一般而言，母貓在哺乳期是不會發情的，大多都要等到離乳後才會再進入發情期，其他的公貓為了讓母貓能趕快進入發情期而繁衍牠自己的後代，可能會殘忍地殺害哺乳期的小貓；因為母貓一旦少了小貓吸乳的刺激，就會很快地進入發情期而接受其他公貓交配。

Q06　公貓的第一次很重要嗎？

當然重要。如果第一次交配的經驗不好，牠可能這輩子都會有陰影，對於交配期待又怕受傷害。有些粗暴的母貓在交配前後會無情地攻擊公貓，如果公貓的個性膽小，可能會無力招架，從此不再有「性趣」。至於粗暴的公貓，則是最佳的種貓，幾乎攻無不克。如果您的公貓是屬於膽小型的，那麼牠的第一次最好找個有經驗且溫馴的母貓。

Q07　母貓沒發情時可能被強迫交配嗎？

這是不可能的。因為公貓的陰莖非常短小，成功的配種必須要有母貓的完全配合，所以配種時母貓都會將臀部抬得高高的，尾巴也要偏到一邊去，這樣公貓才有可能插入；若不是在發情期，公貓嘗試咬母貓的脖子，一定會引發母貓激烈地反擊，而就算公貓能粗暴地咬住母貓的脖子，母貓不抬臀、不將尾巴偏到一邊去，再強的公貓也是沒轍的。

PART

6

貓咪的清潔與照顧

Ⓐ 貓咪的每日清潔

對於早期的台灣社會來說，養貓只是很單純地為了抓老鼠，但對現代人來說，貓咪的意義不再只是抓老鼠的工具，而是和我們生活在一起的「家人」，因此對於貓咪日常生活的照顧，便會特別注意。貓咪也跟人類一樣需要每日的清潔及護理。眼睛、耳朵、牙齒、指甲、被毛及肛門都是需要每日或定期清理，才不容易有疾病發生。

每日或是定期地幫貓咪做全身清潔及護理，能早期發現貓咪身體出現異常外，也能增加貓咪與您之間的情感，當然這些動作是在不會造成貓咪反感的前提下進行的！

這些日常的清潔最好是能在貓咪小時侯就養成習慣，幼貓時期常常觸摸牠們、抱抱牠們，比較不容易造成貓咪的排斥感。定期幫貓咪清潔有很多好處，例如刷牙可以減少牙結石的累積，延長貓咪麻醉洗牙的時間；剪指甲可以減少貓咪指甲過長刺入肉墊中；梳毛可以減少換毛期造成的掉毛，避免貓咪因理毛而吞入過多的毛球，也可以促進皮膚的血液循環。在幫貓咪作每日定期的清潔時，如果發現貓咪身體有異常，最好及早帶到醫院請醫生檢查。

Ⓑ 眼睛的居家照顧

健康貓咪的眼睛不太會有分泌物，不過有時貓咪剛起床，眼角會有些褐色的眼分泌物，跟人一樣，這些眼屎是自然形成的。有時貓咪「洗臉」沒辦法完全清潔乾淨，這時可能就需要人幫忙清潔牠的眼睛了。

有時侯貓咪的眼淚會讓眼角的毛變成紅褐色，讓人誤以為是眼睛流血，但其實是因為牠們的眼淚中有讓毛變色的成分。另外，貓咪的眼睛和鼻子之間有一條鼻淚管，眼淚會由鼻淚管排到鼻腔，但若因發炎造成鼻淚管狹窄時，眼淚無法由鼻腔排出，反而會由眼角溢出，以衛生紙擦拭乾淨即可。

如果是乾褐色的眼屎，可以用小塊棉花沾濕輕輕擦拭。（對一些容易緊張的貓咪而言，棉花棒反而容易刺傷眼睛，因此棉花或是卸妝棉是比較好的選擇。）

▲ 正常貓咪眼角上乾的褐色眼分泌物。

▲ 貓咪眼淚中有讓毛髮變色的成分。

眼睛清理

Step1　將棉花、卸妝棉或小塊紗布以生理食鹽水沾濕。

Step2　用手輕輕地將貓咪的頭往上抬，稍加施力控制頭部，並輕輕撫摸貓咪臉部周圍，讓貓咪可以比較放鬆。

眼睛清理 ⋯⋯⋯⋯⋯⋯

Step3　由眼頭至眼尾，沿著眼睛的邊緣輕輕擦拭眼瞼。如果有較乾硬的眼睛分泌物（黃綠色眼分泌物）時，用食鹽水沾溼的棉花輕輕來回擦拭，使分泌物軟化，而不是用蠻力將分泌物擦下來，因為這樣很容易造成眼瞼和眼睛周圍皮膚的發炎。

Step4　如果眼角有透明分泌物，可用人工淚液滴幾滴沖洗眼睛，將分泌物沖出，有些貓咪會害怕人工淚液，在點之前可以先安撫貓，拿著人工淚液的手則從貓咪的後方來，比較不會讓貓咪害怕。

Step5　眼睛清理乾淨後，點上人工淚液或是保養用的眼藥。再用濕棉花輕輕帶出多餘淚液，在擦拭過程中應儘量小心不要接觸到眼球表面。

錯誤的清理方式

在清理貓咪的眼睛時，千萬不要用手指強把眼分泌物弄下來，因為指甲可能會刮傷眼角皮膚，變成更嚴重的眼疾。

C　耳朵的保健

健康貓咪的耳朵在沒有異常的情況下(如耳疥蟲感染、耳炎等)，不會出現太多耳垢。如果耳朵沒有耳垢或臭味，不需要每天點耳液清理；有時侯過度清理，反而容易造成耳朵發炎，因此一個月清潔1～2次就可以了。

當耳朵過度潮濕或通風不良時，容易滋生黴菌和細菌，造成耳朵發炎，如外耳炎。不過貓種和個體上的差異也會影響耳朵的健康狀況，例如摺耳貓和捲耳貓。摺耳貓因為基因突變的關係，耳朵較小且向前垂下，所以容易造成通風不良；而捲耳貓的耳朵雖然是立著，耳末端向後捲曲，但因為耳殼硬且窄，也容易造成清理上的困難，因此這些貓種必須更用心地照顧清潔耳朵。

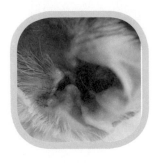

▲ 健康正常的耳朵，乾淨無分泌物。

▲ 發炎的耳朵，有黑褐色的分泌物。

耳道清理 ▬

Step1　清潔耳朵所需要的用品，包括棉花和清耳液。

Step2　右手拿清耳液，左手拇指及食指輕捏貓咪的外耳殼，並將耳殼外翻。這個動作除了可以看清楚耳道位置外，也可以控制貓咪的頭，清理耳朵時，便不至於讓貓咪把清耳液甩得到處都是。

耳道清理　▬

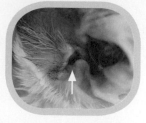

確定貓咪外耳道位置(箭頭標示處為耳道,是靠近臉頰,而不是靠近耳殼)。

將1～2滴清耳液倒入耳朵內。

左手扶著貓咪的頭,右手輕輕按摩耳根部,讓清耳液充分地溶解耳垢。接著,放開手,讓貓咪將耳道內多餘的清耳液和耳垢甩出來。

取乾淨的棉花或衛生紙,將耳殼上的清耳液及耳垢擦拭乾淨。

日常清理　▬

有些貓咪雖然耳朵沒有發炎,卻也很容易產生耳垢。貓奴們希望能讓貓咪的耳朵保持乾淨,但天天使用清耳液清洗,貓咪也會很排斥,因此建議可以換一種方式清理,又不會讓貓咪感覺討厭。

先將小塊棉花用清耳液沾溼。貓咪的耳垢大部分是油性的,用一般的生理食鹽水,較難清理乾淨,因此可以用清耳液來清潔耳朵。

Step2

Step3

以左手的手指將貓咪的耳殼稍微外翻，右手　　　　擦拭眼睛看得到的外耳部分。耳朵裡面不用
拿著清耳液沾溼的棉花，並固定貓咪頭部。　　　刻意用棉花棒清理，否則容易造成貓咪耳朵
　　　　　　　　　　　　　　　　　　　　　　受傷，耳垢也會被棉花棒往更裡面推，且耳
　　　　　　　　　　　　　　　　　　　　　　道內的耳垢會因貓咪搖頭而甩出來。

Ⓓ 牙齒的照顧

每次幫貓咪檢查牙齒時，都會發現貓咪有牙結石或是口腔疾病，當下提醒貓奴們要
幫貓咪刷牙或是洗牙時，貓奴們都會問：貓咪需要刷牙？要怎麼幫貓咪刷牙？貓咪
不讓我幫牠刷牙怎麼辦？貓咪需要定期洗牙嗎？其實，貓咪跟人一樣，都需要定期
刷牙，才能保持口腔健康。當你覺得貓咪的嘴巴有臭味，或是貓咪有流口水的狀況
時，就要特別注意貓咪的口腔，可能發生問題了。

一般來說，三歲以上的貓咪85%有牙周病。牙周病是一種緩慢發生的口腔疾病，
會造成牙齒周圍組織發炎，是造成早期掉牙的主要原因。牙周病的貓咪，吃硬的乾
飼料時會咀嚼困難，牙齒不舒服造成牠們食慾降低，身體也因此逐漸變得虛弱。另
外，當有厚厚的牙結石在牙齒上時，一般的刷牙方式無法將牙結石清理乾淨，貓咪
就必須到醫院麻醉洗牙了。

老貓罹患口腔疾病的機率比年輕貓咪來得高，因為齒垢長年堆積，會造成牙周病，也
因為中高齡的老貓免疫力下降，所以會容易有口內炎。細菌在有牙周病的口腔內，會
隨著血液循環感染到貓咪的心臟、腎臟和肝臟，造成這些器官的疾病。因此，居家的
口腔護理以及定期的洗牙可以預防牙周病發生，或是減緩牙周病的病程。

最好從小貓時期就讓貓咪習慣刷牙的動作，這樣才比較不會太排斥刷牙。一般建議
每週刷牙1～2次。如果貓咪從來沒刷過牙，或是討厭刷牙時，可以將牙膏或是口腔
清潔凝膠塗抹在牙齒上，即使貓咪會舔嘴巴，一樣可以達到刷牙的效果。大部分的
貓咪都很討厭刷牙，當牠知道又要進行討厭的事時，會將牙齒緊閉，因此幫貓咪刷
牙時有以下事項需要注意。

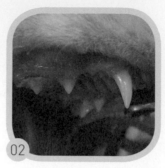

◀ 01／健康正常的牙齒。
02／有牙結石及輕微發炎
的牙齦。

幫貓咪刷牙時要注意以下事項

讓貓在放鬆狀態

開始刷牙前，先撫摸貓咪喜歡
的地方（如臉頰和下巴），並
且說話安撫貓咪。等貓咪放鬆
了之後再開始刷牙。

不要勉強按住貓咪

貓咪不願意刷牙時，絕
對不要強壓住牠，這個
動作會讓貓咪更討厭刷
牙。此外，大部分的貓
咪無法長時間作同樣的
事情，刷牙可以分幾次
來完成。

讓貓習慣翻嘴唇動作

還沒開始幫貓咪刷牙時，可以
常常幫貓咪翻嘴唇，讓貓咪習
慣這個動作，之後要幫貓咪刷
牙就比較不會太排斥。

刷完牙後要獎勵貓咪

刷完牙後要獎勵貓咪，可以給貓咪愛吃的零食點心，或是陪貓咪
玩逗貓棒，讓貓咪知道刷牙後會有牠喜歡的事，而不至於會過度
的排斥刷牙。

以塗抹的方式清潔牙齒 ▬

這個方法不需輔助工具，但較適合個性穩定的貓咪。

Step1　將貓咪以側抱方式固定。

Step2　右手食指沾一些牙膏或口腔清潔凝膠。

Step2　將沾有牙膏或清潔凝膠的手指伸入嘴角內，塗抹在牙齒表面。

Step1

紗布和手指刷清潔牙齒 ▬

將貓咪放在桌子上，讓貓咪頭朝前面，身體與貓咪的背緊密相貼著，可以固定貓咪的身體，或者是將貓咪抱坐在腿上。先安撫貓咪，讓貓咪放鬆。

Step2

右手食指套上手指刷或捲上紗布，在套手指刷時儘量不讓貓咪看到，以免牠想逃跑。如果貓咪會用前腳撥開你的手，也可以用衣服或是毛巾稍微蓋住貓咪的前腳。

紗布和手指刷清潔牙齒 ▬

用左手的拇指和食指輕輕扣住貓咪的頭，讓貓咪的頭不會亂轉動。

刷犬齒時，用左手的拇指和食指將嘴唇輕輕往上翻，讓犬齒露出來。以手指套或紗布磨擦牙齒，將牙齒上的齒垢清除乾淨。

一開始可以在手指刷或紗布上先沾一些肉罐頭的汁，或是貓咪愛吃的化毛膏，讓貓咪習慣刷牙的動作之後再沾牙膏刷牙。

後臼齒最容易堆積齒垢和牙結石，因此要仔細地清理。不需要特別將貓咪的嘴巴打開，以手指輕輕將貓咪的嘴唇往上翻，手指套或紗布在牙齒上磨擦即可。

以牙刷清潔臼齒 ▬

有時手指較粗，所以大臼齒比較難刷到，可以選擇貓咪用的牙刷，或著幼兒專用牙刷，牙刷刷頭小、柄細長，可以刷到大臼齒，是個不錯的選擇。

 將貓咪放在桌子上，頭朝前面，身體與貓咪的背緊密相貼，以固定貓咪的身體；或者是將貓咪抱坐在腿上。先安撫貓咪，讓貓咪放鬆。若貓咪前腳會撥開你的手，也可以用衣服或毛巾蓋住牠的前腳。

以握著鉛筆的方式拿牙刷。

左手扶著貓咪的頭，拇指將貓咪的嘴角往上翻，就可以讓大臼齒露出來，不需刻意將貓咪的嘴巴打開。刷牙時力道要小，太用力容易造成牙齦出血。利用牙刷在牙齒和牙齦間移動，將牙齒上的齒垢刷出來。

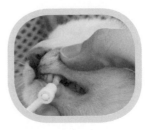

牙刷上可以先沾一些牙膏，因為乾燥的刷頭容易讓貓咪疼痛，或是造成牙齦受傷。（一開始也可以在牙刷上先沾些肉罐頭的汁，或貓咪愛吃的化毛膏，讓貓咪習慣刷牙的動作。）

刷犬齒時，也是將靠近鼻子的嘴唇稍微往上翻，讓犬齒露出來。

E 鼻子的清理

有些貓咪總是會有黑黑的鼻屎在鼻子上，這些乾硬的黑褐色鼻分泌物來自於眼睛的淚液，眼淚由眼睛流到鼻子後，乾涸凝固成鼻屎。不過，這是正常的鼻分泌物，不需要太過擔心。當空氣變得乾燥時，鼻涕更容易堆積，所以貓奴們要常幫貓咪清潔鼻子。另外，有些貓咪的鼻子容易有污垢堆積，需要每日清潔，特別是像波斯、異短這類扁鼻的貓咪。

日常清理 ━━

Step1　先將棉花或棉花棒用生理食鹽水沾濕。把貓咪放在膝蓋上，橫著抱，抓著前腳，固定身體。

Step2　取沾濕的棉花，從鼻孔邊緣朝外側輕輕擦拭。擦拭時，貓咪會因為接觸到濕棉花變得緊張，因此要稍稍安撫貓咪情緒。

✕　嚴重鼻膿沾在鼻子上時，要先用食鹽水將鼻分泌物沾濕，不要用手將分泌物硬剝下來，否則容易造成鼻子的傷害。

Ｆ 下巴的清理

貓咪進食後容易殘留食物在下巴上，但牠們清理身體時，無法清理到自己的下巴，因此需要主人的幫忙。此外，下巴的皮脂分泌旺盛時，有可能會引起粉刺的形成；如果清理下巴無法改善粉刺的狀況，造成下巴發炎惡化時，建議帶到動物醫院診治。

▶ 01／將棉花以溫水或生理食鹽水沾濕，順著下巴毛的生長方向擦拭，將殘留在下巴上的食物殘渣或粉刺輕輕擦掉。
02／長毛貓可以先用毛巾擦拭，再用蚤梳輕輕地將殘留物梳理掉。

01

02

Ⓖ 被毛及皮膚的照顧

貓咪是愛乾淨的動物，吃完飯後總是會清理自己的身體以及梳理被毛。在梳理的過程中，貓咪會舔入很多的毛，吃下去的毛在胃中結成球狀，造成「毛球症」，因此貓咪常常吐毛球出來。春秋二季是貓咪的換毛期，此時掉毛量會增加很多，為了預防毛球症，建議定期幫貓咪梳毛，將脫落的毛梳掉；梳理過程中也可以順便檢查貓咪的皮膚，當皮膚有狀況時便可及早發現、到院治療。

選擇適合的梳毛工具

短毛貓較常使用橡膠製或是矽製的梳子；長毛貓一般使用排梳或是柄梳來梳理，尤其是在容易糾結的位置，可以將打結的毛梳開；而毛量豐富的貓(如美國短毛貓)，則可使用針梳。不過，第一次幫貓咪梳毛的貓奴不建議使用針梳，因為針梳較尖銳，若使用的力道沒有控制得當，反而容易刮傷貓咪的皮膚，並且會讓貓咪因疼痛而對梳毛留下不好的印象。

梳毛三大祕訣 ▬

Step1

梳毛前，必須要先讓貓咪放鬆，最好是在貓咪心情好的時侯梳毛，不要在牠玩耍的時侯梳毛，因為此時貓咪情緒較亢奮，貓咪會誤以為你在跟牠玩，反而更不容易梳毛。此外，梳毛時不要太強迫貓咪，讓牠感覺到不悅，否則之後將會很難進行。

Step2

討厭梳毛的貓咪，很有可能是因為之前的經驗讓牠覺得不舒服，所以排斥梳毛的動作。建議選擇適合貓咪的梳子，並且讓牠慢慢地習慣梳毛的動作。

Step3

有些貓咪比較不喜歡梳毛，或是對梳毛比較沒耐性時，可能就必須分幾個部位，或是分幾次來完成，最好是在貓咪感到不耐煩前完成梳毛的動作。

▲ 01／梳毛的工具。左至右是針梳、排梳、蚤梳、柄梳和直排梳。 02／如果家中有二隻以上的貓咪，可以讓每隻貓咪有專屬的梳子，不但可以保持良好的衛生，也可以避免貓咪之間交互感染皮膚病。 03／用握鉛筆的方式拿針梳，以手腕施力，比較不會造成手腕關節的傷害。梳理時，力道不要太用力，以免傷害到貓咪的皮膚，或造成牠們疼痛。

短毛貓梳毛

建議使用柔軟的橡膠和矽材質做成的橡膠梳，較不會傷害貓咪皮膚，還可以有效地將脫落的毛梳理掉。

Step1

為了讓貓咪全身放鬆，可先撫摸牠的身體，特別是牠們喜歡被撫摸的地方，如下巴和臉頰。當貓咪因為撫摸而感到高興時，喉嚨會發出呼嚕聲，身體也會跟著放鬆，梳毛就會比較容易。

Step2

從背面開始，順著毛的生長方向，由頸部往臀部梳理。如果擔心靜電問題，可以先在貓咪身上均勻地噴一些水，可減少靜電產生。拿著梳子輕輕地幫貓咪梳毛，太過用力除了會讓貓咪不舒服，也會造成皮膚傷害。

Step3

梳理方向由臉頰往頸部梳，此外，下巴容易會有粉刺或是食物殘渣殘留，也可用梳子梳理乾淨。

Step4　梳理頭部時，由頭頂往頸部方向梳理。另外，有些貓咪在梳理過程中會扭動，所以要特別注意，避免傷害到貓咪的眼睛。

Step5　將貓咪抱起呈現人的坐姿，由胸部往肚子的方向梳理肚子的毛。因為大部分貓咪的肚子是較敏感的部位，因此要輕且快速地將毛梳完。

Step6　讓貓咪呈側躺姿勢，輕輕抬起牠的前腳，由腋下往下梳理腹側的毛。（讓貓咪靠在自己的身體上，會比較容易進行。）

Step7　最後，可以將手沾濕，或是用擰乾的濕毛巾擦拭貓咪全身，將多餘的毛去除掉，即完成。

長毛貓梳毛 ▬

梳毛可以保持毛的蓬鬆。為了不讓長毛貓形成毛球症，最好是每日梳理毛；到了春、秋二季換毛期時，更要每日梳毛數次。而長毛貓毛髮最容易糾結的地方為耳後、腋下、大腿內側等處，要特別梳理。

Step1

安撫貓咪，讓牠全身放鬆再開始梳毛。冬天容易產生靜電，可以先在貓咪的毛上噴一些水，防止靜電產生。

Step2

順著毛生長的方向，梳理頸背部的毛。大部分的貓比較喜歡梳理背部的毛，不過有些貓梳理到臀部的毛時會比較敏感，因此在梳毛時要稍微注意。

Step3 接著，由臀部往頸背部逆毛梳理。貓咪的皮膚比較脆弱，所以此步驟要特別小心，不要將牠的皮膚弄傷了。另外，如果梳下的毛量過多，可以先將梳子上的毛理掉，再重新從臀部逆毛梳理。

Step4 梳理頭部和臉周的毛要小心，由臉頰往頸部的方向梳理。臉頰近耳朵部位的毛容易糾結，因此要特別留意，將糾結的毛球梳開，以免皮膚發炎。

Step5 梳理下巴時，用一隻手扶著貓咪的下巴，梳子由下巴往胸部梳理。長毛貓因為毛較長，吃東西或是喝水時都容易沾到，造成打結；當有東西沾附時，可以先用毛巾沾濕，將髒東西擦掉後，再將打結的毛梳開。

Step6 梳理前腳。一隻手將前腳輕輕抬起，由肘部往腳掌方向梳理。（將前腳抬起，比較容易快速梳理完。）

Step7 梳理後腳。可先由大腿開始，再往腳跟部梳理。梳理大腿的毛時可以讓貓咪側躺，一隻手扶著貓咪的腳來進行。

Step8 梳理肚子的毛。將貓咪抱放在腿上，肚子朝上；由胸部往肚子的方向梳。肚子是貓咪非常敏感的部位，所以要特別注意，當貓咪表現出不喜歡時，先暫停動作、安撫貓咪，不要太強迫牠。

Step9

Step10

梳理腋下時，可以用排梳來梳理。讓貓咪側躺，並用一隻手抓住貓咪的一隻前腳，梳理方向由腋下往胸部方向梳。

梳理大腿內側。讓貓咪側躺並用一隻手抓住貓咪的一隻後腳，梳理方向由腳往肚子方向梳。

Step11

Step12

梳理耳後。耳後的毛也是容易打結的地方，尤其是在耳朵發炎或是皮膚發炎時，貓咪會因癢而搔抓耳後，造成毛髮糾結。梳理打結處，最好以手抓住毛根處，再將結慢慢梳開，較不易造成貓咪疼痛。

尾巴的毛有時也容易糾結，尤其是近肛門處。很多貓咪有公貓尾的問題，尾巴的腺體會分泌大量的皮脂，除了容易讓皮膚發炎，也會造成毛打結。有打結狀況時，要慢慢梳開，硬拉扯會使貓咪的皮膚受傷。

Step13

最後，梳理並檢查全身。在換毛期時每日至少梳毛一次，保持毛的柔順。

Ｈ 指甲的修剪

貓咪抓家具或貓抓板，是為了要將自己的爪
子磨尖銳，並且留下自己的氣味。不過，飼
養在家中的貓咪可以定期修剪指甲，因為指
甲過長容易造成指甲嵌入肉墊，造成肉墊發
炎及跛腳。或者，若指甲鉤到東西，貓咪因
緊張而過度拉扯，會造成指甲脫鞘；輕微的
脫鞘會引起指甲發炎，嚴重的脫鞘則需要作
去爪手術。不過，大部分的貓咪對於觸摸腳
是很敏感的，而且在剪指甲時也會很躁動，
因此最好在幼貓時期就讓貓咪習慣摸腳及剪
指甲的動作。

貓咪的爪子基本上是半透明的，因此可以看
到裡面有粉紅色的血管。不過有些貓咪在十
歲之後爪子會變得較白濁，主要是因為體力
變差，磨爪子的次數減少，所以舊的角質層
不會脫落，指甲就越來越厚。爪子的生長速
度會根據每隻貓咪個體差異而有不同，一般
是以半個月到一個月剪一次指甲為理想，剪
指甲時也可以順便幫貓咪的腳作檢查。

▲ 01／指甲過長，嵌入肉墊中。
　 02／指甲斷裂（指甲脫鞘）。

▶ 01／半透明指甲內有粉紅色
　 的血管。
　 02／較厚的指甲。

修剪指甲 ■■■

修剪指甲時，選擇小支、好握的貓用指甲剪較合適。因為
人用的指甲剪有時會發出較大的聲音，可能會嚇到貓咪，
之後要剪貓咪的指甲就會比較困難了。

Step1 ⋯⋯⋯⋯⋯⋯⋯⋯⋯⋯

　　　　大部分的貓咪都
不喜歡剪指甲，所以在剪
指甲前先安撫貓咪，不要
讓貓咪將剪指甲與不愉快
聯想在一起。如果貓咪很
抗拒，那就別勉強貓咪，
改天再剪。

Step2 ⋯⋯⋯⋯⋯⋯⋯⋯⋯⋯

　　　　因為貓咪的指
甲是縮在腳掌內的，所以
在剪指甲前要先將腳固定
好，並將指甲往外推出。

Step3 ⋯⋯⋯⋯⋯⋯⋯⋯⋯⋯

　　　　以拇指和食指將
貓咪的指甲往外推，並固
定好避免貓咪縮回，確認
要剪的長度。

Step4 ⋯⋯⋯⋯⋯⋯⋯⋯⋯⋯

　　　　注意剪的位置，
看清楚血管長度，要剪在
血管前面；如果剪得太
短，容易血流不止。

Step5

　　　　後腳指甲長度通
常比前腳短，因此剪時要
特別注意，剪太多容易造
成貓咪指甲流血。

POINT

如果貓咪一直扭
動，不讓你剪指甲
時，也可以請另一
個人來幫忙。一個
人負責剪指甲，另
一個人則安撫貓
咪，分散注意力。

Ⅰ 肛門腺的護理

貓咪有一個類似臭鼬臭腺的器官，叫作肛門腺。肛門腺的開口，位於肛門開口下方四點鐘及八點鐘方位，所以在外觀上看不見肛門囊。當貓咪緊張時，肛門腺會分泌一些很難聞的分泌物，代表著某種防衛的功能。有些飼養在家裡的貓咪可能過得比較安逸，肛門腺較少排出，因此也造成了肛門腺炎的問題。很多主人常常會問該怎麼幫貓咪擠肛門腺？幫貓咪擠肛門腺可不是件容易的事！貓咪在被擠肛門腺時，總會氣得喵喵叫，甚至是毫不客氣地咬你一口，因此如果貓咪的個性不是非常乖巧溫順，或是沒有作好萬全準備，千萬別自己幫貓咪擠肛門腺。

Step1 大部分的貓咪很討厭擠肛門腺的動作，因此在幫貓咪擠肛門腺時，需要有一個人在前面固定貓咪的上半身並且安撫牠，以免貓咪會亂動，另一個人則是在貓咪的後方準備擠肛門腺。⋯⋯⋯⋯⋯⋯

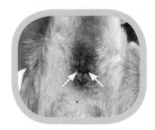

Step2 在肛門兩側有兩個小孔是肛門腺的開口，肛門腺位於肛門的四點鐘和八點鐘方向。

Step3 將貓咪的尾巴往上舉高，拇指和食指放在肛門腺的位置。如果肛門腺的分泌物是滿的時候，會摸到二顆像綠豆大小的肛門腺。⋯⋯⋯⋯⋯

Step4 輕輕擠壓肛門腺，肛門腺內的液體就會噴出。正常肛門腺分泌的是液體狀，但如果分泌物在肛門腺內堆積過久會形成膏狀。所以在擠肛門腺時，用衛生紙稍微遮住肛門，以免被擠出的分泌物噴到（肛門腺體的味道是很可怕的），最後再用衛生紙將肛門周圍的分泌物擦乾淨即可。

PART

7

貓咪的行為問題

Ⓐ 貓咪廁所學問大

很多人都認為貓咪會在貓砂盆內上廁所是天經地義的事，因此對於砂盆、貓砂及擺放位置的選擇都不會加以思索，一旦發現貓咪居然不在砂盆內上廁所，主人總會非常震驚、憤怒及百思不解——假使我們能對貓咪的排泄行為多一分了解，並多花點心思，便能避免大部分的排泄問題。

首先，我們必須先知道貓咪使用貓砂盆並不是什麼神奇的事情，牠們遠古的野生祖先在自己的領域內排泄後，就會以一些鬆軟的物質(如土和砂)來掩埋糞便及尿液，這種排泄後掩埋的行為在生物學中尚未能解釋，只能確認可減少疾病傳染，及不讓獵物或狩獵者發現貓咪的行蹤。

由此可知，人們如果想把貓咪飼養在室內，必須提供一個小區域(砂盆)，並在此放置一些鬆軟的物質(貓砂)供其排泄，幸好大部分的貓咪都會使用這些人們準備的替代物。

貓咪的排泄行為 ▬

有關貓咪排泄行為的科學知識相當有限，科學家們也開始著手研究，相關的研究成果有助於我們解決或預防貓咪的排泄問題。

現在，我們已確知小貓天生就會在鬆軟的物質上排泄，這種行為約出現在3～4週齡，此時小貓已能隨意控制排泄，牠們無需從母親或其它貓咪那裡學習這種行為，即使是從未接觸過其它貓咪的人工哺育仔貓，也能完成這些標準的排泄動作。

從事標準的排泄動作時，貓咪會先聞一下這個區域，然後用前爪抓扒表面，好像是在挖洞一般，然後貓咪會轉過身來採取蹲姿，並在先前抓扒的表面上排尿或排便，之後又會轉過身來聞一下排泄的區域，然後又再一次以前爪抓扒表面，有如要將糞尿掩埋一般；有些貓咪在離開之前會重覆嗅聞及抓扒的動作一次以上。

不同貓咪的抓扒動作存在極大差異，有的是只是意思意思揮個一兩下前爪，根本沒有真的將排泄物掩埋，有的則是很努力的拼命掩埋，好像在建築沙堡一樣；除非有某些地方發生了錯誤，如生病或對排泄的表面或區域有厭惡感而急著逃之夭夭，否則都屬正常的差異動作。

影響排泄行為的因子　■■■

貓咪對於排泄地點的選擇有幾個重要的因子，最重視的是表面結構。一項最新的研究指出，貓咪最喜愛細粒砂狀的表面（如市售可凝集的細砂狀貓砂），而越粗糙顆粒的物質貓咪越不喜愛。研究中心指出，貓咪不喜歡灰塵多及氣味重的貓砂。

砂盆的形式可能佔著重要的地位，雖然沒有相關的研究報告，但多數動物行為專家已有一些選擇上的建議：貓砂盆必須要夠大，並且適合貓咪的排泄行為，貓咪在排泄前會有一連串的動作，包括嗅聞、選擇適當位置、轉身及抓扒，因此體形大的貓必須有較大的砂盆，才能順利完成這一連串的動作，畢竟上廁所應該是一件很輕鬆愉快的事情，太擁擠的空間會使得貓咪顯得相當急躁。有的貓喜歡隱密的貓砂屋（有屋頂的砂盆），有的則喜歡視野遼闊的貓砂盆；有的貓砂盆會附加上邊，以防止貓砂撥出來，有的貓很喜歡，有的貓則恨之入骨。

氣味是另一個重要因子，淡淡的尿騷味會吸引貓咪重複回來此處排泄，但是很重的尿騷味則會引起貓咪的嫌惡（如很久沒有清理的貓砂盆）。

貓砂盆的位置也是相當重要的因子，最好遠離食物、飲水、遊戲、休息及睡覺的地點，最好是可以輕鬆到達又稍具隱密性的地方，並避開人們時常走動的通道，但也不可放置在地下室或閣樓的陰暗角落。貓咪通常不會喜歡黑暗、寒冷、酷熱的區域，或一些嘈雜的大型家電附近(如中央空調機、洗衣機、乾衣機等)，另外，貓咪也較喜歡廣闊的空間，讓牠在受到狗或其它貓咪攻擊時，能夠輕易逃脫。

排泄問題的預防

如果你剛帶一隻新貓回家，最好能採用牠先前使用的貓砂牌子及砂盆，因為大部分的貓咪並不喜歡任何的改變，千萬不要因為某個牌子的貓砂在大特價而更換，最好就固定使用某個牌子，除非你或貓咪有任何的問題或困擾。

貓砂盆最好固定放在相同的地方，不要任意變換。如果你真的無法知道牠先前所使用的貓砂牌子，就應該先採用細小顆粒且無氣味的貓砂，並且不在貓砂盆附近擺放任何的除臭劑或芳香劑。

有幾隻貓就應準備幾個砂盆，並確認體型最大的貓咪有足夠動作空間，讓貓咪在任何時候都有砂盆能使用，如果砂盆加上邊或屋頂後顯得相當擁擠，應捨棄不用。

砂盆應放置於易到達且隱密的區域，要溫暖而不能太暗，並遠離食物、飲水及窩巢。如果住家多層樓，最好每層樓都放置砂盆，否則可能較易出現排泄行為問題。請將砂盆放置於安靜、廣闊區域，使得貓咪不必為噪音及襲擊而提心吊膽。

每日至少必須清理一次砂盆。如果使用的是無法凝集尿液的貓砂，就必須每三～四日將整盆貓砂換掉，並以清潔劑清洗砂盆；使用頻繁時，則更需勤加換洗。若使用可凝集尿液的貓砂，每次團塊清除後應再添加貓砂，即使在小心使用的狀況下，一段時間後貓砂也會發出臭味，所以每三～四週應將貓砂全部更新，並清洗砂盆。

仔貓及新貓對於砂盆的使用並不需要加以訓練，有些人會將貓咪放置於砂盆內，並強迫貓咪揮動前爪去觸碰貓砂，這是相當不智的行為，可能會使得貓咪對這個砂盆產生恐懼感而不敢使用；其實只需要讓貓咪知道砂盆的位置就可以了，並且遵照上述所提及的事項。

不時觀察貓咪使用砂盆的狀況，看牠的排泄行為是否正常、排泄時是否出現困難或疼痛的症狀；觀察砂盆是否太小，或貓咪很難到達砂盆的位置，砂盆、貓砂是否有不適合的現象(如貓咪在砂盆內沒有抓扒動作、排泄後飛快逃跑、排泄時將前肢站在砂盆邊緣上，而不肯站在砂盆內)。

解決之道

如果你的貓咪不常使用砂盆，該怎麼辦呢？排泄的問題可能由許多原因引起，例如疾病或醫藥併發症所引起，其中泌尿道感染及胃腸道疾病是最常見的。如果是醫藥併發症，貓咪可能在外觀或行動上沒有任何疾病旳徵兆，若未加以治療，只進行其它方面的調整不太可能改善，因此在出現排泄問題時，應該先找獸醫師進行生理檢查及測試，以便找出原因，才能得到適當的處理或治療。

另外，貓咪也會有所謂的「遺尿」行為，這種行為的本質上與排泄無關，並不是為了排空膀胱的尿液，而是一種劃分領域的行為，在發情期或不安恐懼時會較為嚴重。貓咪會採取站立的姿勢，高舉尾巴，並將少量的尿液噴灑在垂直的物體上，但應與貓咪異常行為有所區別。

如果獸醫師已確定你家的貓咪發生了排泄問題，身為主人的你要如何解決呢？動物行為學專家已指出某些重點可以讓我們加以思考：包括位置的嗜好、表面結構的嗜好、貓砂或砂盆的厭惡，以及與恐懼相關的問題。並沒有任何科學的研究，可以證實貓咪在砂盆以外的地方排泄是想要報復或刺激畜主，下文我們就來討論一些可能的解決之道。

1—位置的嗜好：

如果貓咪在除了砂盆以外的區域排泄，而且根本就不在乎這些區域的表面結構，通常會局限在一兩個區域，這些區域可能就是先前曾經放置貓砂盆的地方，或者因為這些區域較易接近到達、具隱密性且易於脫逃，所以較受貓咪的喜愛，如果你可以將到達途徑加以阻隔，貓咪可能會再回到砂盆內排泄。

將砂盆移至貓咪喜歡的地方，如果貓咪就因此肯在砂盆內排泄，就表示是單純的位置嗜好問題，如果貓咪仍然不肯使用砂盆，必然有其它的因素存在，如果貓咪喜歡的位置真的不適合永久擺放砂盆，最好漸漸稍作移動直至你可以接受的位置，有時畜主與貓咪是需要好好的妥協一番。

2—表面的嗜好：

貓咪可能會挑選一些具有相同表面結構的區域來進行排泄，大部分會挑選柔軟的表面(如地毯、換洗衣物或床舖等)，有些則會挑選光滑的表面(如浴缸、洗手槽、瓷磚等)。

解決的方法就是將貓砂更換成類似牠所喜歡的物質，例如喜歡柔軟表面的貓咪就應該給予細顆粒且可凝集的貓砂，喜歡光滑表面的貓咪就應該給予鋪報紙或蠟紙的空盆，或只撒薄薄一層貓砂於砂盆中；有時也可直接將它喜歡的物質直接鋪放於砂盆內，但應該阻絕牠們接近其它放有相同物質的區域。

3—貓砂或砂盆的厭惡：

貓咪如果厭惡貓砂盆，除了在砂盆外的區域排泄，牠可能會繼續使用砂盆，但會避免四肢都站在砂盆內，例如牠會用前肢站立在砂盆邊緣處，且通常對於排泄物不加掩埋，也可能在離開砂盆後一直搖動腳爪。當貓咪對於砂盆及貓砂厭惡時，時常會在緊鄰砂盆的地方或附近排泄，即使將砂盆移至牠排泄的地方，也不會加以使用，甚至將牠與砂盆關在一起，也可能不會使用。

當貓咪對於貓砂產生厭惡，可以採用「表面的嗜好」此段的建議來改善。至於其它方面的厭惡，則必須針對原因加以解決，有可能包括了：太厚的貓砂、太髒的砂盆、缺少逃脫的路線、缺乏隱密性、太嘈雜或驚人的巨響、到砂盆時需經過令貓咪不悅的途徑，或在砂盆中曾發生可怕或痛苦的經驗。

4—恐懼相關的問題：

在這種狀況下，貓咪不使用砂盆的原因，不是因為害怕到達砂盆就是害怕待在砂盆內，主要的問題是貓咪心理產生恐懼，與砂盆本身的型式或特性無關。

貓咪在到達新環境時，會顯得相當恐懼，可能會在除了砂盆以外更隱密的地方排泄，或者有些主人在發現貓咪的排泄物後，會將貓帶至排泄物處加以懲罰，並把貓放回砂盆內；如果貓咪被屋內其它貓咪所恫嚇，也可能會躲藏在此很長一陣子。

恐懼的行為是一種潛在問題，必須對於恐懼的原因加以確認，並給予適當的行為治療，方式與治療遺尿及攻擊行為相同。

就如同前面所提及的，貓咪排泄問題有大有小，越簡單的問題越容易處理、越快得到改善，且由畜主自行處理即可；而複雜且多樣的問題，恐怕就得花多一點精神、時間或金錢才能解決。一般而言，早期發現早期治療，越容易成功解決，一旦問題拖久了，通常是很難處理的。所以，畜主必須定期、仔細觀察貓咪的排泄行為，一旦發生了異常，立即與你的獸醫師連絡。

Ⓑ 公貓噴尿

愛貓人難免都有過這樣的傷痛——自己心愛的公貓(特別是有蛋蛋的公貓，母貓很少會噴尿)居然破壞了住戶公約，東噴一點尿、西噴一點尿，味道不僅非常重，顏色通常還很黃，整個環境都充滿了濃濃的尿騷味，而且不論你怎樣生氣或斥責，甚至把牠抓來毒打一頓，牠也不當一回事，反而會更嚴重的到處噴尿。從桌腳、椅腳、牆壁、門，甚至是你的腳也無一倖免，最後你終於崩潰了，到處求救無門，只好終日與尿騷味為伍，日子久了，你也不在意尿騷味了，而貓咪也懶得再到處尿尿了…………。

噴尿的意義 ▬▬

噴尿較常發生於未節育的公貓，噴尿時採立姿，尾巴會高高豎起抖動，接著就將少許尿液噴到垂直物的表面，例如桌腳、椅腳、牆面等。主人總是搞不懂，給了牠最好的貓砂盆、最貴的貓砂，每天固定當貓奴幫牠刷洗廁所、把屎把尿，為什麼貓咪還要到處尿尿？而且大部分都是尿個幾滴、噴個幾滴？

貓咪是領域性很強的動物，會劃定自己的地盤，並且每天固定去尋視地盤，看看有沒有白目的入侵者闖入。到底貓咪如何劃定地盤呢？貓咪的脖子兩側有一特殊腺體，會分泌出特定的氣味，而且每隻貓咪都分辨得出自己的體味與別的貓咪的差別，所以貓咪常會用脖子磨蹭垂直的東西，如沙發、桌腳、椅腳、牆緣、門框緣、主人的腳等，將自己特有的氣味沾附在這些東西上，作為地盤的確認與識別，每天的固定功課就是到處去聞一下自己的氣味是否還存在，如果氣味有減退，或被其它氣味所遮蓋時，就會用脖子再去磨蹭一番，磨完後再聞一下，確認氣味強度。

一旦環境中有新的人事物進入，帶進新的氣味，破壞了地盤氣味的完整性，貓咪就會有不安的感覺，一旦脖子的磨蹭也無法確認地盤，牠就會下狠招、噴個幾滴尿。每隻貓的尿液都有特殊的氣味，也可用來作為地盤的確認標誌，於是貓咪就會到處噴尿，讓整個環境充滿牠的尿騷味，於是牠收復失土的偉大志業宣告完成，爽哉！

另外一個狀況是貓咪的心理狀態。貓咪自己的體味會讓自己覺得心安，所以一旦貓咪的心理受到創傷或挫折時，就會尋求氣味上的慰藉。像是被主人海扁一頓、抓獵物失敗、環境中事物變動太大、主人不再關心疼愛、新來的貓咪爭寵、聞到外來發情母貓氣味卻無法交配……這種種一切都會造成公貓的不安，於是就讓氣味紓解自己受傷的心靈！

不安原因的尋找

主人總是會說：不可能啦！我對牠很好啦！沒有啥變動啊！不可能有挫折啦！不安？我看牠好得很啊！牠跟新貓很合得來啦！不可能因為新貓來才亂尿尿啦！

台灣的飼主是很主觀意識的，堅持三不政策──不探討、不承認、不合作。大家彷彿都把獸醫當神仙，認為打個針就可以改善一切，只要是要麻煩到我（飼主）的，一律不接受、不相信。

每當有客戶帶這樣的貓來求診時，我總是一樣的說詞：亂噴尿是不安造成的，至於不安的原因，就要靠你們自己找出來改善了，如果找不出來，又要解決亂噴尿的方法就是把貓關入大牢，不然就是吃藥改善囉！最後就是考慮把蛋蛋拿掉。

不過，想要不關貓、不吃藥、不拿蛋蛋，有賴主人們細心的探討研究，看看是否有新的人事物進到貓咪的領域中？你是否對牠的態度及相處方式有改變？針對不安的原因加以改善，才是治本之道。

◀ 公貓發情時的噴尿行為

▲ 公貓在發情時，會到處噴尿。

性衝動

理論上亂噴尿是公貓的專利，而且是未節育的公貓。一旦到了母貓發情的季節，母貓的性費洛蒙會傳送好幾公里遠，所以就算家中沒有母貓發情，公貓也會蠢蠢慾動，每天呼喊、企盼著茱麗葉的來到。但可能嗎？當然是不可能囉！你或許會想幫牠找個一夜情，但這事會讓牠越來越上癮、永遠止不住。當公貓處在極度不安的狀況下，就會非常想要逃出去發洩一下，於是很多公貓會以到處噴尿來尋求精神上的慰藉，這時節育手術或許是解決公貓亂噴尿的第一個手段。

新的入侵者

很多飼主都會以擬人化的想法揣摩貓咪的心思，認為貓咪在家很孤單，自己又有一堆的藉口不陪貓咪，而為了減輕自己的罪惡感，就會突發奇想多抱一隻貓咪來陪伴原來的貓咪。

我不知道這樣的比喻好不好耶！這就像一個事業繁忙的老公怕自己心愛的老婆在家裡會無聊孤單，於是決定再娶一個小老婆來陪他的大老婆──聽起來是有點荒謬吧！但很多狀況下就是如此。

貓咪是領域性很強的動物，要牠跟別的貓分享地盤實在是有點殘忍，要牠跟別的貓分享主人的寵愛，也會造成牠心理上的創傷。或許在表面上牠不會表現出不悅及不安，但本能上就可能會驅使牠必須到處噴尿，來一再確認自己的地盤及讓自己心安。

新的入侵者當然不單是指貓咪而已，新來的狗狗、新來的家庭成員、新來的室友、新的家具、新的被單或床單，都可能會造成貓咪不安。

▲ 新的入侵者可能會造成貓咪的不安，引發亂尿尿。

懲罰

很多貓奴首次發現貓咪亂噴尿時，大多會氣得把牠抓來海扁一頓，有的天才還會把貓咪抓到噴尿的地方當面訓斥及懲罰。其實，這樣的方式不但沒用，還會使得貓咪更加不安，更需要到處噴尿以紓解心裡的不安。

貓奴遇到這樣的狀況，應該要對貓咪更好、與牠互動更密切，千萬別懲罰，否則噴尿會更嚴重。請記得忍住心頭怒火，小不忍則亂大謀喔！

關入大牢 ▬▬

如果不安的原因實在找不出來，也不想拿蛋蛋，或者就算找出來也無法改善這樣的原因時(總不能把剛娶回來的老婆或新生的嬰兒趕出家門吧！)最簡單的方法就是把貓咪關在貓籠內了。這樣的方法當然是很消極，對貓很不公平，但如果要在短時間平息眾怒時(家人抱怨)，也只有暫時如此了；之後再把貓咪放出來觀察看看，也要利用這段時間好好回想一下可能造成牠不安的原因。

行為治療劑 ▬▬

其實有不少的藥物可以緩解貓咪不安的情緒，就是人醫所謂的「抗憂鬱劑」或「精神安定劑」，可讓貓咪服用幾個月後逐漸緩慢停藥，再觀察牠是否還會繼續噴尿。

ⓒ 攻擊行為

當你在沙發上抱著並撫摸發出呼嚕呼嚕聲的心愛貓咪，就如同以往每個安祥夜晚一般；當你的手開始觸及牠的小肚肚時，貓咪轉過身來，腳爪一張一縮地享受此刻的滿足，然後又以迅雷不及掩耳之速抱住你的手臂，除了後腳用力踢擊之外，還狠咬著你的手臂──在你回過神、感到疼痛時，貓咪早已逃之夭夭。到底是發生什麼事？是什麼東西讓原本甜蜜的相處變成殺戮戰場呢？

相信很多貓奴對於這樣的場景早就不陌生，因為這樣的攻擊行為在貓並不少見，也是國外貓咪行為治療師第二常見的求診原因。

對很多貓奴而言，這樣的突發性攻擊行為是一個讓人沮喪且害怕的問題，正所謂伴君如伴虎，就像一個恐怖情人一般不可預測、說翻臉就翻臉，而這樣的「家暴」問題也常常導致疼痛甚至造成傷害。除去心理傷害不說，也可能會因此造成貓抓熱或細菌感染，不能等閒視之。

雖然貓奴總說貓咪是突然發動襲擊，但其實在攻擊發動前一定會有些細微的身體姿勢變化，而這些細微的變化，正是確定攻擊行為即將啟動的線索，也是將來貓奴必須注意的防空警報。

◀ 有些貓咪常會在被撫摸後，突然抱著主人的手開始啃咬。

攻擊行為前兆 ▰▰

1—防禦姿勢：

貓擺出防禦姿勢，目的在於讓自己看起來
更小，並使自己處在一種武裝保護狀態，
這些姿勢包括蹲伏、飛機頭(兩側耳朵下壓
與頭頂呈一直線，正面看起就像飛機機翼
一般，俗稱「飛機頭」或「開飛機」)、想
要逃離、發出嘶嘶的恐嚇聲、使出連環貓
拳、豎毛或埋頭躲藏。

擺出防禦姿勢的貓咪通常是對於一種狀態
感到恐懼或不安，這種狀態可能顯而易見
也可能毫無察覺，即使你不是導致牠不安
或恐懼的原因，但卻可能會是這種基於恐
懼產生攻擊行為的受害者。

▲ 當貓咪覺得受到威脅時，會讓自己看
起來很小，並發出嘶嘶的恐嚇聲。

2—攻擊姿勢：

貓擺出進攻姿勢，目的在於讓自己看起來
更壯大，更令人生畏，這些姿勢包括踮腳
且僵直的腿、豎毛、向你移動、緊盯著
你、豎直的耳朵、發出咆哮聲、僵直的尾
巴(通常也會「炸毛」，意思就是尾巴毛也
豎毛，看起來更大更蓬鬆)。

▲ 右側的貓咪準備進攻，擺出讓自己看
起來很大的姿勢。

在任何一種狀況下，你都應該避免與表現出這些姿勢的貓咪進行互動，因為牠們正
處在發動攻擊行為的邊緣。處在攻擊狀態下的貓咪，可以用驚人速度移動且進行攻
擊，在尖牙利嘴及四個鋒利腳爪的配合下，很快就會造成嚴重傷害。

攻擊行為的原因 ▬

貓的攻擊行為可區分成許多類別，請詳細了解事情的來龍去脈，想知道發生攻擊行為前發生了什麼事？關鍵的線索就在其中。

1—恐懼型：

恐懼型攻擊行為，是在貓咪感知自己無法逃脫威脅的當下所引發的攻擊行為。這可能是牠從以往的生活經驗所學習到的，但當下你可能無法確認牠是否害怕。

▲ 當貓咪感到恐懼時會引發攻擊行為。

2—病痛型：

病痛型攻擊行為也是常見的原因，因為突發的病痛而誘發突發的攻擊行為，特別是老貓或那些平常溫文爾雅的貓咪。如關節炎、齒科疾病、創傷及感染的狀況下，當疼痛區域被碰觸，或貓咪預期疼痛區域將被碰觸時，就可能會發動攻擊。除了疼痛之外，貓咪老化後認知能力下降、正常的感覺輸入喪失或神經系統發生問題，都可能導致攻擊行為。

3—領域型：

當貓察覺自己的地盤被侵略時，就可能會引發領域型攻擊行為。雖然這類攻擊行為的對象通常是其它貓，但人類及其他動物也可能是攻擊對象，例如陌生人或新的寵物被帶回家時，就可能引發攻擊行為。

▲ 當貓咪察覺地盤被侵略，就會引起貓咪間的攻擊行為。

4—撫摸型：

喜歡被撫摸的貓咪突然改變心意而發生攻擊行為，就屬於撫摸型攻擊行為。這種一直重複動作的撫摸，摸久了就會從愉快變成令貓不爽的刺激行為。

▶ 很多貓咪在被撫摸到很開心時，會突然轉過身攻擊你的手。

▲ 轉向型攻擊行為無法預測，且十分危險。

5—轉向型：

轉向型攻擊行為，是最無法預測且最危險的一種攻擊行為。在這種狀況下，戶外的其他動物（例如在貓咪眼前跑來跑去卻無法捕獵的老鼠）、突發的尖銳噪音，或令貓作嘔的難聞氣味，會使貓咪處在一種隨時都可能爆發的高峰狀態，雖然你此時沒有犯任何的錯誤，僅僅只是路過而已，卻會無端成為牠最後爆發的出氣筒。

應對方式

在你沒有明顯的挑釁行為下，貓咪卻出現這些攻擊行為時，首先你必須帶著貓咪去拜訪牠的家庭醫師，進行完整的檢查來確認貓咪有沒有任何的病痛足以引發攻擊行為。如果家庭醫師確認貓咪是健康的，會考慮轉診至有動物行為治療門診的動物醫院，以確認到底是什麼原因啟動攻擊模式，並會給你居家行為治療的建議。

在許多狀況下，只要注意攻擊行為前的細微前兆，就能讓你在攻擊行為發動前抽身離開；雖然你可能找不到貓咪焦慮的原因（即使知道也可能無法隨時隨地控制或改善這些原因），但稱職的貓奴往往可以提供讓貓咪冷靜放鬆的舒適空間，讓牠沒有機會去傷害任何人或動物，在耐心及仔細的觀察前兆下，大部分的貓咪很快又能融入正常的居家生活中。

D 磨爪

貓咪把你最喜歡的沙發或最昂貴的音箱拿來練爪子，並不是存心想要毀了這些東西，而是希望藉由「磨爪」來滿足牠的某些需求。

磨爪是一種記號行為（就像有蛋蛋的公貓噴尿做記號一樣），將貓掌上的特殊腺體所產生的氣味標記在自己的領域內，同時將爪子磨短，以免妨礙行走。而留下來的抓痕及指甲碎屑，也可能有助於貓咪自信心的建立。

磨爪是一種天生的正常行為，因此很難完全制止，但貓奴可以引導貓咪在適當的東西上進行磨爪(例如貓抓板)，以下三種策略將幫助導正貓的磨爪行為。

識別磨爪偏好

要了解你的貓喜歡抓什麼，就必須仔細觀察。牠喜歡地毯？窗簾？木頭？還是其他表面？牠是否喜歡伸腳超過頭頂的磨爪方式？還是喜歡水平面的磨爪？

一旦你確定自家貓咪所喜歡的材質及磨爪方式，就可以買一個符合牠需要的貓抓板了。

◀ 選擇一個貓咪喜歡的材質和方式的貓抓板。

提供適合磨爪偏好的商品

大多數的寵物店都會提供各種形狀、各種表面紋理的各式貓抓板或貓跳台。地毯覆蓋的貓跳台柱子，對於喜歡在地毯上磨爪的貓咪來說是不錯的選擇；如果你的貓咪喜歡沙發或粗糙的表面，請選擇類似麻繩材料覆蓋的柱子；喜歡在窗簾上攀爬和磨爪的貓咪，可能會更喜歡高度足夠的貓抓柱或貓抓板，或將其安裝在牆壁上或門上夠高的地方；如果牠喜歡平面磨爪的話，扁平紙板磨爪箱或許就是最好的選擇，但切記這些磨爪工具都必須牢牢固定，以免在磨爪過程中翻倒，而且這樣抓起來才夠力，貓才會喜歡。

喜歡DIY的貓奴，可以發揮自己的巧思來創建磨爪點以及貓的活動中心。你可以用地毯或麻繩材質覆蓋於木塊上，然後將它們釘在一起，做成一個可以攀爬跳躍以及休憩的貓樹，能同時滿足娛樂及磨爪的需求。磨爪柱或磨爪板的最低高度，應至少與貓站立後完全伸展的高度一樣高。

將這些貓抓柱、貓抓板或貓樹放在牠以前喜歡磨爪區域的旁邊，來重新將磨爪行為導向這些物體，然後再逐漸緩慢的移動至你希望的位置。如果貓確實轉向新的磨爪物件上，應以給予食物、撫摸和讚美等方式獎勵它。

你也可以藉由在磨爪新物件上或附近放置食物，或撒上貓薄荷來吸引貓咪，當這些磨爪物件被抓得傷痕累累時，千萬不要更新，因為這些抓痕證實它被很好的使用著，並且正在達成我們預期的目標。

讓不想被抓的物件變得無法磨爪或不吸引貓咪　▬

最簡單的方式，就是讓貓咪無法接近該物件，但這並不實際，因為你真的很難防止貓咪去接近這些物件。但是，你可設些誘餌陷阱來阻止貓咪在該物件上磨爪，例如在該物件上或緊鄰處設置一個不穩定的塑膠杯疊塔，當貓咪磨爪震動時，會導致塑膠杯疊塔翻落而驚嚇到牠；嚇多了，牠就不喜歡去了。或者用毛毯、塑膠板或雙面膠覆蓋在磨爪面上，也可能可以阻止貓咪在此磨爪。

由於抓痕具有氣味標記成分，因此貓更有可能重新磨爪於已有氣味的區域，為了打破這個循環，可以在這些表面上噴上除臭噴劑、芳香劑或臭味中和劑。

貓奴可以通過定期修剪貓指甲，來進一步減少貓的磨爪行為，也有所謂商品化的貓指甲套可供使用，但這些都僅適用於那些肯讓你進行指甲操作的乖貓。商品化的指甲套可以讓貓咪仍進行磨爪動作，卻不會傷害家中物件，但必須每6～12週更換一次。

一般而言，貓是不吃懲罰這一套的。因為牠無法將懲罰與磨爪動作聯上關係，只會認為你是在欺負牠而已，甚至還會誘發貓的攻擊行

◀ 選擇貓咪喜歡的磨爪物件，可以減少牠在主人不希望的地方磨爪。

為，而且很多懲罰反而會導致更多的異常行為(例如噴尿或自發性膀胱炎)。所以，天外飛來的懲罰才是最佳的方式，就像前面所提到的塑膠杯疊塔，杯塔的崩落正是一種天外飛來的懲罰。

去爪手術一直是極具爭議的不道德手術，它其實不止是去掉爪子而已，而是切除掉第一節指骨，是一種相當殘忍的手術，跟其他外科手術一樣具有麻醉風險及可能的術後併發症（包括出血及感染），而且一旦貓咪跑到戶外，牠就失去了保護自己的工具，遇到危險時也沒辦法爬樹逃亡。

我的醫院不允許進行這樣的手術，因為我始終認為，想要進行去爪手術的人，就沒有資格養貓！

Ｅ 貓的異食癖

很多貓奴常會抱怨自己昂貴的衣服
被貓咪啃食到支離破碎，甚至珍貴
的室內植物也常慘遭毒手；更離譜
的是，貓咪竟然會吸吮主人的皮
膚、狗狗及其他貓咪的乳頭（或自
己的乳頭），偶爾也會出現啃咬橡

▲ 貓咪也會啃咬橡膠材質的物體

膠製品、電線、塑膠繩或縫衣線的狀況。如果發生以上狀況，你的貓咪恐怕是
得了貓異食癖，必須予以導正及治療。

這種的異常行為，是貓咪對於某些不應吮食的東西產生了特別的癖好。就像某
些人喜歡咬指甲或吸吮手指頭一樣，只是貓咪吮食的對象大部分是羊毛織品、
紡織品、主人或植物。

吸吮羊毛織品、紡織品

這種形式的吮食癖好，最初被認為僅發生於暹邏貓及緬甸貓這兩種品種的貓，但後
來的研究已發現其它品種的貓咪也會發生相同的問題。暹邏貓約佔55％，緬甸貓約
佔28％，其它的東方品種也偶爾會發生，而混血貓則佔更少（約11％）。

開始發作的年齡約為2～8月齡，一般被認為引起的原因為遺傳性，但在甲狀腺功能
不足時也可能會引發，也有人認為這是一種轉移性的幼年吸乳行為，貓咪會以前爪
在紡織品上做出按摩的動作並且加以吸吮，這時牠的表情會顯得相當舒服且滿足，
當然有的貓僅會保留按摩紡織品的動作而已。

吮食主人或其它動物肌膚

吮食對新生仔貓而言是一種正常的反射性行為，直到23日
齡後才會逐漸消失，而成年後仍然保留吮食反射的貓咪大
部分為孤兒貓、營養缺乏或過早離乳。

以胃管餵食孤兒新生仔貓雖然較為方便且節省時間，但可
能會造成這一類的異常行為，因此最好還是以奶瓶餵食較

◀ 過早離乳會導致貓咪之後的代償性吸吮行為。

佳。母貓一般而言會於仔貓8～10週齡開始斷奶，但是人類常常狠心的強迫仔貓於6週齡或更早的時候斷奶，便有可能導致往後的代償性吸吮行為，例如主人的皮膚、同伴的耳朵、乳頭或陰莖，而這種行為多半也都會伴隨前爪的按摩動作。

啃咬植物

貓咪吃食植物的行為可能是因為想獲得某些纖維質、礦物質或維生素，一般而言，應算是一種正常的攝食行為，除非是過量，或者針對某些具有毒性或昂貴的植物時才會引起主人的抱怨。

▲ 大量食入植物或貓草時，容易引發貓咪嘔吐。

大部分的肉食獸缺乏降解纖維素B鍵而轉化成葡萄糖的酵素（葡萄糖才能被消化道所吸收），因此這些植物在消化道內幾乎會保持原狀再被排泄出來（這裡指的是少量）。如果大量食入植物會刺激胃部而引發嘔吐，這就是為什麼貓咪發生毛球症時會想去吃食植物的原因。

治療方法

大部分的吮食行為都發生於依賴心較重的貓咪，牠們保留了幼年時期的依賴心理（正常的貓咪是相當獨立的），因此針對這種過度依賴的心理進行治療會有助於異常吮食行為的改善；此外，應增加貓咪遊戲的刺激性與增加牠在家裡的活動，也要給予一些新的事物來刺激其好奇心。

可能的話，應讓貓咪多與外界接觸，例如將貓咪關在戶外的貓籠內，但安全性必須注意，或讓牠習慣以蹓貓繩的方式出去散步。

於食物中添加纖維素物質，也可以改善吮食植物的習慣，例如米糠、衛生紙。想防止貓咪吮食紡織品，可以使用氣味強烈的阻隔劑噴撒在上頭，如尤加利樹油、薄荷油等，也可以在衣服底下放置一些機關來嚇阻貓咪的靠近。

其實，預防才是最好的治療，小貓應該給予足夠的哺乳期，不要過早斷奶，至於其他難以處理的病例，可以考慮乾脆就將貓咪與這些牠喜歡吮食的物品完全隔離。

⒡ 亂尿尿——自發性膀胱炎

很多貓咪的亂尿尿行為，在以往都被認為是貓咪的記號行為，但理論上記號行為只有公貓會，而且是擁有完整蛋蛋的公貓才會。況且，記號行為應該是噴尿而不是尿一大灘，那為什麼現在連母貓及沒有蛋蛋的公貓，也都會亂尿尿來做記號呢？

問題就出在這樣的亂尿尿根本不是記號行為，而是一種疾病。在公貓噴尿的章節中，我們提過記號行為的噴尿方式，是噴一點點尿在垂直的物體上，但為什麼現在貓的亂尿尿大多是發生在棉被、床單、地毯等平面的物體上，而且是尿一大灘而不是只噴幾滴而已？其實，最有可能的原因就是自發性膀胱炎。

◀ 公貓做記號與亂尿尿的排尿方式是不一樣的。

不論公貓、母貓、有蛋蛋或是沒蛋蛋的公貓，都可能會發生自發性膀胱炎，特別是肥胖的貓咪、節育手術後的貓咪、波斯貓、只吃乾飼料的貓咪，還有受到緊迫的貓咪(請參考P.28認識緊迫的章節)都是比較容易發生自發性膀胱炎的族群，而且可能有遺傳因素存在，意思就是說老爸或老媽有，那小孩子就比較會得囉！

為什麼會有自發性膀胱炎呢？第一個可能，是因為貓咪膀胱黏膜上皮細胞沒有緊密結合，所以會讓尿液滲入膀胱肌肉層而引發疼痛排尿；第二個可能，是因為貓咪膀胱上的痛感受神經纖維較多，因此較容易因為緊迫而誘發神經性發炎機制；第三個可能，是因為腎上腺皮質儲備能力不足。反正簡而言之就是體質！體質！體質！緊迫！緊迫！緊迫！以及太安逸無聊的生活。

既然跟體質有關，那就無解，但緊迫呢？這就是你可以控制避免的。而太安逸無聊的生活呢？這也是你可以去努力改善的！

首先，尿液滲入膀胱肌肉層而引發疼痛，是因為尿液中有很高濃度的鉀離子，這一點可多吃罐頭、濕性食物、罐頭拌水來改善，也就是多喝水來降低尿液中的鉀離子濃度。而很多下泌尿道疾病處方罐頭或濕糧內，也會含有一些精神安定的營養成分，有助於降低緊迫的發生，所以當然是首選囉！缺點是貴呀，比我們吃的便當還貴。

再來，該如何避免過大的緊迫及維持適當的小緊迫刺激(以維持適當的腎上腺功能)？請參考P.28認識緊迫的章節。

最後，就是最笨也最不好的方式——吃藥治療。大多需要吃到幾個月後才能看到明顯效果，並且不能突然停藥，必須緩慢減量停藥，否則會造成可怕的副作用，所以治療期間必須密切與獸醫師配合。

▲ 貓咪亂尿尿的方式，一般是以平面為主。

疼痛

疼痛引發的亂尿尿較常見於老貓，很多都與脊柱疾病有關，例如我們所熟知的骨刺。另外，慢性退行性關節炎也可能會導致亂尿尿，為什麼呢？因為我們一般準備的砂盆都有一定高度，所以貓咪必須跨入砂盆內，而這個動作都可能會引發疼痛，所以貓咪就會害怕進入砂盆，而在砂盆外的四周亂尿尿，甚至亂大便。這樣的貓咪大多擁有瘦弱的後腳，應該帶到醫院進行完整的神經學檢查、X 光照影，甚至電腦斷層或核磁共振檢查。

一旦發現是這類的病因，除了配合獸醫師的治療，也要設置適當的斜坡讓貓咪容易進入貓砂盆而不引發疼痛。

廁所的問題

貓砂盆的樣式、貓砂材質、貓砂盆的擺放位置、貓砂盆的清潔度都可能會導致貓咪亂尿尿喔，請參考P.166廁所學問大的章節。

PART

8

貓咪常見疾病

Ⓐ 貓咪生病時的警訊

貓咪不像人會說話，生病時就算不舒服，也不會有明顯的異常，所以往往都是
到了貓咪已經不吃不喝時，貓奴們才驚覺狀況不對，帶到醫院看醫生。這時
候，通常會看到貓奴們很自責，怪自己沒有早一點發現貓咪的身體出問題。但
如果平常沒有累積一些關於疾病的小常識，即使發現了，也可能不會覺得這些
症狀的出現代表貓咪生病了。其實貓咪在生病初期，會改變牠們日常生活的作
息，雖然不明顯，但如果貓奴們平常有仔細觀察貓咪，應該是可以很快的察覺
異常。但在多貓飼養的家庭，因為貓咪數量多，很難在早期就發現不對勁的地
方。而當貓咪有以下異常行為時，就代表牠可能生病了。

體重減輕 ▬

每週測量貓咪的體重是發現貓咪慢性疾病最好的方法，但千萬別用人的體重機來測
量，抱著量也是精準度不夠的，最好購買數位嬰兒磅秤，並且製成紀錄表。如果貓
咪的體重持續下降，就算精神食慾很好，也可能是慢性疾病的指標，如慢性腎臟疾
病、肝膽胰疾病、糖尿病、甲狀腺功能亢進或體腔內腫瘤。舉例而言，一隻4公斤的
貓如果持續體重下降至3.8公斤以下，就好像80公斤的人瘦到76公斤以下，你知道這
是多麼不尋常的事情，可能就代表著某些慢性疾病的存在，應儘快就醫進行完整的
檢查。

眼屎和眼淚 ▬　　▲ 01／貓咪眼睛畏光、疼痛。　02／眼角有黃綠色分泌物。　03／扁鼻種的貓眼角容易有淚痕。

貓咪剛睡醒時，會和人一樣，有一些黑色的乾眼屎附著在眼角上，只要輕輕擦拭掉
就可以，這樣的分泌物不需要太擔心。但有時侯，貓咪的眼眶周圍會紅紅的、有過
多的眼淚分泌，這表示牠的眼睛有發炎的狀況。嚴重時，眼角或眼眶周圍，會出現

黃綠色膿樣的分泌物，而這些膿樣分泌物會沾附在眼瞼的周圍，甚至將貓咪的上、下眼瞼黏住，使得眼睛張不開。有些貓咪會因為眼睛疼痛和畏光，而使眼睛變得一大一小，或是會用前腳一直洗臉，這種動作可能會讓眼睛的狀況變得更糟。因此，當發現貓咪的眼睛有分泌物或眼睛張不開時，可以先用沾溼的棉花將眼周圍擦乾淨，保持眼睛的清潔，並且在症狀還未惡化前，帶到醫院檢查。而幼貓的免疫力比成貓差，因此病毒性感染造成的眼睛疾病容易變得很嚴重，如果沒有及時帶到醫院治療，甚至可能會失去視力或必須摘除眼球。

很多人認為波斯貓或異國短毛貓這類扁鼻種的貓咪容易流眼是正常的，但其實也有扁鼻種的貓咪沒有流眼淚的問題。貓咪的眼睛和鼻子之間有一條鼻淚管，當鼻淚管因慢性發炎而造成阻塞時，就會形成過度的流眼淚；此外，病毒性感染造成的眼睛發炎也可能會導致過度流眼淚，因此在變成慢性感染之前，帶貓咪到醫院作個檢查吧！

▲ 01／在光亮處，瞳孔仍呈現完全放大的狀態。　02／黃色鼻膿在鼻鏡周圍。　03／嚴重上呼吸道感染造成的鼻鏡潰瘍。

貓咪眼睛出現的狀況及可能發生的疾病：

1—**眼白或是眼睛周圍紅紅的**：可能是結膜炎和角膜炎。

2—**當光線照到眼睛會畏光時**：可能是角膜炎、結膜炎或青光眼。

3—**眼睛周圍出現大量黃綠色的分泌物**：可能是乾眼症、嚴重上呼吸道感染造成的結膜炎或角膜炎。

4—**眼睛在光亮處，瞳孔還是呈現異常放大**：可能是甲狀腺功能亢進症或是高血壓引起的視力損傷。

鼻水和鼻分泌物 ▅

貓咪的鼻孔附近，有時會有一小塊黑色的鼻屎，那是鼻分泌物和灰塵混在一起而形成的鼻屎。這些鼻屎只要常用濕棉花清理乾淨就可以，但如果有明顯的鼻水流出，就要特別注意了。若是一般清澈的鼻水，可能是鼻子過敏，或是貓咪上呼吸道感染的初期，這時最好就先帶到醫院接受治療；否則，當鼻子發炎，轉變成慢性鼻炎時，治療就會變得更加困難。

當鼻涕從清澈變成黃綠色的鼻膿分泌物時，表示貓咪的發炎症狀已經轉變成慢性，嚴重的話，甚至會有帶血的鼻膿分泌物。這時侯如果沒治療，就會進一步造成貓咪鼻塞，影響到牠們對食物的嗅覺，造成食慾、精神及體重下降。

流口水及口臭 ▅

唾液在口腔內扮演潤滑食物的角色，且具有殺菌功能。當嘴巴咀嚼食物時，會與唾液混合，讓食物容易通過食道、進入胃中，而唾液中的消化酶也會先消化部分的食物。在正常的狀況下，唾液會自然流入食道內，但是當口腔發生問題時，唾液無法正常流入食道，就容易流出嘴巴外。不過有些貓咪在緊張，或是吃到不喜歡味道的東西（如藥物）時，也會一直流口水！

另外，貓咪的口腔內，不管是牙齦、口腔黏膜或舌頭，如果有發炎現象時，都會使得牠的嘴巴發出惡臭味；同樣地，當貓咪體內的器官有疾病時，也可能會出現口臭症狀（如腎臟病）。

貓咪流口水或口臭時，可能發生的疾病：

1—**過度流口水：**牙齦炎、口腔發炎、牙周病、舌頭潰瘍、中毒、腎臟疾病造成的口腔潰瘍等。

2—**口臭：**口腔發炎、牙齦炎、腎臟疾病等。

▲ 口腔有問題時，貓咪嘴巴周 圍會有口水。

噴嚏及咳嗽 ▅

貓咪有打噴嚏或是咳嗽症狀出現時，不要輕忽它！病毒或是灰塵從鼻腔進入

後，會刺激鼻黏膜造成打噴嚏。而咳嗽是病毒或是灰塵等異物由口腔進入，刺激氣管造成咳嗽。換言之，打噴嚏和咳嗽是防止異物由鼻腔或口腔進入體內的反應動作。當鼻子受到刺激時，貓咪會打好幾次噴嚏，例如有時貓咪在吃貓草，或是正在理毛時，貓草、毛髮或是灰塵會刺激鼻腔，引起打噴嚏，這是正常的生理現象，不需要太過擔心。另外，有些貓咪喝水時，水不小心進到鼻子裡，或是聞到較刺鼻的氣味時，也都會刺激鼻黏膜造成打噴嚏。

但是，如果貓咪一天打了好幾次噴嚏，都不像是短暫刺激造成的生理反應時，有可能就是疾病造成鼻黏膜發炎而引發的噴嚏；若打噴嚏的同時，有鼻涕和眼淚一起發生，則代表貓咪有上呼吸道感染或是某種過敏的可能性。

此外，有時侯貓咪吃太快，會因嗆到而有咳嗽症狀，如果只是短暫地、一次性發生，可以先觀察不需要太過擔心。夏天冷氣剛開時，冷空氣刺激貓咪的氣管，也可能造成貓咪突發性的咳嗽。但是，當氣管發炎、肺部發炎或是心絲蟲感染時，貓咪會發出喀喀聲，類似人的哮喘。這個聲音的形成，主要是因為發炎導致氣管變窄，空氣通過狹窄的氣管時發出的。很多貓奴看到貓咪咳嗽，會以為牠是在乾嘔，但是又吐不出東西，因此容易誤把這個症狀當成是嘔吐。

▲ 貓咪咳嗽時會呈母雞蹲坐姿，頸部往前伸直。

▲ 貓咪在緊張時，也會張口喘氣。

呼吸困難

呼吸困難的症狀，就是呼吸加速及呼吸變得用力。嚴重時，甚至會出現腹式呼吸及張口呼吸。貓咪的呼吸速率約為每分鐘20～40下，當貓咪在放鬆狀況下，呼吸次數超過50下時，就必須特別注意，可以與醫生討論是否要就診。但是夏天炎熱時，如果只開電扇，貓咪也可能因為熱而呼吸很快，甚至張口呼吸。當貓咪呼吸過快或呼吸困難時，最好先打電話詢問醫生；如果需要立即就診，在送往醫院的途中，盡量不要讓貓咪過度緊張，應保持安靜。因為大多數呼吸困難的貓咪，會如同溺水一般慌張且脆弱，隨時都可能引發休克、死亡，照料及評估必須快速且明確地進行。

以下症狀或疾病可能造成呼吸困難：

1—**貧血**：口腔和舌頭的顏色變得較蒼白，外部創傷造成出血，或是內臟疾病造成的紅血球破壞都可能引發貧血。此外，自體免疫的疾病造成紅血球的破壞（溶血性貧血）也有可能發生。

2—**心臟和肺臟疾病**：舌頭顏色變成青紫色。因為血液中的氧氣量不足，所以貓咪會變得呼吸困難，這種情況下有可能是心臟疾病或是肺部疾病。

3—**貓上呼吸道感染**：當貓咪上呼吸道感染時，會造成鼻腔發炎，甚至鼻塞；貓咪會因而呼吸困難，可能會有張口呼吸的症狀。

嘔吐

雖然貓咪是很容易嘔吐的動物，但如果每天都嘔吐，就必須特別注意了。貓咪常會因理毛時，舔入過多的毛，造成毛球症而引發嘔吐；有時也會因為吃得太多或太急，造成飯後沒多久就嘔吐。很多貓奴不清楚什麼情況下嘔吐是可以在家觀察，什麼情況是需要緊急送醫院治療。

嘔吐是一種症狀，胃腸發炎、其他器官的疾病或是神經性疾病都有可能造成嘔吐。如果貓咪嘔吐後，仍然會想吃，會喝水，精神也都還正常，就不用太擔心脫水的問題。此外，發現貓咪嘔吐時，要細心觀察牠嘔吐的次數、吃完後多久吐、吐些什麼、吐的液體是什麼顏色，以便提供醫生資訊。

排便

貓咪因為喝水量不多，且直腸會進一步將糞便中的水分吸收掉，使得糞便較硬、較短，像羊大便般一顆顆的，以人的角度思考，會覺得貓咪很像便秘，但也有貓咪的糞便是呈條狀。另外，有些貓咪會因為食物改變，造成糞便的狀態也跟著改變，有可能是軟便或者是拉肚子。因此，排便狀況是貓咪健康的指標，每日觀察其顏色、形狀、性質，便可知道貓咪是不是生病了。尤其嚴重的水痢便、血便及嘔吐時，會造成貓咪嚴重脫水，精神食慾變差，可能是急性腸胃炎、貓泛白血球減少症感染、癌症等，嚴重的話會危及貓咪生命，因此最好是先帶到醫院作檢查。

貓咪嘔吐物判斷表

該如何判斷貓咪需要馬上帶到醫院？還是可以先在家裡觀察？請見以下分析。

未消化的食物顆粒

管狀樣未消化食物

半消化的食糜

胃酸混唾液

毛球

- 貓咪吃完飯後馬上吐？
- 只吐一次或是連續吐2～3次？

- 每次吃完食物都會吐？
- 不吃食物只喝水也吐，都是吐大量的水？
- 嘔吐次數很頻繁，一天連續吐好幾次？

- 每天都吐1～2次，持續幾週到幾個月，精神食慾正常或稍微變差？

- 貓咪常常會吐好幾次。
- 吐出的胃液中會有少量的毛或是毛球。
- 不太會影響精神食慾。

- 吐完後仍有食慾？
- 吐完後精神還是很好？

- 吐完後精神食慾變差，甚至不吃了。
- 發現貓亂吃，有殘留下來的東西，如塑膠。

- 換毛季節時，要常幫貓咪梳毛。
- 定期給貓咪吃化毛膏（一週2～3次）。
- 需預防毛球引起的腸阻塞現象。

- 可以先在家中觀察，或是打電話到醫院詢問。

- 建議帶到醫院，向醫生諮詢，看是否需要進一步的檢查。

- 可能是慢性嘔吐，建議帶到醫院，並作進一步檢查。

貓咪排便判斷

▲ 正常的大便。　　　　　　　　　▲ 成型的軟便。

水樣或霜淇淋狀的下痢
大多是急性胃腸炎，或
是傳染病。但患有腸道
的癌症時，也可能會有
這樣的下痢便。

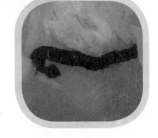

大便中有蛔蟲
大便可能正常或下痢，
但上面有麵條狀或米粒
大小的蟲，這些寄生蟲
可能是蛔蟲或條蟲。

有少量血液或像鼻涕樣的黏液
大便末端帶有一些血液和黏液樣的東西混合時，可
能是大腸的疾病。

帶血的水樣下痢便
幼貓有病毒性腸炎時，
可能發生血樣下痢便。

黑色焦油狀的下痢便
有可能是胃和小腸的
疾病。

灰白色的糞便
如果貓咪同時有嘔吐、精神食慾變差的症狀，就可
能是肝病或胰臟炎。

喝水量異常增加 ∎∎∎

當主人發現貓咪突然喝很多水時，可能需要特別注意了！貓咪原本就不是會喝很多水的動物，再加上平日如果是餵飼罐頭，貓咪喝水的次數會更少。所以，一旦發現每日水盆的水量有明顯減少，或是貓咪蹲在水盆前的時間變長時，就要特別注意是否有泌尿道疾病的發生。除了喝水量增加外，相對地也會增加排尿量，因為飼養在家的貓咪都是用貓砂，所以大都只能藉由清理貓砂來判斷貓咪的尿量是否有增加。

突然增加喝水量，可能代表的疾病：

1—**慢性腎功能不全**：貓咪是沙漠出生的動物，為了抑制水分流失，將體內的廢物由濃縮的尿液中排出。雖然濃縮能力很好，但相反的，也是在增加腎臟的負擔。過濾體內廢物的腎臟功能衰退時，水分無法重新吸收讓身體利用，因此尿量也就變多了；而排尿量增加，也使得貓咪的喝水量增加。

2—**糖尿病**：肥胖貓咪比較容易得到糖尿病。血液中的糖分過高，會造成細胞脫水，進而增加尿液的排泄；而血液濃度變得濃稠，也會讓貓咪的喝水量增加很多。

3—**子宮蓄膿**：子宮內蓄積了膿樣分泌物，會造成貓咪發燒，而且細菌內毒素的作用會造成多喝、多尿的症狀。

2—**其他**：內分泌疾病，例如高腎上腺皮質功能症，也可能造成多喝多尿。

異常進食 ∎∎∎

食慾下降或是不吃，在很多的疾病中都會發生，貓咪只要生病了，都會變得不想吃飯；但是有些疾病，反而會讓貓咪吃得非常多！在正常提供食物及正常運動的情況下，貓咪每天的進食量大都是固定的，如果發現貓咪突然開始一直有討食的動作，或是一直處在飢餓的狀態下時，就必須特別注意了。例如，貓咪吃完原本給予的飼料時，會一直坐在食盆前等著，或是會一直對著你喵喵叫，直到給食物後才停止，這些進食行為的異常都可能是疾病前兆。當貓咪一直呈現吃不飽的狀態時，可能有糖尿病、甲狀腺功能亢進症、腎上腺皮質功能亢進症等疾病。

▼ 貓咪進食量異常增加時，需特別留意疾病的發生。

上廁所困難

貓咪一直往貓砂盆跑，但清理貓砂時，卻都沒發現有任何的大便或貓砂尿塊，可能就要注意貓咪的如廁狀況了。貓咪在上廁所時，如果感覺很用力、困難，甚至蹲的時間很久，卻都沒看到排尿或是排便時，可能有泌尿道或是腸道方面的疾病。此外，有些貓咪會在用力上廁所之後出現嘔吐的症狀，這可能是因為過度用力所造成。

▲ 貓咪上廁所時時出現用力排尿的動作。

上廁所困難可能代表的疾病：

1—**排尿用力：**有下泌尿道症侯群或尿毒症等疾病時，貓咪蹲貓砂的時間會拉長，但砂盆裡可能只有幾小滴貓砂塊。有些貓咪甚至會到處亂尿尿，這是因為排尿疼痛的關係。

2—**排便用力：**可能是便祕、巨結腸症、腸炎、寄生蟲感染或下痢等疾病。貓咪會因為大便大不出來而一直蹲在貓砂盆裡，肛門周圍可能還會沾附一些糞水。如果沒仔細觀察，會誤以為是尿不出來。另外，有些貓咪會因為大便大不出來而食慾和精神變差。

▲ 貓咪過度舔毛會造成局部脫毛。

異常舔毛

正常的貓咪，一天之中會花1/3的時間理毛，如吃完飯，以及上完廁所後都會有理毛行為。但是如果貓咪花更多的時間在舔毛，甚至有輕微拔毛的症狀，那就不屬正常範圍了。一般貓咪在焦慮及不安的情況下，會有過度舔某處被毛的動作，而造成該區域脫毛；另外，疼痛、受傷或者是有癢感時，也可能會造成貓咪過度舔毛。因此，若發現貓咪異常舔毛，可能是有過敏性皮膚炎、心理性過度舔毛等問題。

搔癢 ▰▰▰

貓咪出現過度搔癢的症狀時，大部分都是與皮膚和耳朵的疾病有關。當發現貓咪有此動作時，必須要先確認抓癢的部位有沒有脫毛、傷口、濕疹或是結痂，如果有這些症狀出現，建議還是先帶到醫院檢查。

過度搔癢出現脫毛和皮屑的可能原因：

1—**皮屑過多：**營養不良及年齡老化，都可能造成皮屑過多或者是皮膚乾燥。
2—**器官的疾病：**如果沒有發現外傷，可能是營養不良或內分泌異常問題所造成。

當貓咪劇烈搔癢，則可能的疾病如下：

1—**耳疥蟲以及外耳炎：**如果貓咪的耳朵每天都有大量黑色耳垢產生，可能是耳疥蟲感染，或是有慢性外耳炎。
2—**疥癬：**疥癬蟲主要寄生在頭部，造成頭部及耳朵邊緣的皮膚結痂變厚，但也會擴展到腳及全身。
3—**過敏性皮膚炎：**眼睛上方和嘴巴周圍、頭部、頸部、後腳和腰背部等部位，都可以發現潰瘍和輕微的血水滲出。此外，跳蚤叮咬皮膚時，唾液由此進入體內，造成過敏性皮膚炎。跳蚤叮咬所造成的過敏性皮膚炎，大多會在頸部、背中和下腹部。

甩頭 ▰▰▰

貓咪在正常情況下，只會偶爾地甩頭幾次，不過在耳朵有狀況時，例如有異物跑到耳朵裡，或是貓咪的耳朵有疾病，甩頭的次數可能會明顯增加，必須特別注意！可

以翻開貓咪的耳朵檢查，若有發現大量黑褐色的耳垢時，可能是耳朵發炎或是耳疥蟲的感染。此外，耳朵內的出血，從外觀是看不出來的，如果不治療，可能會造成嚴重的中樞神經障礙，所以最好還是帶到醫院接受詳細的檢查。

若貓咪頻繁甩頭，可能的疾病如下：

1—**有乾燥的黑色耳垢，或是潮濕的褐色耳垢：**
耳疥蟲感染或是黴菌性感染引起的外耳炎，都會造成貓咪耳朵有大量黑褐色耳垢產生。耳殼或是耳朵內側會被貓咪抓到紅腫或是掉毛。

2—**耳內有黃綠色膿樣分泌物：**
耳朵外側可以發現膿樣且溼溼的耳垢分泌物，甚至有惡臭味。嚴重的外耳炎、中耳炎及外傷引起的化膿，都可能會有膿樣的耳垢分泌。

3—**耳垢不多，但會一直甩頭：**
有可能是內耳發炎或是有出血的情形。

跛行

貓咪走路的樣子與平常不同時，可先觀察貓咪是哪一隻腳有狀況，同時也可以先用手機將貓咪走路的樣子拍攝下來，因為貓咪在醫院時，可能會因為緊張而不願意走動。接著，確認是不是有外傷，如傷口、皮下淤血，或是指甲是否有斷裂等。當貓咪步行困難時，大多伴有疼痛反應，所以在檢查或是觸摸時，動作一定要輕，以免造成貓咪不悅。而如果貓咪非常不願意被觸碰腳，就請直接帶到醫院檢查。

當貓咪跛行時，可能疾病如下：

1—**腳上有傷口：**貓咪因打架造成咬傷或是抓傷時，皮膚表面會癒合，但皮下卻會開始發炎化膿、造成腫脹，嚴重的傷口甚至會潰爛。

2—**指甲斷裂：**有些貓咪容易緊張，在洗澡或是讓牠感到不安時，會過度掙扎而造成指甲斷裂。如果沒有馬上發現，斷裂的指甲會發炎，甚至化膿及出現惡臭味。

3—**骨折：**貓咪大多是因意外（如由高處往下跳或是車禍），而造成骨折。骨折所

造成的疼痛，使得腳無法著地，甚至骨折處會腫大。

4─**膝蓋骨異位**：膝蓋骨異位會造成貓咪走路一跛一跛的，而關節炎也會造成貓咪走路不自然。

用肛門磨地板

當貓咪出現坐著、後腳向前伸直，用肛門磨擦地板的動作時，有可能是因為寄生蟲感染或是肛門腺發炎，而造成貓咪有這樣怪異的行為。如果肛門腺無法正常排放，會導致肛門腺發炎，而發炎帶來的疼痛和癢感，便會使貓咪用肛門磨擦地板。此外，若有持續性的水樣下痢時，肛門周圍會發炎和紅腫，造成癢感，貓咪也會有磨擦地面的動作。

當貓咪磨屁股時，可能的疾病如下：

肛門腺發炎、寄生蟲(如條蟲)、肛門周圍皮膚炎、下痢等。

睡覺

當貓身體不舒服時，睡覺的時間會變長，而且連睡覺的姿勢也會改變。雖然正常的貓咪睡眠時間本來就很長，但如果貓咪是在令牠放心的地方時，睡覺的姿勢通常是呈現放鬆的狀態，例如慵懶的側睡姿，或是露肚子的大字型睡姿；且也會睡在平常看得到的地方。但當貓咪不舒服時，通常會躲在角落或暗處，不願意出來，且休息的姿勢大多是「母雞蹲坐姿」。除此之外，若連平常愛吃的罐頭、零食都會變得不愛吃，甚至是連聞都不聞，就要特別注意了！

▲ 當貓咪不舒服時，會呈現母雞蹲坐姿。

Ⓑ 眼睛的疾病

眼睛是靈魂之窗，貓咪之所以敏捷、迷人，全拜眼睛所賜，雖然眼睛與生命的運作無直接關聯，但沒了眼睛，貓咪的活動肯定會受到影響，使得生活充滿不便，個性也可能會變得沒有安全感且易怒。眼睛疾病除了會造成貓咪的疼痛及不適外，甚至代表著貓咪身體內正罹患某種可怕的疾病，千萬不可掉以輕心。

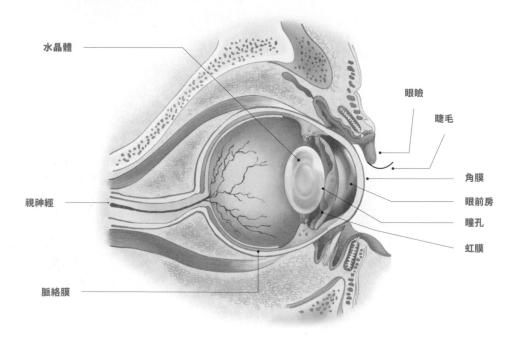

結膜炎 ▬▬

結膜是富含血管的黏膜組織，一旦受到刺激或感染就會充血腫脹，所以貓奴只要輕輕將眼皮翻開就可以看到發紅腫脹的結膜，這也就是所謂的結膜炎。貓咪的上呼吸道感染是最常造成結膜炎發生的原因。此外，細菌性感染、過敏、異物、免疫媒介性疾病和創傷等，都有可能造成結膜炎。當有結膜炎時，貓咪可能會出現瞇瞇眼、流淚、畏光、搔抓眼睛及疼痛等症狀，如果不即時處理可能會造成更嚴重的結膜水腫、角膜炎、角膜潰瘍、角膜穿孔等可怕的合併症。

角膜炎

角膜是一個透明的組織，因沒有任何血管存在其中，而能維持它的透明度；當角膜發炎時，這樣的透明度將改變，角膜看起來會霧霧的，而貓咪可能出現的症狀包括瞇瞇眼、流淚、畏光、搔抓眼睛及疼痛等，它的緊急處理方式跟結膜炎相同，且應立即送醫就診。

角膜潰瘍

正常的角膜是非常光滑平整的，如果您觀察到貓咪角膜上出現不平整的小區域凹陷，就表示可能有角膜潰瘍的發生。角膜潰瘍發生的原因包括創傷、感染（病毒或細菌）、淚液減少、眼瞼內翻、異物和局部刺激／化學傷害。

症狀

貓咪角膜潰瘍時，會因為疼痛造成瞇瞇眼、流淚、畏光及搔抓眼睛等症狀。此外，還有可能會角膜水腫、角膜血管新生、結膜充血且可能會縮瞳。嚴重時，甚至會造成黃綠分泌物及角膜穿孔。

治療

角膜潰瘍會根據潰瘍的嚴重性來給予抗生素眼藥水，定時幫貓咪點藥，一般治療約1～2週就會改善許多。為了防止貓咪在治療的過程中持續地搔抓眼睛，或是有過度的洗臉動作，最好是將伊莉莎白頸圈戴上。但大部分的貓咪在一開始戴伊莉莎白頸圈時會不開心，甚至會想辦法脫掉。貓奴們也會擔心貓咪吃不到飯，而在吃飯時將頸圈拿下。不過，在拿下頭套後，貓咪第一件事絕對不是先吃飯，而是洗臉，反而會造成眼睛傷害更嚴重。因此在治療期間一定要戴著伊莉莎白頸圈。

淚溢

淚腺分泌的眼淚會藉由眨眼及第三眼瞼分佈於角膜上，可以防止角膜細胞乾燥壞死。而淚液的產生是源源不絕的，所以眼淚會持續進入眼角，再經由鼻淚管排入鼻腔。當眼淚過度產生或是鼻淚管阻塞時，眼淚會從內側眼角溢出，就稱為淚溢。淚溢會使得周圍的皮毛長期處

◀ 01／上呼吸道感染造成的結膜炎及眼分泌物。
02／貓咪罹患角膜炎，眼睛表面混濁。
03／螢光染色診斷。螢光染色劑將潰瘍角膜染成螢光綠。

在潮溼的狀況下而發炎，也會造成毛髮著色、影響美觀。扁臉貓因為其鼻淚管異常曲折，所以淚液的排放受阻；而有些小貓罹患嚴重的上呼吸道感染後，也可能造成淚點及鼻淚管永久性的傷害，因而形成淚溢。

在治療上可以嘗試以通針去灌洗鼻淚管，但效果不佳且需配合麻醉進行，因此很少被建議，如果是突發性的淚溢，某些眼藥的施用及鼻淚管灌洗或許可以提供不錯的效果。如果您的愛貓長期受淚溢之苦，應保持良好清潔習慣來維持眼角皮毛的清潔及乾燥，並施用不含類固醇的眼藥，作為清潔後的預防補強。

青光眼　▰▰▰

眼球內充滿液狀的眼房水，以維持眼球的正常形狀，而且這些眼房水會不斷循環及汰舊換新，一旦眼房水無法順利從眼睛內引流而出，就會造成眼壓上升，也就是所謂的青光眼，而引流路徑發生缺損的部位可能位於瞳孔或虹膜角膜角。青光眼可能是原發性，或繼發於其他的眼球疾病；眼前房角發育不良是引起原發性青光眼最常見的原因，這是由於在櫛狀韌帶處出現先天異常的薄片組織，使得睫狀體裂的入口變得狹窄。

正常的眼內壓為15～25mmHg，急性發作的青光眼易出現眼睛疼痛的現象，如眼瞼痙攣、淚溢，疼痛可能嚴重到引起嚎叫、嗜眠及厭食，甚至可能會在發作24～48小時後形成不可逆的目盲；其他常見的症狀還包括角膜水腫、淺層鞏膜鬱血等。另外，慢性青光眼所引發的疼痛症狀不太明顯，可能表現出急性病例中所會出現的部分或全部的症狀，雖程度較輕微，但絕不可輕忽。

醫生會根據青光眼的緊急程度來選擇治療的方式，目標都是在控制眼壓及避免永久性目盲的形成，包括滲透性利尿劑的靜脈注射、降眼壓眼藥水及外科手術。某些目盲的、疼痛的、青光眼的眼睛無法成功以上述所有治療方式來處理時，最好的方式就是施行眼球摘除術，並以矽膠球狀物置入，作為假眼之用。

白內障　▰▰▰

水晶體為源自上皮的透明組織，內含許多透明纖維，所以白內障的定義為：「不論其病因為何，任何水晶體纖維及／或水晶體囊的非生理性混濁化」。當您看到貓咪的瞳孔不再呈現深邃的黑色時，就有白內障的可能，您可以看到瞳孔呈現白色，且會隨著光照的強弱而增大變小。

白內障可由許多因素引發，其中一部分因素為先天性畸形、遺傳、毒素、輻射、創傷、其他的眼球疾病、全身性疾病及老化等。目前市面上已有所謂的白內障眼藥水，其功效頂多是減緩白內障

的惡化速度，而外科手術（水晶體摘出術）則是唯一能讓貓咪恢復視力的治療方式，但必須考量貓咪健康及行為的狀況，且白內障手術最好交由對眼科有特別研究且有實際經驗的獸醫師來進行。

▲ 01／貓咪罹患青光眼。（恩典動物醫院朱淵源提供）
　 02／貓咪罹患白內障。（恩典動物醫院朱淵源提供）

眼科檢查

醫生對於貓咪的眼科檢查應包括視診、直接檢眼鏡檢查、淚液試紙條檢查、角膜螢光染色、眼壓測量等，這樣完整的檢查才能得到完整的診斷，因為許多的眼睛疾病都是可能會合併發生的！

居家必備眼科用品

1—**生理食鹽水**：眼鏡行或西藥房可以購得，以乾淨棉球沾濕後輕柔清潔眼睛分泌物，但要隨時注意生理食鹽水中是否有異常的物體出現。

2—**棉花球**：西藥房就可以購得。

3—**不含類固醇的抗生素眼藥水或眼藥膏**：透過家庭醫師購得。如果貓咪的眼睛在半夜發生不適時，不含類固醇的抗生素眼藥水或眼藥膏可以先使用。因為不含類固醇，所以也就不怕造成角膜潰瘍惡化，可以先控制可能的細菌感染。

4—**伊莉莎白頭罩**：貓咪的眼睛因結膜發炎引起不舒服時，會有一直洗臉的動作，其實貓咪是在揉眼睛，容易加深對角膜的傷害。而頭罩可以減少因洗臉造成的眼睛傷害。

POINT

緊急處理時，可以3～4小時滴一次眼藥水，並將貓咪放在暗的環境中，因為光線的刺激會使得貓咪更不舒服，等到家庭醫師開診後，再立即送醫就診。貓咪的眼睛常常一大一小，或是紅紅、腫腫的。如果發生在半夜該怎麼辦呢？其實不需要急著找醫院，只要家中平時備有一些基本的眼科用品即可。

ⓒ 耳朵的疾病

　　耳朵發炎依部位來區別，大致上分成外耳炎（外耳：耳殼、耳道）、中耳炎（中耳：鼓室、鼓膜、耳小骨）、內耳炎（內耳：半規管、前庭、耳蝸）。耳朵發炎會造成耳垢異常增加，過多的耳垢堆積在耳朵內可能會造成貓咪的聽力降低。外耳炎的發生原因多半與細菌性、黴菌性和寄生蟲（耳疥蟲）感染有關；食物性及過敏性疾病，也可能會引起反覆性、慢性耳炎的發生。中耳炎大多是由於咽部和鼻腔發炎，經由咽鼓管而引起；此外，耳疥蟲感染造成的慢性外耳炎惡化會造成鼓膜破裂，導致中耳炎形成。而當有內耳炎時，貓咪會出現斜頸、眼球震顫和共濟失調等症狀。此章節主要是在介紹貓咪較常見的外耳炎，讓貓奴們能夠更了解貓咪耳朵的構造、耳朵發炎的原因及如何治療。

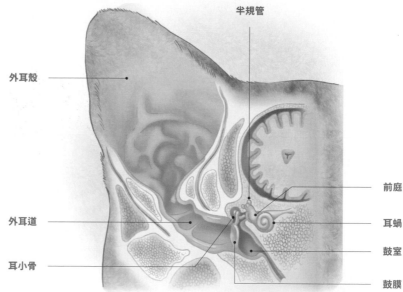

外耳炎 ▬▬

外耳炎是指耳殼或外耳道的發炎反應，耳殼疾病包括撕裂或膿腫、腫瘤以及耳血腫，耳朵的腫瘤較常見的則是鱗狀細胞瘤、肥大細胞瘤或盯聹腺瘤。另外，一些外耳道的疾病，如細菌、酵母菌、耳疥蟲的感染、過敏，都可能會引起外耳道的發炎反應。耳朵發炎會造成耳道紅腫、狹窄，耳朵的腺體也會因發炎而分泌大量暗褐色的耳垢，造成外耳道阻塞和損害聽力，更會使得耳道內潮濕、溫暖，讓細菌或黴菌增長。

◀ 貓咪的外耳
發現腫瘤。

細菌性或黴菌性外耳炎

外耳感染通常源自於細菌或黴菌，症狀
包括搖頭、搔抓耳朵和耳朵分泌物。嚴
重且未經治療的感染，特別是伴隨嚴
重面部皮膚炎時，可能會導致外耳道狹
窄。一般來說，外耳炎的發生是因為耳
道環境被改變，有利於細菌或真菌生
長，在耳鏡下會看到大量的黑褐色或是
黃綠色的耳垢，嚴重的甚至無法看清楚
耳道內狀況。

診斷

嚴重耳道感染的貓咪可以作細菌培養及
抗生素敏感試驗，以確定感染的細菌種
類及有效的抗生素來治療。使用含抗生
素或抗黴菌成分的耳藥滴入耳內，1～2
週後就可以有效改善耳朵發炎的狀況。
不建議貓奴自行用棉花棒清理耳朵，因
為棉花棒會將耳垢往耳道內推，如果要
清潔耳朵，可以使用清耳液有效且安全
地去除耳朵表面的耳垢，或者也可以在
麻醉貓咪後，將其耳道沖洗乾淨。

特異性（環境過敏）
和食物敏感性外耳炎

特異性相關的外耳炎通常比食物過敏常
見。特異性或食物性過敏的外耳炎，症
狀可能比其他皮膚過敏更早出現，而且
症狀可能同時發生，也可能只有耳朵受
到影響，且通常是雙側性。此類外耳炎
常繼發細菌性和酵母菌性感染。特異性
過敏外耳炎特別容易引起耳血腫。

診斷

感染這類外耳炎時，貓咪耳道紅腫，耳
內會有大量黃褐色的分泌物出現，甚至
有些貓奴清完後隔天又出現一堆分泌
物。而且貓咪會極度頻繁地搔抓耳朵、
甩頭，嚴重時，貓咪甩頭還會聽到「滋
滋」的水聲。

▼ 01／耳朵發炎時，貓咪會頻繁搔抓面部及耳後。
　02／耳朵會有大量的耳垢分泌物，耳朵的皮膚也會有發
　炎現象。

01

02

治療

嚴重耳道感染的貓咪可以作細菌培養及抗生素敏感試驗，以確定感染的細菌種類及有效的抗生素來治療。過敏性耳炎的治療是直接緩解繼發性感染，減少發炎和移除耳內耳垢，給予局部耳藥（抗生素、類固醇或是抗黴菌劑）治療。如果是食物敏感性則需先排除過敏的食物，慢慢轉換食物找出過敏食材，或是換成低過敏性的水解蛋白飲食。環境中容易造成過敏的物質，如花草、灰塵，則應盡量減少。

耳疥蟲 ▬▬

耳疥蟲是非常小、白色、像小蜘蛛的體外寄生蟲，寄生在貓咪的耳朵內，會造成大量黑褐色的耳垢產生，貓咪會因為耳朵非常癢而一直搔抓。大部分的感染是經由經常接觸已感染耳疥蟲的貓咪而染上。

症狀

搔抓耳朵或是甩頭的次數變得很頻繁，褐色至黑色的耳垢也異常增加；有些貓奴會發現每天幫貓咪清理耳朵，隔天卻還是有很多耳垢出現，主要是因為耳疥蟲會刺激耳朵的耵聹腺分泌耳垢。有些貓咪因為過度的抓癢而造成耳朵周圍、耳朵內和頸部的皮膚發炎及出血，甚至耳血腫的形成。

診斷

以耳鏡檢查可以發現很多小小白色的耳疥蟲在耳朵內爬行。以棉花棒採取少量的耳垢，在顯微鏡下可以發現半透明像蜘蛛的耳疥蟲。

治療

耳疥蟲的生活史為21天，因此一般是使用外用寄生蟲藥，如寵愛或心疥爽，及耳藥治療至3～4週。家中若有其他未感染的貓咪，也需一起點外用寄生蟲藥，以預防耳疥蟲的感染！

預防

避免直接接觸感染的貓咪，如果家中有新進貓咪，除了要先檢查外，還必須隔離至少一個月。此外，每個月定期滴體外除蟲藥，也可以達到預防效果。

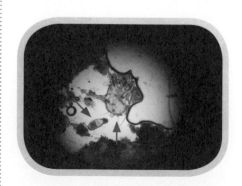

▲ 耳鏡下可以看見耳疥蟲及蟲卵（藍色箭頭指的是耳疥蟲；紅色的是蟲卵）。

耳血腫 ▬▬

外耳炎或耳疥蟲感染是最常引發貓咪
耳血腫的原因，而食物過敏性皮膚
炎、耳道息肉或腫瘤是其他可能的原
因。外耳炎或耳疥蟲會造成貓咪過度
搔癢和甩頭，劇烈地搖晃造成耳朵皮
內出血，蓄積的血液造成耳殼腫大。
耳血腫腫大的程度不一，小的直徑約1
公分，大的甚至會到整個外耳殼。

診斷

經由耳鏡檢查來確定是否為耳疥蟲感
染、外耳炎或耳道息肉所引發的耳血
腫。如果有息肉或腫塊，必須作組織病
理學的採樣，來確認病因。

治療

除了治療耳血腫外，也必須治療引發
耳血腫的根本原因。給予耳藥治療外
耳炎或耳疥蟲14～21天，必要時也給
予口服抗生素來治療嚴重的感染。此
外，也可以外科手術治療耳血腫。

◀ 貓咪罹患耳血腫。
（宜蘭動物醫院曾清龍提供）

Ⓓ 口腔的疾病

為了維持生命，必須靠口腔攝取食物和水；為了保護自己，口腔成為攻擊敵人的武器；而舌頭也可以當作梳子，來整理自己的被毛。如果因為外傷、異物、牙周病、口炎或是免疫性疾病造成口腔疾病時，貓咪會變得想吃卻無法進食，身體因而無法獲得足夠的營養，造成生體機能運作異常，不僅無法保護自己，就連生存也變得困難。

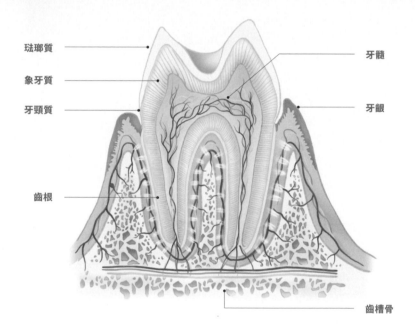

琺瑯質
象牙質
牙頸質
齒根
牙髓
牙齦
齒槽骨

牙周病 ▬▬▬

貓咪最常見的口腔疾病，三歲以上的貓咪大約超過80%會發生牙周病。老年貓代謝和免疫力慢慢變差，厚厚的牙垢和牙結石附著在牙齦和口腔黏膜上，造成細菌的增殖及感染，於是細菌產生的毒素和酸引起齒槽骨和牙齒的吸收，造成嚴重的牙周疾病。

症狀

牙周疾病是由堆積在牙齒上的牙菌斑所引起，一般可分成牙齦炎和牙周炎。牙齦炎是牙周病的初期，細菌及牙結石附著在牙齦上，引起牙齦紅腫發炎，甚至使牙齦萎縮。而牙周炎是較後期的牙周疾病，萎縮的牙齦造成食物和牙結石嚴重的堆積，引起牙周支持組織的破壞，

造成齒根外露，甚至牙齒掉落。這是一個慢性進行的疾病，如果不控制牙菌斑的堆積，會無法治癒。牙齦發炎會引起口腔疼痛，造成進食和喝水困難。嚴重口腔發炎的貓咪會過度流口水，且口腔味道變得難聞。

治療

輕微牙結石和牙齦炎的貓咪可以先麻醉鎮靜洗牙，將附著的牙結石洗掉。之後則是定期每日刷牙或是給予酵素口內膏，減少發炎及牙結石的堆積。嚴重的牙結石和牙齦炎除了麻醉洗牙外，還必須將嚴重發炎造成齒根外露的牙齒拔除。剩下輕微發炎的牙齒也必須每日刷牙或是給予酵素型口內膏。

預防

除了每天幫貓咪刷牙保健外，還是要定期帶到醫院檢查或是洗牙，以降低牙周病的發生。

慢性口炎

這個疾病有許多的病名，包括：慢性齒齦炎／口炎（feline chronic gingivostomatitis, FCGS）、貓齒齦炎／口炎／咽炎複徵（feline gingivitisstomatitis-pharyngitis complex, GSPC）、貓漿細胞球性／淋巴球性齒齦炎（feline plasmacytic-lymphocytic gingivitis），是一種定義不明、病因不明的常見疾病。貓咪發生慢性口炎的可能原因有慢性卡里西病毒、皰疹病毒、冠狀病毒、貓愛滋病、貓白血病等。此外，牙菌斑、牙周病或是自體免疫性疾病，也都與慢性口炎有關。

症狀

輕微發炎的貓咪食慾正常，且沒有口腔疼痛的反應。
發病初期的貓咪通常不會出現明顯的臨床症狀，只有在進行口腔檢查時，

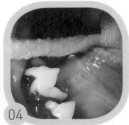

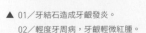

▲ 01／牙結石造成牙齦發炎。
　02／輕度牙周病，牙齦輕微紅腫。

▲ 03／中度牙周病。
　04／嚴重牙周病，牙結石洗後，齒根嚴重裸露。

會發現到齒齦及口腔黏膜的紅腫發炎。因此大部分的貓奴都是因為貓咪已經有流口水、想吃卻因為疼痛無法進食，甚至會用前腳一直拍打嘴巴時，才帶到醫院就診。

中度發炎的貓咪食慾可能會降低、比較喜歡吃軟的食物，且有口臭，唇邊的毛會黏附深褐色的分泌物。嚴重口腔發炎的貓咪則食慾變差，甚至厭食、有嚴重口臭及流口水，甚至會因為口腔疼痛而咀嚼困難，或是咀嚼時突然疼痛嚎叫。肥胖的貓咪也可能會因厭食而引發急性脂肪肝及黃疸。

診斷

很多其他疾病也可能會引發齒齦炎及口炎，診斷上必須進行完整的檢驗，藉此發現潛在病因或其他合併症。進行檢查時，貓咪會因為疼痛，而非常不願意張開嘴巴檢查，所以可能會需要幫貓咪麻醉鎮靜。打開嘴巴後會發現臼齒及前臼齒部位的牙齦和口腔黏膜發炎最嚴重，除了紅腫外，還會有息肉增生，而嚴重發紅的增生組織也可能會發生在咽喉部。另外，在血液學檢查中，FIV／FeLV是首要的檢驗項目，因為在國外的案例中有為數不少的發病貓呈現愛滋陽性。

治療

目前並無有效的治療方式。面對慢性口炎的貓咪必須作好長期治療的心理準備，專業的洗牙、居家牙齒護理、拔除預後較差的牙齒是首要工作。在一些難治性病例中往往需要拔牙，但有7%的貓在拔牙後仍未有明顯改善。因此這些貓還是需要藥物的給予。藥物治療包括抗生素(防止二次性細菌性感染)、類固醇(減輕口腔發炎和流口水的狀況)、免疫抑制劑、免疫調節劑(干擾素)、局部使用軟膏、防過敏的食物(新型蛋白質或水解蛋白飲食)。

◀ 01／貓咪嘴唇邊會有深褐色的分泌物沾附。

◀ 02／口腔黏膜發炎。

◀ 03／口腔 X 光片圖。

貓齒骨吸收症

貓齒骨吸收症是貓咪常見的一種牙科疾病，約有20～75%的成年貓可能會發生，且貓齒骨吸收症的發生率會隨著年齡增長，約有60%六歲以上老貓會發生。貓齒骨吸收症是由破牙細胞引起的，破牙細胞是負責正常牙齒結構的重新塑造，但是當這些細胞被活化，且沒有抑制作用時，會導致牙齒破壞，因此齒骨吸收（feline resorption)又稱為貓破牙細胞再吸收病變(feline odontoclastic resorption lesion)。齒骨吸收症是在齒頸部發生炎症反應，且可能跟牙周疾病有關，因此齒骨吸收通常會伴隨牙周疾病的發生。齒骨吸收會發生在任何一顆牙齒，其中又以後臼齒較容易發生。當齒骨吸收病變暴露在口腔的細菌中，可能會導致周圍軟組織疼痛及發炎。

症狀

和牙周疾病一樣，可能不會出現症狀，但嚴重的貓咪會出現吞嚥困難、過度流口水、用前腳抓臉、磨牙、口腔出血、食慾變差和體重變輕等症狀。

治療

如果貓咪有齒骨吸收症時，最好是完整地拔除牙齒。如果病變部位是在齒根，需要齒科 X 光片搭配診斷，牙齒的 X 光片中，若齒根是完整的，就要完全將牙齒拔除，而若 X 光片中齒根是被吸收的，則牙冠拔除是另一個選擇。

診斷

口腔檢查時可發現有少量或大量的牙菌斑和牙結石覆著在牙齒上，增生的牙齦有時會延伸到侵蝕牙齒表面。齒骨吸收可能會與貓的齒齦炎/口炎混淆，特別是有齒根殘留在嘴巴時。而齒骨吸收可分成五階段，第一期為早期病變；第二期病變進入牙本質；第三期病變範圍涉及牙髓腔；第四期病變範圍除了涉及到牙髓，還會造成廣泛的牙冠喪失；第五期牙冠喪失但殘留牙根。

▶ 01／貓齒骨吸收第一期。
　 02／貓齒骨吸收第二期。
　 03／貓齒骨吸收第三期。

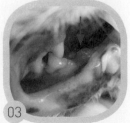

Ⓔ 消化系統疾病

消化系統由口腔延伸到肛門，其主要功能是把食物分解成更小的分子，讓身體細胞可以吸收和利用營養以及能量。消化道疾病的症狀包括了食慾不振、嘔吐、下痢，而在消化道器官以外的疾病，例如腎臟疾病、內分泌異常、感染、腫瘤等也會導致消化器官的各種症狀。其中嘔吐和下痢，是很多疾病都會出現的症狀，因此當貓咪出現消化器官症狀時，要觀察嘔吐物和下痢的量、頻率、顏色等，才能更詳細的與獸醫師諮詢。

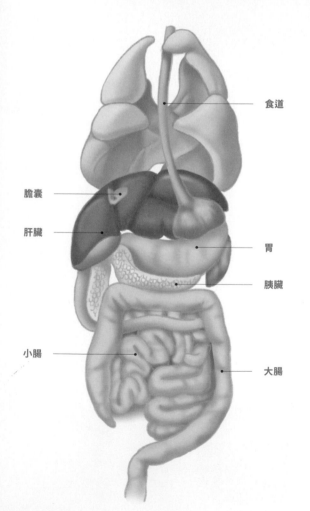

食道

膽囊

肝臟

胃

胰臟

小腸

大腸

刺激性腸胃炎 ▬

有兩種東西常會被貓咪誤吞，導致胃部刺激，引起急性嘔吐，分別是：毛髮和草。尤其是換毛季節，會導致貓咪吞入過多毛髮，而吞入的毛髮必須由嘔吐或是糞便排出，因此過度舔毛或是長毛種的貓咪會比較容易吐毛球。另外，喜歡舔或咬塑膠袋的貓咪也常因為吞入塑膠袋，而刺激胃部造成急性嘔吐。許多貓咪在吐出大量毛球後的24小時內，會有持續嘔吐的症狀。如果吐完毛球後，貓咪仍有食慾，且進食後並沒有再發生嘔吐，則可以先在家觀察。但若嘔吐較頻繁，甚至造成貓咪不吃時，可能就需要對症治療，以防止進一步的嘔吐或貓咪脫水。大部分的貓咪會吃草是因為喜歡草的味道，但大多數的草都難以消化且會刺激胃壁，吃入過多草會導致貓咪嘔吐出未消化的草和部分胃容物。因此還是要避免貓咪過度吃草的狀況發生。

◀ 貓咪嘔吐出的
毛球。

◀ 吃入過多貓
草，也會造成
貓咪無法消化
而嘔吐。

胃腸道異物阻塞

很多貓咪在玩耍一些小東西時，會不小
心將這些小東西吞下肚，而導致急性嘔
吐。很多貓奴認為：牠們只會玩或是
舔，但不會真的吃下去。但萬一貓咪不
小心吃下去了呢？最常被貓咪吞食的小
物件，有髮帶、耳塞和塑膠拖鞋等，吞
入胃部後會造成間歇性嘔吐／厭食，而
異物進入小腸會引起阻塞，貓咪會持續
地嘔吐，就算沒有進食，還是會吐出大
量液體。而嚴重嘔吐的貓咪接著會出現
脫水症狀，變得虛弱無力。貓咪也會吞
入線狀異物，包括牙線、縫線、繩子和
絲帶等；當線狀異物的長度超過30公
分，便超過腸蠕動波的長度，會困在
小腸造成腸道的傷害，需要外科手術移
除。另外，在腸套疊、腸道嚴重發炎或
腸道腫瘤時，也可能會造成腸道阻塞。

▲ 01／髮帶也是貓咪最愛吃入的異物。
01／塑膠地毯類的材質（包括藍白拖鞋）永遠都是貓咪
最愛咬的東西，也是造成貓咪腸道阻塞的元兇。
03／縫線卡在貓咪的舌下。
04／箭頭處是金屬異物（針），卡在貓咪的咽喉處。

診斷

1—**理學檢查：**理學檢查時發現線狀異
物常會繞在舌下，不仔細看往往會
忽略掉；而體型較瘦的貓咪，腹部
觸診時有可能會摸到疑似塊狀異物
的東西在腸道中。此外，腸阻塞嚴
重時，會造成嚴重的細菌感染，甚
至是腹膜炎，也必須小心控制細菌
感染的部分。

2—**聽診：**貓咪嚴重腸阻塞時，腹部聽
診無腹鳴。

3—**影像學檢查：**腹部超音波可以用在
診斷腸套疊。靠近阻塞處的腸道會
嚴重擴張，如果是線狀異物，腸道

可能會皺成一團。而金屬異物在 X
光片下，亮度會跟骨頭差不多。也
可以使用液狀顯影劑、顆粒狀顯影
劑或是空氣造影作為異物的輔助診
斷，這些顯影劑可以較明確地顯示
異物阻塞的位置。

治療

1—手術前必須要先給予靜脈點滴，恢
　復脫水、電解質和酸鹼異常。
2—卡在食道的異物，可以用內視鏡將
　異物夾出。
3—異物可能需以探測性剖腹術取出。
4—給貓咪止吐劑，以及胃腸道黏膜保
　護劑。
5—術後讓受損的腸黏膜和手術部位的
　腸道休息12～24小時，之後再給予
　液狀或是泥狀的食物。要計算卡路
　里的需求： 60 × 體重(kg)。第一
　天先給予所需熱量的1/3，經由3天
　增加到總量。

慢性嘔吐

慢性嘔吐比急性嘔吐還常見。一開始
貓咪嘔吐的次數很少(少於二個月吐一
次)，然後慢慢地(超過一個月到一年)
嘔吐頻率增加至每週、三天，甚至每天

會吐一次。一般情況下貓咪嘔吐後仍會
有食慾，且精神很好，這也是為什麼貓
奴容易輕忽這類的嘔吐。而且因為貓咪
經常吐毛髮，所以這類嘔吐也常被認為
是毛球症。慢性嘔吐的貓需要透過檢查
來確認，因為牠們大都有炎症性腸道疾
病或腸道淋巴瘤，這些疾病都會造成小
腸壁變厚，超音波下可以確診；此外，
食物性不耐症也是引起慢性嘔吐的原
因，以新型蛋白飲食(如兔子、鴨或鹿
肉)或水解蛋白飲食作為食物試驗，也
可以用來診斷和治療。

炎症性腸道疾病

自發性的炎症性腸道疾病指的是正常的
炎症細胞浸潤於胃腸道黏膜層所造成的
胃腸道疾病。炎症性腸道疾病通常發生
於中年至老年的貓咪，平均約8歲(5月
齡至20歲)，沒有品種或性別好發性。
炎症性腸道疾病依據浸潤的炎症細胞不
同而分類，最常見的是淋巴球性──漿
細胞球性腸胃炎。炎症性腸道疾病的病
因尚未明瞭，但有多種假說，可能的病
因包括免疫性疾病、腸胃道通透性的缺
損(permeability defect)、食物過敏
或不耐(intolerance)、遺傳、心理因
素及傳染病。

症狀

貓咪發生炎症性腸胃疾病時，最常出現慢性間歇性嘔吐。其他可能症狀包括下痢、失重、厭食，但在臨床檢查上通常都不會出現任何異常。炎症性腸道疾病的診斷須先排除其他相似疾病，逐一排除後才懷疑炎症性腸道疾病的可能。

診斷

1—**基本檢驗：**包括全血計數、基本血清生化及尿液分析，炎症性腸道疾病通常都呈現正常，完整的血液可藉此排除糖尿病、肝臟疾病和腎臟疾病。

2—**糞便檢查：**藉此排除寄生蟲疾病。

3—**梨形蟲ELISA kit：**藉此排除梨形蟲感染。

4—**細菌培養及抗生素敏感試驗：**可藉此排除沙門桿菌及彎曲桿菌病、細菌內毒素等。

5—**T4檢驗：**所有慢性腸胃道疾病的老貓都建議進行，以排除甲狀腺功能亢進。

6—**腹部超音波掃描：**可藉此發現異常團塊、胰臟疾病等。

7—**病理組織檢查：**進行胃腸道的採樣及後續的組織病理切片檢查，一旦確認有炎症細胞浸潤於黏膜層時，才能據此診斷為炎症性腸道疾病。

治療

治療方面，大部分的炎症性腸道疾病會在適當的治療後一週內看到症狀的緩解。嚴重炎腸道疾病的貓咪（如脫水和虛弱）可能會需要點滴治療，一般來說，低過敏或水解蛋白食物和免疫抑制劑治療，還是炎症性腸道疾病主要的治療方式。

1—**藥物方面：**除了淋巴球性——漿細胞球性結腸炎之外，類固醇是所有的炎症性腸道疾病首選用藥，一般需要長期服用約幾個月到半年，以治療效果及醫生的診斷為治療時間的依據。治療期間需漸漸降低劑量，貓奴們千萬不要自行停藥，且整個治療過程都必須配合低過敏的處方飼料。

2—**食物方面：**處方飼料的給予是治療炎症性腸道疾病重要的一部分，有些貓咪的淋巴球性——漿細胞球性結腸炎甚至可以不需藥物治療就得到症狀的控制及緩解；除了低過敏的處方飼料外，其實無穀單一肉類飼料也是一個選擇，因為有些處方飼料貓咪不願意接受，所以只能找尋貓咪能接受的食物，但不是所有的無穀飼料都會讓症狀改善，必須慢慢地試食，直到找到一個能夠改善症狀的飼料。

預後

淋巴球性——漿細胞球性炎症性腸道疾病(發生在胃及小腸)通常在處方飼料及藥物的治療下可以得到良好的控制,但只有少數能完全痊癒,因此處方飼料大多要終生給予。如果炎症性腸道疾病併發肝臟及胰臟疾病時則預後差。淋巴球性——漿細胞球性結腸炎(發生在大腸)通常只需給予處方飼料就可以得到控制,算是預後良好的炎症性腸道疾病。其他的炎症性腸道疾病則不一定對治療有反應,如嗜酸性球浸潤的炎症性腸道疾病通常會具有腫瘤一般的特性,會浸潤到其他的器官或組織(如骨髓),其預後不良。

脂肪肝 ■■■ ⋯⋯⋯⋯⋯⋯⋯⋯⋯⋯⋯⋯⋯⋯⋯⋯⋯⋯⋯⋯⋯⋯⋯⋯⋯⋯⋯

脂肪肝是貓咪肝臟疾病中最常見的,也稱為肝臟脂肪沉積;當貓咪長時間沒有進食時,儲存在肝臟中的脂肪會被分解,以提供身體細胞能量,但肝臟無法有效的將三酸甘油酯轉換成可用能量,所以造成過多脂肪蓄積在肝臟。這種疾病的起因尚未清楚,但只要是會引起貓咪長時間厭食(持續一週以上)的原因都有可能造成脂肪肝,而肥胖貓更是脂肪肝發生的高危險群。因此貓奴們必須要將詳細的病史告訴您的醫師(例如更換新的食物、其他寵物的騷擾或是和主人分離,都有可能造成貓咪不吃),加上詳細的檢查,找出讓貓咪不吃的原因。膽管性肝炎、胰臟炎、糖尿病和荷爾蒙異常等疾病也可能是引起脂肪肝的主要原因。

▶ 耳朵內側和口腔黏膜變黃色。

症狀

初期會有精神食慾變差、體重減輕、偶有嘔吐等症狀,後期貓咪的腹部會變大、耳朵內側和牙齦會變黃(黃疸),甚至有些貓會有流口水、意識不清及痙攣的神經症狀出現。

診斷

1—**血液檢查**：肝指數會明顯上升（約正常的2～5倍），超過50%的貓咪會有低白蛋白血症，也可能出現輕微的非再生性貧血。

2—**尿液檢查**：尿液檢查會出現膽紅素尿（膽紅素存在於尿液中）。

3—**細胞學診斷**：細胞學檢查中，貓咪需要輕微麻醉，才能比較穩定地以細針穿刺採集肝臟組織，並且住院幾天以接受治療。

住院治療

1—控制嘔吐：如果貓咪嘔吐頻率過高，無法進食一天需要的熱量，貓咪就會容易一直變瘦。

2—給予靜脈或皮下輸液來矯正脫水。

3—營養對於脂肪肝的貓咪來說是非常重要的治療，提供均衡的營養可以有效改善脂肪肝。

4—抗生素可以使用在可能的感染，但需避免有嘔吐副作用的抗生素。

5—肝臟的保健食品在肝臟中有抗發炎和抗氧化的作用。

6—補充vit K很重要，採樣前先給予vit K，採樣部位的出血會較少。

7—維生素B群對於刺激食慾和進一步支持肝功能是有幫助的。

居家治療

1—抗生素和藥物治療支持肝細胞功能，應持續給予2～4週。

2—營養支持仍是最重要的。放置餵食管，可以有效地給予營養，因為有些貓咪對於強迫灌食會非常排斥，所以能灌食進去的量有限，而使用餵食管可以讓貓奴在家較容易餵食貓咪。

3—每日分3～6次，少量多餐餵食為主。 因為患有脂肪肝的貓咪胃容量可能會變小，因此若每餐餵食的量過多，會造成貓咪嘔吐。

▲ 黃疸貓咪的尿液顏色為深黃色。

預後

當貓食慾恢復正常後停止治療，食慾恢復的平均時間約六週。肝功能最終會回到正常，不會有長期的損害。最常見的失敗原因是無法成功治療相關疾病，而導致持續地厭食，如果有另一個原因延長厭食情況時，脂肪肝可能會再復發。

炎症性肝炎 ▬

第二個常見的肝臟疾病是炎症性疾病，肝臟產生膽汁為消化所需要；膽汁儲存在膽囊中，並且經由膽道運送到小腸。當細菌從十二指腸經由膽道往膽囊和肝臟時，炎症性肝炎就會發生。炎症性肝病分成兩種：膽管炎／膽管性肝炎複合和淋巴性肝門炎。膽管性肝炎指的是肝、膽囊和膽道的炎症或感染，而膽管性肝炎可再分急性和慢性。

急性膽管炎／膽管性肝炎

急性膽管炎／膽管性肝炎主要的感染原是細菌。大部分的細菌是由十二指腸進入膽囊和膽道；但細菌也可能由身體其他部位的感染，經由血液循環到達肝臟。臨床症狀包括厭食、嘔吐、昏睡、黃疸等，有時會出現腹痛徵狀，但慢性膽管性肝炎一般不會出現發燒。

淋巴性肝門炎

淋巴性肝門炎是指肝臟內的炎症反應。臨床症狀包括厭食、體重減輕、嘔吐，一般是不嚴重的膽管性肝炎導致淋巴性肝門炎。

診斷

1—**基礎檢驗**：基礎檢驗有全血計數、血清生化、尿液分析及FeLV/FIV。

急性膽管肝炎較易出現白血球增多症及核左轉，肝臟指數可能上升。

2—**影像學檢查**：可藉由腹腔超音波掃描，評估肝臟實質及膽管系統，或許也可發現可能併發的胰臟炎；而X光照影雖無特殊的診斷意義，但可以藉此評估肝臟的大小，或發現其他不相關的疾病。

3—**肝臟生檢**：肝臟生檢及組織病理學，是膽管肝炎及淋巴球性門脈肝炎唯一的確診方式，建議採用超音波引導下的組織生檢針採樣，或探測性剖腹術直接採樣。

治療

炎症性肝炎的治療需要確定疾病的種類。但不論哪一種型式的肝炎，輸液治療、電解質的平衡及營養補充都非常重要，若有出血現象發生時，可以給予Vit K1。以下幾點為治療的注意事項：

1—**抗生素治療控制感染**：可能需6～12週以上，以消除感染。

2—**膽囊藥物**：可以改善膽汁的流出，促進毒性較低的膽汁酸產生，並降低肝細胞的免疫反應。

3—**肝臟保健食品**：有抗發炎和抗氧化的作用。這些藥物最好的吸收時間是在胃排空，餵食前一小時給予。

4—**類固醇**：可以用來減少發炎反應。

預後

貓炎症性肝炎的預後是依據疾病的嚴重程度、貓免疫系統的完整性和畜主按照中期至長期的治療而決定。許多急性膽管性肝炎的貓能夠完全地恢復，沒有任何長期的影響；而慢性膽管性肝炎或淋巴性肝門炎的貓，則需要長期或復發的治療。

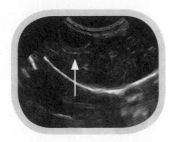

▲ 超音波下，發炎的膽囊壁變厚。

急性胰臟炎

急性胰臟炎在所有的貓胰臟炎病例中只佔了1/3，其餘則多是屬於慢性胰臟炎。急性胰臟炎通常較嚴重，而慢性胰臟炎較輕微。引起胰臟炎的危險因子包括創傷、感染、低血壓，而胰臟炎沒有品種、性別和年齡的特異性，大部分的慢性胰臟炎可能是自發性，且實際的發生率是未知的。

症狀

貓咪罹患胰臟炎時，大多不會有太明顯的症狀。嚴重胰臟炎的貓咪可能會出現的症狀包括：嗜睡、食慾變差、脫水、低體溫、黃疸、嘔吐、腹痛、觸診到腹部有團塊、呼吸困難、下痢、發燒，且胰臟炎的貓往往會併發炎症性腸道疾病和膽管炎；這是因為解剖構造上的關係，膽管和胰腺管有一個共同的開口在十二指腸上，而若胰臟炎併發膽管炎和炎症性腸道疾病時，在治療上往往會變得困難，因為休克、虛弱、低體溫等併發症會嚴重影響胰臟炎的預後。

診斷

1—**血液檢查**：實驗室檢查(CBC、血液生化試驗、尿液分析)。大部分檢查都會正常，而這些測試用意在診斷或排除其他疾病，並幫助確認胰臟炎的診斷，同時要矯正電解質的異常。

2—**胰臟炎檢驗試劑(fPL)**：fPL kit是目前診斷胰臟炎較為可靠的方法之一，但必須配合胰臟超音波掃描才能確診。

3—**影像學檢查**：X光片對於診斷胰臟炎的幫助並不大，但對於排除其他的疾病是有幫助的。輕微胰臟炎難以用超音波診斷，因此正常超音波無法排除診斷。在中等至嚴重的病例中會發現腹水、胰臟低迴音性、胰周繫膜高迴音性(由於脂肪壞死)、胰腺和膽管擴張，和其他胰臟變化，如腫大、鈣化、空泡等。

4—**組織採樣**：最能確診胰臟炎的方式為組織採樣和組織病理學，這是區分急性和慢性疾病的唯一方法。然而，組織採樣並不適用於所有病例，因為手術和麻醉的風險高，且可能會錯過局部病灶。

治療

1—**輸液治療**：積極的輸液治療和支持療法對於胰臟炎是很重要的，改善脫水、監控電解質和酸鹼質，並且小心胰臟炎併發的全身性症狀。

2—**控制嘔吐**：如果貓咪有嘔吐，必須禁食禁水，並且以藥物控制嘔吐。當貓咪沒有嘔吐後，再少量多餐的給予食物或灌食。

3—**給予止痛劑**：慢性胰臟炎可能會產生低程度或局部的疼痛，給予止痛劑可減輕貓咪的不舒服。

4—**給予食慾促進劑**：食慾不振的期間也可以給予食慾促進劑，以增加貓咪的進食量。

5—**營養供給**：以往認為胰臟炎必須禁食的觀念是錯誤的，應該在疾病早期利用止吐劑及以及流體膳食經由餵食管緩慢給予，這樣才能讓腸道黏膜細胞得到營養供給，避免腸道的防禦屏障喪失，以防止腸道細菌長驅直入身體而導致更嚴重的細菌感染，目前並沒有任何的證據顯示低脂食物會有利於預防或治療貓胰臟炎，建議採用富含抗氧化劑的食物，並且同時給予抗氧化劑治療；如果胰臟炎合併炎症性腸道疾病（inflammatory bowel disease, IBD）時，建議給予新型蛋白質或水解蛋白質的處方食物。

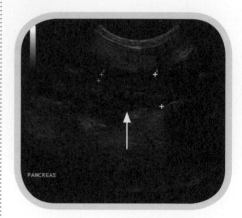

▲ 腹部超音波下，發炎的胰臟明顯增厚。

便秘

便秘指的是乾硬的糞便堆積在直腸內難以排出。貓咪一天的排便量會因吃入食物的量和成分、體重、運動量以及喝水量而有所不同，如果能每天排便是最理想的狀態。老年貓或是因疾病造成的運動量不足、喝水量不夠或是腸道蠕動的運動性變差都有可能會造成便秘。另外，有些貓會因為異食癖而吞入塑膠、布料、頭髮以及毛球，或是攝取過多的鈣，而導致糞便較硬。因為發生交通意

外造成的脊椎骨盆損傷、先天性脊椎骨盆變形，也可能造成貓咪無法正常排便而形成便祕。肛門囊腺破裂的貓咪也會因疼痛引起排便困難，易形成便祕。

症狀

1—貓咪一直進出貓砂盆，或是會蹲貓砂盆很久，但沒有排出糞便。

2—貓咪在排便時疼痛到叫，且排出的糞便較乾硬。

3—腹部一直用力，或者是在用力排便後容易嘔吐。很多人會把排便困難誤認為排尿困難，因為二者的姿勢很像，也都會一直跑貓砂盆，如果不仔細觀察，容易判定錯誤。

診斷

利用觸診及 X 光片進行診斷，觸診直腸可發現直腸內的糞便較硬且量也多；而 X 光片下可以發現直腸中有多量的糞便，看起來密度也較一般糞便高。

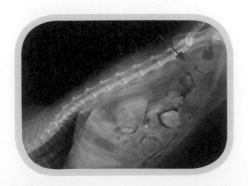

治療

1—**靜脈點滴或皮下點滴：**如果便秘很嚴重，會造成貓咪食慾下降、嘔吐次數變多、腸道吸收水分能力變差引起脫水。在這種情況下需要輸液治療，來改善貓咪的脫水狀況。

2—**浣腸：**嚴重便秘的貓咪需要藉由灌腸來幫助排便。最好是在麻醉情況下浣腸，以減少貓咪的緊張及不舒服感，以15～20ml/kg的溫水來浣腸(不需添加其他油劑，將黏膜的刺激和損害降到最低)。

3—**適當的飲食管理：**如便秘專用的處方飼料，以容易消化及低質量的食物為主。也可給予纖維含量較高的食物，幫助軟化大便並刺激排便，但需考慮高纖食物往往會產生大量的糞便，可能會惡化結腸的擴張。

4—**軟便劑：**軟便劑可以使較硬的糞便軟化，容易排出。

預防

藉由平時觀察貓咪排便次數和糞便的軟硬程度，以及正常的飲食來預防便秘的發生才是最根本的做法。選擇一些會讓糞便較軟的食物，對於預防便秘是相當重要的。

◀ 從 X 光片中可看到直腸裡頭有許多糞便堆積。

巨結腸症 ▰▰

當貓咪的便秘沒有適當治療及處理時，持續性的便秘會造成結腸擴張、腸道蠕動性變差而形成巨結腸症。如果因為先天性的腸道神經和骨盆的異常，或交通意外造成腸道神經受傷、導致骨盆和脊椎變形，也會引起巨結腸症；此外，環境改變造成貓咪的緊張，或是不乾淨的貓砂會降低貓咪去貓砂盆的意願，這也可能會降低腸道蠕動，接著造成便祕和結腸擴張。巨結腸症發生的年齡很廣泛，平均是在5～6歲，且並無品種和性別的特異性，其中肥胖和較少運動的貓會增加巨結腸症的風險。

症狀

主要症狀有食慾降低、噁心和嘔吐、體重下降、毛髮失去光澤、出現脫水症狀，貓咪變得虛弱、貓咪一直進出貓砂盆，卻沒有糞便排出、肛門周圍有黏液和糞水（有可能會與下痢混淆）、 貓咪蹲砂盆時，因為上不出來或是疼痛而低鳴。

診斷

與便秘的診斷方式相同。

治療

巨結腸症一般需要長時間以藥物、軟便劑和飲食控制，雖然大部分的貓是切除結腸來預防便祕復發，且多數貓咪在手術後恢復都還不錯，但有少部分的貓咪還是會有一小段腸道有便祕的形成。

1—**與便秘的治療方式相同。**

2—**外科手術：**將擴張無收縮能力的結腸以手術方式切除，但仍會餘留一小段結腸，因此還是有可能會再復發。有些手術後，反而會下痢一段時間，術後還是建議配合飲食的方式控制。

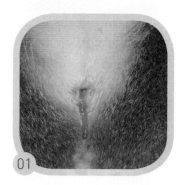
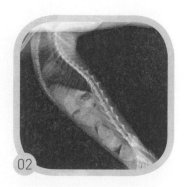

▶ 01／肛門會有黏性糞水的產生。
　 02／Ｘ光片下，有異常堅實且大量堆積的糞石。

Ⓕ 腎臟及泌尿道疾病

腎臟可以調節體內的水分和電解質、酸鹼平衡，以及調節血壓，也與造血功能有關；在骨頭的代謝中亦扮演內分泌的功能，這些重要的作用都是腎臟為了維持身體的恆定狀態。貓咪的腎臟跟人一樣有二個，會持續地產生尿液，經由輸尿管運送尿液到膀胱；當膀胱中的尿液蓄積到一定量時，膀胱內的神經會傳達訊息到大腦，告訴貓咪要排尿了，再由連接膀胱的尿道排出體外。腎臟和輸尿管組成上泌尿系統；膀胱和尿道組成下泌尿道系統，一般是根據疾病發生部位，來區別是上部泌尿系統或下部泌尿系統疾病。

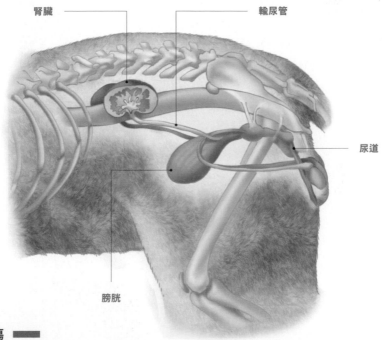

腎臟　　　　　　　　　　　　　　　　　　輸尿管

　　　　　　　　　　　　　　　　　　　　　　　尿道

膀胱

急性腎臟損傷 ▬

急性腎臟損傷通常是突發性，且在幾天之內發生，對腎臟產生不利的影響，造成腎功能變差。急性腎臟損傷的原因包括一些毒素（藥物、化學藥物）、或植物（百合）、創傷（導致血液供應減少或喪失）、腎盂腎炎、麻醉期間的低血壓和尿道阻塞。在疾病發生的早期了解病史、發病時間、貓咪居住環境狀況，以及可能接觸到的有毒植物、藥物或化學藥品是很重要的，因為早期發現及治療可以提高貓咪的生存率，且腎臟的損傷是可能恢復的。

診斷

急性腎臟損傷臨床症狀相當多變，可能包括厭食、嗜睡、腎臟的疼痛或嘔吐。

1—**觸診**：藉由觸診得知腎臟是正常大小、腫大，或者有無疼痛反應；如果是尿道阻塞，則可以觸摸到脹大的膀胱。

2—**血液檢查**：檢查結果包括BUN和creatinine升高和電解質異常，急性腎臟損傷的紅血球數量通常是正常的，除非有急性失血，可能導致貧血；總蛋白濃度可能正常或是過高，要看貓咪脫水的程度而定；如果腎臟發炎時，白血球的數量可能會增加。

3—**尿液檢查**：包括尿比重、尿蛋白、尿沉渣、尿液細菌培養以及尿量。

4—**影像學檢查**：X光片和超音波的檢查，可以確定是否有結石造成腎臟或輸尿管的阻塞。

5—**組織病理切片檢查**：腎臟疾病並不常規建議進行組織採樣病理學檢查，因為可能的傷害性大，除非經由超音波掃描而發現團塊或膿瘍樣病灶，或持續嚴重蛋白尿時才建議進行。

治療

治療上有很大的程度是取決於引起急性腎臟損傷的原因。有以下幾種方式：

1—靜脈點滴治療，恢復脫水和利尿。

2—給予抗生素或藥物以減少嘔吐。

3—若是下泌尿道阻塞，就必須以手術緩解阻塞。

4—必要時，腹膜透析和血液透析，可以快速緩解毒素的破壞。

預後

預後取決於原因，以及是否快速接受治療。如果能早期發現，及時積極治療是有可能治癒；但成功治療的貓往往有腎臟功能不足的狀況，需長期治療。

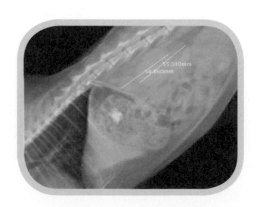

▲ X光片中白線的長度為腫大腎的大小

慢性腎臟疾病 ▬▬

慢性腎功能衰竭常常是許多疾病或許多年損傷腎臟造成的結果，這些疾病和損傷包括腎盂腎炎、接觸毒物、正常老化或外傷，確切的原因還未能確定。當腎臟因疾病造成傷害時，腎臟是不可逆地緩慢在惡化，這些破壞會使得腎臟無法有效移除血液中的廢物，而發展成腎功能不全，最後導致慢性腎臟疾病的形成。

症狀

初期時，貓奴通常會注意到排尿量增加，或是清理的貓砂塊增加，才注意到貓咪多喝水的變化。因為貓不愛喝水，所以當貓多喝水時，很多貓奴會誤以為這是好的，就不會特別注意，多貓飼養的家庭也很難以喝水量和尿量來察覺到貓咪的改變。到了中期，貓咪的體重和食慾會逐漸減少，有些貓咪也可能出現被毛無光澤、嘔吐，以及口臭。末期時，由於腎功能不全，很多貓咪會出現嗜睡、脫水現象和口腔黏膜蒼白。

慢性腎臟疾病分期

腎臟從一出生之後就開始接觸各種毒素，所以隨著時間的進行，腎臟的功能一定會逐漸喪失，但我們也知道其實腎臟只要有1/4以上的功能就足以維持身體的正常運作，所以如何早期發現腎臟疾病，及如何避免腎臟功能受到損害，就是貓慢性腎臟疾病的重要課題，而慢性腎臟疾病根據國際腎臟健康協會(IRIS)的標準可以區分為四個階段，這樣的分期可以讓我們知道腎臟疾病的嚴重程度。(請參照P.226圖F-1)

● **第一期**：肌酸酐(Crea/CRSC / creatinine)小於1.6mg /dL(140umol／L)，或對稱二甲基精氨酸(Idexx SDMA)低於18 mcg/dL，且貓咪並無呈現腎性氮血症(腎性氮血症指的就是BUN超出正常值，且排除腎前性及腎後性等因素)，但存在某些腎臟的異常，例如尿液的濃縮能力不佳，指的就是尿比重偏低(貓正常尿比重會大於1.035)，但已經排除其他可能因素時(如輸液、腎上腺皮質部功能亢進、高血鈣、肝臟疾病、尿崩症、藥物或甲狀腺功能亢進)、腎臟觸診呈現異常、或影像學檢查呈現異常(X光及超音波掃描)、腎臟來源的持續性蛋白尿(排除輸尿管、膀胱及尿道發炎所造成的蛋白尿)、異常的腎臟生檢結果(採取腎臟組織進行病理切片檢查)、或肌酸酐(Crea / CRSC / creatinine)數值持續上升時。

● **第二期**：肌酸酐(Crea / CRSC / creatinine)介於1.6～2.8mg / dL(140～249umol／L)之間，或對稱二甲基精氨酸(Idexx SDMA)介於18～25mcg/dL之

間，且呈現輕微腎性氮血症或正常。

● **第三期：**肌酸酐(Crea/CRSC / creatinine)介於2.9～5.0mg／dL(250～
439umol／L)，或對稱二甲基精氨酸(Idexx SDMA)介於25～38mcg/dL之間，
且呈現中度腎性氮血症，可能已經呈現全身性的臨床症狀(多喝、多尿、體重減
輕、食慾下降、嘔吐等)。

● **第四期：**肌酸酐(Crea/CRSC / creatinine)大於5.0mg／dL(→ 440umol／L
)，或對稱二甲基精氨酸(Idexx SDMA)大於38mcg/dL，且呈現嚴重腎性氮血
症，通常已經呈現全身性症狀了。

圖 F-1 慢性腎臟疾病分期

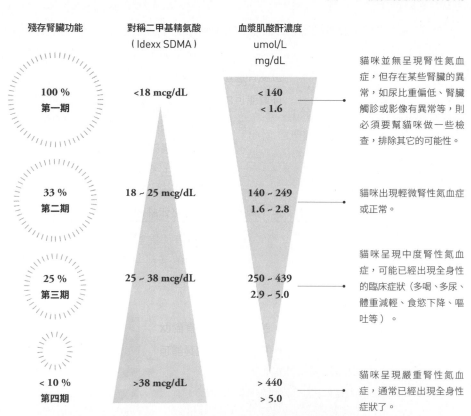

殘存腎臟功能	對稱二甲基精氨酸 (Idexx SDMA)	血漿肌酸酐濃度 umol/L mg/dL	
100 % **第一期**	**<18 mcg/dL**	**< 140** **< 1.6**	貓咪並無呈現腎性氮血症，但存在某些腎臟的異常，如尿比重偏低、腎臟觸診或影像有異常等，則必須要幫貓咪做一些檢查，排除其它的可能性。
33 % **第二期**	**18 ~ 25 mcg/dL**	**140 ~ 249** **1.6 ~ 2.8**	貓咪出現輕微腎性氮血症或正常。
25 % **第三期**	**25 ~ 38 mcg/dL**	**250 ~ 439** **2.9 ~ 5.0**	貓咪呈現中度腎性氮血症，可能已經出現全身性的臨床症狀（多喝、多尿、體重減輕、食慾下降、嘔吐等）。
< 10 % **第四期**	**>38 mcg/dL**	**> 440** **> 5.0**	貓咪呈現嚴重腎性氮血症，通常已經出現全身性症狀了。

除了上述初級的慢性腎臟疾病分期之外，尿液中蛋白質與肌酸酐的比率（UPC），以
及血壓來進行慢性腎臟疾病的次級性分期，讓我們能夠更加了解貓慢性腎臟疾病的嚴
重程度、預後以及治療選項。貓慢性腎臟疾病從某一期到下一期可能需要數週、數個
月到數年的時間，而有些因素則可以用來評判病程演進的快慢，如蛋白尿及高血壓。

診斷

1—**血液檢查：**當腎臟還有25%以上的功能時，BUN和creatinie的數值並不會有明顯的上升，因此氮血症（BUN和 creatinine增加）出現時，貓咪的血液 creatinine值高於正常，甚至高於5.0～ 6.0mg/dl。此外，有可能出現不再生性貧血、高血磷症、低血鉀和酸血症。

現在已經有最新的對稱二甲基精氨酸檢驗（Idexx SDMA）可供使用，在貓咪腎臟功能流失超過30%以上時就會上升，可以讓貓咪提早四年發現慢性腎臟疾病的存在，是現今診斷貓咪慢性腎臟疾病的利器。

2—**觸診：**觸診時會發現腎臟較正常小，有些腎臟是不平整的。

3—**影像學檢查：**異常的腎臟大小也可以透過超音波和X光片測量。

4—**尿液檢查：**尿液檢查也是早期發現慢性腎臟疾病的檢驗利器，主要包括尿蛋白、尿比重、尿渣檢查、細菌培養以及尿中蛋白質與肌酸酐的比率(UPC)。

5—**血壓測量：**慢性腎臟疾病的貓也可能會有全身性高血壓，嚴重高血壓時，甚至會造成貓視網膜剝離而目盲或眼前房積血。

治療

1—**恢復脫水：**慢性腎臟疾病就診病例大多需要住院進行輸液來改善脫水狀態，而過多的輸液雖然可能會讓檢驗數據變得漂亮，但其實對身體反而是有害的，容易造成致命性的肺水腫，所以輸液的量主要是在補充脫水而已，並且調整身體內離子及酸鹼的不平衡狀態，一旦貓咪狀況穩定後，就可以出院自行居家皮下輸液來補充脫水，但必須定期回診進行相關檢查並與醫師討論輸液量是否適當。

2—**磷結合劑：**如果貓咪不願進食腎臟處方食品，或食用腎臟處方食品後仍無法良好控制血磷濃度時，就建議給予磷結合劑來將食物中的磷結合掉而不

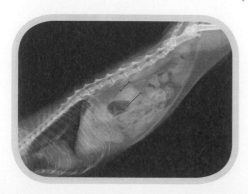

◀ 異常大小的腎臟X光片。　▲ 貓咪測量血壓。

被身體吸收，所以磷結合劑是必須配合食物給予的，一般希望將血磷濃度控制在4.5 mg／dL以下。

3—**紅血球生成素（EPO）**：貓科動物的紅血球平均壽命為68天，在這之後它們會被破壞，且必須有新的紅血球交替。腎臟產生紅血球生成素刺激骨髓產生紅血球，但當貓咪出現非再生性貧血時，表示EPO可能已經受損或停止生產；此時給予合成形式的EPO有助於矯正貧血。一些嚴重貧血的貓咪可能會需要輸血治療。

4—**降血壓藥**：如果血壓測量確定貓有高血壓或顯著蛋白尿時(UPC檢驗)， 可以給予降血壓藥來控制血壓或蛋白尿，有助於防止身體的器官受高血壓的傷害，以及減緩慢性腎臟疾病的惡化。

5—**刺激食慾**：慢性腎臟疾病會導致胃酸過度分泌而引發噁心、嘔吐及食慾下降，因此給予一些可以抑制胃酸的藥物以及食慾促進劑是可以減少貓咪嘔吐症狀及增加食慾的。

6—**腎臟飲食**：高蛋白食物並不會造成腎臟功能的損傷及負擔，而低蛋白低磷的腎臟處方食品也不會對腎功能有所幫助，只是減少了身體含氮廢物產生的量，所以只能有助於減少尿毒素的量，可以減緩尿毒症狀，而第1、 2期的慢性腎臟疾病大多未出現尿毒症狀，所以並不需要給予腎臟處方食品，如果太早給予時，反而會成蛋白質的攝取不足而影響身體健康，所以腎臟處方食品是建議用於已經出現尿毒症狀的第3、4期慢性腎臟疾病。

7—**居家照顧**：如果慢性腎臟疾病的貓咪在增加喝水量後，仍持續呈現脫水時，就必須考慮居家進行皮下點滴輸液。(請參照P.313皮下點滴的章節)

8—**水分補充**：水分的補充對於慢性腎臟疾病貓咪而言是非常重要的，很多飼主會強迫灌水給貓咪喝。雖然這樣的確可以補充水分，但貓咪就不太會自己喝水了，所以反而得不償失，而且這樣的強灌動作也會造成貓咪心理的壓力，也可能造成嗆到或嘔吐。因此要找到一個貓咪可以選可以接受的方式，增加貓咪的喝水量。(請參考P.298 如何增加貓咪喝水量的章節)

9—**腎臟保護劑**：目前已有少數上市的腎臟保護劑被認為可以提升貓慢性腎臟疾病的生活品質及減緩惡化的速度，例如日本東麗公司所生產的Rapros，適用於七公斤以下的第二及第三期慢性腎臟疾病，可惜目前尚未合法進口，而德國百靈佳殷格翰所生產的腎比達（Semintra）除了可以有效控制高血壓及蛋白尿外，也具有腎臟抗發炎及抗纖維化

的作用，預計在2020年第一季在台灣合法上市，但這些都是屬於藥物等級的腎臟保護劑，必須在獸醫師的指示下才能使用。

預後

一旦發現慢性腎臟病，治療大都是在維持貓咪的生活品質，減緩腎臟惡化。預後取決於還剩下多少功能性腎組織，定期回診調整治療方式，加上貓奴密切實行，多數情況下，貓咪對治療反應良好，並能有良好的生活品質，在腎衰竭發病前，通常可存活1～3年。

多囊腎

一種遺傳性疾病，指整個腎臟形成囊腫，囊腫內充滿液體，囊腫的數量和大小會隨著時間而增加，會發生在人、貓、狗和老鼠身上，而貓咪當中又以幼

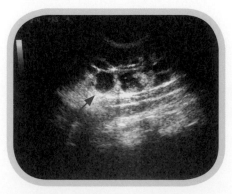

▲ 多囊腎，腎臟內有大小不一的黑色囊泡。

貓、老年貓、波斯貓和長毛種的貓最常發生。在波斯貓的研究中，已表示這種疾病是一個顯性性狀。

診斷

初期不會有明顯症狀，隨著囊腫變多、變大，破壞原有的腎臟功能，最後出現與慢性腎臟疾病相同的症狀。

1—**影像學檢查**：多囊腎可能發生在一側或雙側腎臟，可藉由觸診或X光片確定，超音波下可以發現整個腎臟充滿多個囊腫。

2—**血液學和尿液檢查**：同慢性腎臟病。

治療

多囊腎最後導致腎衰竭，因此治療方式與慢性腎臟疾病相同。囊腫可能會有二次性細菌感染，需要適當的抗生素治療，但是無法完全消除腎臟的囊腫。

預後

腎衰竭發病的平均年齡是七歲，但仍有許多貓病發於三歲以下。貓咪的預後取決於貓的年齡、腎衰竭的嚴重程度、貓咪對於治療的反應，以及腎臟疾病的進展。有些貓在診斷後幾週死亡，但也有貓咪正常生活好幾年；有多囊腎的貓應該定期超音波追蹤，早期檢測可以早期治療以支持腎功能。另外，由於多囊腎是遺傳性的疾病，因此診斷出有多囊腎的貓咪，最好不要繁殖後代。

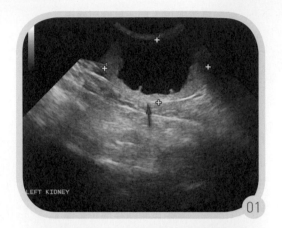

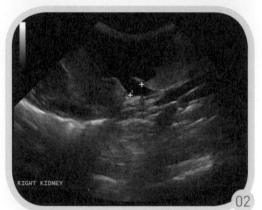

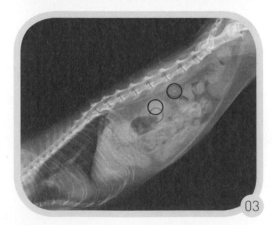

尿路結石

尿路結石症指的是泌尿系統中形成結石，結石會造成排尿受阻礙或排尿困難。腎臟、輸尿管、膀胱及尿道都可能會有結石的形成，一旦結石形成，並且造成泌尿系統阻塞時，貓咪無法正常排尿，容易有尿毒症的發生。

水腎

水腎是因為腎臟產生的尿液因阻塞無法排出， 造成尿液蓄積在腎盂或腎盂憩室（diverticula），隨著尿液的蓄積增加，使得腎盂逐漸擴張而形成腎皮質部的壓迫及缺血性壞死。單側性的水腎代表阻塞是發生在單側的輸尿管或腎臟，而雙側性水腎則可能代表阻塞是發生在尿道、膀胱或雙側輸尿管。單側性水腎患者的另一顆正常腎臟可能仍會維持正常功能，直到水腎大到極致時才會發生代償性肥大；當發生雙側性輸尿管阻塞時，貓咪可能會在水腎尚未明顯形成之前，就因為急性尿毒而死亡。造成水腎的可能病因包括先天畸型、輸尿管結石、腫瘤、腎盂團塊等，其中以輸尿管結石最為常見。

◀ 01／超音波下，皮質部變薄。
　　02／超音波下，腎盂部擴張。
　　03／X光片中，在輸尿管位置發現結石影像及腫大的腎臟。

診斷

單側的慢性阻塞通常不易察覺，常常是在健康檢查觸診時發現一大一小的腎臟，進一步 X 光照影才會發現輸尿管結石，而雙側性的阻塞則會顯現明顯的腎衰竭症狀，包括厭食、嘔吐、嗜睡、消瘦。透過超音波掃描，也可以發現到腎盂擴張的影像，裡面充滿無迴音性的液體影像，隨著阻塞的時度，腎臟皮質部會呈現越來越薄。

治療

水腎治療主要在於阻塞病因的診斷及排除，但除了結石能在非侵入式的檢查下得到確診外，其他病因則大多需要在手術下才能確診及治療。輸尿管結石所造成的阻塞如果在一週內得到緩解（意指輸尿管結石順利地進入膀胱，或者更順利地從尿道排出），或是實行輸尿管結石手術改善阻塞狀況，則該腎臟的功能可望恢復；而若阻塞超過15天以上時，腎臟不可逆的傷害就開始逐漸擴大，超過45天以上的阻塞則腎功能恢復無望。當公貓的輸尿管結石順利地進入膀胱時，就必須考量到結石可能會卡在尿道內，造成更嚴重的排尿全面阻塞，此時，就必須考慮以膀胱切開術取出結石。貓輸尿管結石所造成的水腎在以往的外科手術方式治療下，效果往往令人失望，而現今已經發展出來的人工輸尿管繞道手術，則因為手術簡單、快速、成功率高，所以目前廣為貓科醫師所運用。

預後

如果能早期發現水腎，在腎臟功能還能恢復時立即進行人工輸尿管繞道手術，其效果是非常良好的，但若已經水腎太久而造成永久性腎臟功能喪失時，則也沒有手術的價值了。

膀胱結石和尿結石

膀胱結石是指在膀胱中形成的結石並存在於膀胱內，當結石進入狹窄的尿道中造成阻塞，就是所謂的尿道結石。最常見的二種結石是磷酸胺鎂和草酸鈣結石，其他類型的結石還有磷酸鈣和尿酸；結石可能是混合型，有可能是單顆或是多顆，大小也非常多變，不論是公貓或母貓都有可能會發生。膀胱結石形成的原因還不明，在某些情況下，飲食可能會促進形成，如尿液中常含有可以形成結石的材料，例如鈣、鎂和磷酸鹽等成分。另外，尿液pH值在尿結石形成中也發揮作用，例如尿液pH值偏酸，容易形成草酸鈣結石；而尿液pH值偏鹼，容易形成磷酸胺鎂結石。

泌尿道結石位置

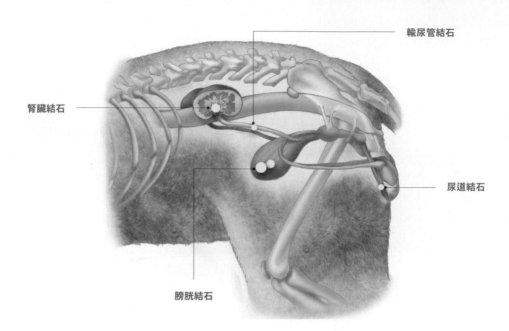

腎臟結石

輸尿管結石

尿道結石

膀胱結石

症狀

臨床症狀一般包括血尿和用力排尿，排尿困難是由於結石部分或完全阻塞尿道所造成；當膀胱的表面因結石的刺激造成出血時，就會出現血尿。

診斷

要觸診到膀胱內的結石是不太可能的，因為結石通常是比較小的，因此，透過X光片和超音波是比較可行的方法。此外，公貓因尿道較細、較窄，小顆的膀胱結石進入尿道中，會造成尿道阻塞，這種狀況在X光片下也能確診。

治療

如果尿道中有結石，必須先將結石沖回膀胱，再實行膀胱切開術，將結石取出。如果結石無法沖回膀胱，則可能要作尿道造口術。取出來的結石應送到實驗室進行分析成分，根據尿結石分析結果，給予特殊飲食或藥物來調節尿液pH值。但並不是所有的貓都願意接受處方食品的，所以多喝水及給予濕性食物還是最有效的預防方法。

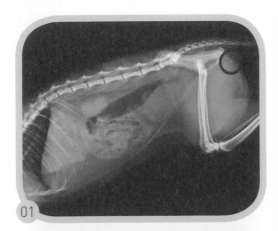

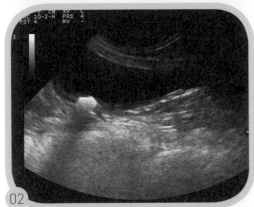

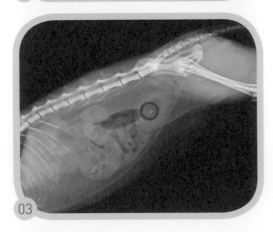

▲ 01／紅色圈內有三顆尿道結石。
　 02／紅色箭頭為膀胱結石。
　 03／紅色圈為膀胱結石。

下泌尿道症侯群 ▬▬

主要是指下部泌尿道器官，例如陰莖、尿道和膀胱發生疾病狀態而稱之。大部分都是發生在一歲以上的成年貓，有些會發生在小貓和老年貓。下泌尿症侯群在十歲以下的年輕貓，常見原因是自發性膀胱炎，次之是尿結石和尿道栓塞。而在大於十歲的老年貓，則是泌尿道感染和／或尿結石。一般下泌尿道症侯群可分成膀胱炎、膀胱結石、尿道阻塞、自發性膀胱炎及不明原因的泌尿道疾病，以下分述之。

1—**膀胱炎**：大部分都是屬於膀胱內細菌感染引起較多。

2—**膀胱結石**：因膀胱內有結石，而引起膀胱和尿道的損傷和發炎。

3—**尿道阻塞**：膀胱發炎造成膀胱內組織剝落而塞住尿道，臨床上也常發現剝落組織與結晶共同形成尿道栓子，或發炎物質與結晶及剝落組織形成尿道栓子，如果尿道栓子完全阻塞尿道超過1～2天以上，就可能導致貓咪因急性尿毒而死亡。因此尿道阻塞是嚴重的緊急情況，需立即治療。

4—**自發性膀胱炎**：在以往的認知上，總認為貓咪出現血尿、排尿次數頻繁（pollakiuria）及排尿困難（dysuria）時就表示發生結石阻塞了，其實近來研究發現約有50～60%的病例是屬於自發性膀胱炎，但其病因不明，被認為與緊迫有相關性。自發性膀胱炎並無品種好發性及性別好發性，節育手術後的貓咪似乎會有較高的發病風險。

泌尿道疾病發生的原因包括貓食中含高量灰分(礦物質)、產生高pH值的貓糧和緊張，但最主要的還是喝水量的多寡影響較大。性別的不同和季節改變也可能影響泌尿道疾病發生的機會。

1—**性別**：公貓的尿道較母貓來得細長，當膀胱內有發炎剝落的組織或是栓子形成時，很容易造成尿道阻塞；而母貓因尿道短且較公貓寬，因此較細小的結石容易排出體外，不易尿道阻塞，但是相對也較容易有細菌性感染引發的膀胱炎。

2—**季節**：貓的下泌尿道疾病在冬天發生的比例比其他季節還要高。冬天時，貓咪會因為天氣冷而變得不愛動，相對喝水意願也降低，因此上廁所的次數變少，導致細菌感染的機會增加，尿液中的結石也容易形成。

症狀

1—頻繁跑貓砂盆，一天會跑十幾次。

2—蹲貓砂盆的時間很久，卻不見排尿出來，有時會被誤為便祕。

3—上廁所時會低鳴。

4—排尿量減少(貓砂塊變小變多)。

5—尿的顏色帶血(可以發現貓砂塊上帶有血絲)。

6—會在貓砂盆以外的地方尿尿。

7—討厭被摸肚子，甚至觸摸時會痛。

8—頻繁舔舐生殖器。

診斷

1—**觸診**：觸診時會發現膀胱的大小可能是很小或是脹大且堅硬，脹大的膀胱隨時有破裂的可能，因此務必小心。

2—**血液學檢查**：尿道阻塞可能造成急性腎臟損傷，要得知腎臟是否受到損害或評估電解質狀態可透過血液學檢查得知。尿道阻塞大都會導致BUN和 creatinine升高，這些血液數值會在緩解阻塞48～72小時後恢復正常。

3—**尿液檢查**：在尿液檢查中，下泌尿道疾病的尿檢可能是正常，但在pH值、血液含量和結晶含量通常有異常變化，大部分罹病貓的pH值高且有磷酸胺鎂結晶。

4—**尿液培養**：十歲以上、愛滋貓或無法濃縮尿液的慢性腎臟疾病才較為容易發生細菌感染，建議進行尿液細菌培養來選擇適當的抗生素進行治療。

5—**影像學檢查**：如果是膀胱炎或是自發性膀胱炎，超音波下會看到膀胱壁變厚；而如果是尿道阻塞時，超音波下會看到大且圓的膀胱。

治療

1—非阻塞性下泌尿道疾病引起的典型膀胱炎已經有許多治療方式，大部分都可以治癒。抗發炎藥或解痙劑是最常用的方法。

2—阻塞型式的下泌尿道疾病是因黏液和結晶栓子阻塞尿道造成的，要及時處理，因為尿道阻塞會危及生命。放置導尿管可以讓尿液順利流出膀胱，但放置的時間不建議超過三天。在導尿管放置期間，貓咪可能需要靜脈輸液治療，除了補充脫水外，還有利尿作用，將膀胱內的物質排乾淨。如果貓咪一直反覆發生尿道阻塞或醫師無法緩解阻塞時，可能會建議實行尿道造口術。

預後

如果有適當的治療，其預後是良好的。尿道阻塞的貓咪拆除導尿管後，貓奴居家照顧應該要密切的監視貓咪的排尿狀況，因為有可能會在短時間內再復發。

▼ 超音波及X光片下，皆可看到脹大的膀胱。

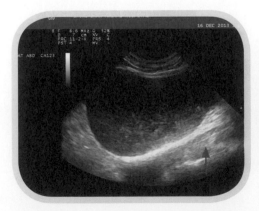
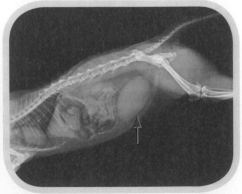

此外，如果腎臟已經受到損傷時，遵守以下建議事項，預防下泌尿道疾病的復發：

1—增加喝水量。可依據貓咪喜歡的方式，來調整水盆位置或給水方式。冬天時可給溫水。

2—減少容易形成尿結石的零食。例如小魚乾和柴魚片，因為含有高量的礦物質，長期給予容易造成尿結石形成。

3—確認貓砂盆的清潔及放置的位置。貓咪對於貓砂盆位置及排泄環境非常敏感，貓砂盆的大小、深淺，貓砂的大小顆和材質，貓砂盆周圍的聲音和味道，都會影響貓咪到貓砂盆排泄的意願。如果貓咪不願意到貓砂盆排泄，容易引起膀胱發炎。

4—冬天時，保持室內的溫暖，以增加貓咪的活動量。

5—注意貓咪之間的相處，減少貓咪的緊張。

6—給予處方飼料，以減少泌尿道疾病發生的機會。

7—定期回醫院作膀胱超音波及尿液檢查。

Ⓖ 內分泌器官疾病

內分泌器官是調整生物體內各式各樣器官的機構。內分泌器官分泌的物質稱為荷爾蒙，可以調節各種器官的各種功能，而且內分泌器官疾病不只是影響內分泌器官本身，還會影響到全身的調控機制，其中貓咪最常見的內分泌器官疾病是甲狀腺功能亢進症和糖尿病。

▶ 甲狀腺功能亢進大多發生在八歲以上的老貓。

甲狀腺功能亢進症 ▬▬

貓咪最常見的內分泌疾病，主要是因為身體產生過量的甲狀腺素。甲狀腺素在體內主要的工作是活化身體細胞的新陳代謝，當甲狀腺素正常分泌時，身體的細胞是正常代謝；但如果甲狀腺素分泌過多時，身體細胞的新陳代謝會過度旺盛，造成很多不利身體的影響。甲狀腺功能亢進會使貓咪的活動力旺盛，食慾也會異常地增加，但卻一直在消瘦。如果甲狀腺功能亢進症沒有治療，身體為了讓細胞有足夠的氧氣，會導致過度換氣、心臟過度工作，最終將導致心臟衰竭及高血壓。

甲狀腺功能亢進症一般發生在4～22歲的貓咪（平均年齡是13歲），不過大部分好發於10歲以上，沒有特定品種或性別。此疾病大多是由甲狀腺結節的自體性功能亢進或甲狀腺瘤所引起，現今對於確切的發病原因還不是很明瞭。甲狀腺功能亢進沒有預防的方法，只有在早期貓咪有異常症狀時，透過血液檢查來發現疾病。

症狀

1─貓咪的食慾會異常增加。

2─貓咪的活動力會變得旺盛。

3─雖然很會吃，但體重卻一直減輕。

4─喝水量和尿量增加。

5─因為吃得快又多，容易嘔吐。

6─可能會常拉肚子。

7─貓咪的毛變得粗糙、雜亂。

▲ 01／甲狀腺功能亢進的貓咪會吃很多，
但體重卻減輕。
02／血壓測量對於有內分泌疾病的貓咪
來說是很重要的檢查。
03／糖尿病的貓咪喝水量會異常增加。

診斷

1─**理學檢查：**甲狀腺是位於近喉頭下方兩側的位
置，如果甲狀腺腫大可以觸摸得到。

2─**胸腔聽診：**可以發現貓咪的心跳過快，有些貓咪
會有心雜音。

3─**血液檢查：**大部分有甲狀腺功能亢進的貓，肝臟
指數ALT或ALKP的數值會上升，但不代表是肝
病，在治療甲狀腺後會恢微正常。某些貓咪可能
會有氮血症（BUN上升）。在臨床上，有快速
篩檢的甲狀腺kit，20～30分鐘結果就會出來。

4─**影像學檢查：**腹腔超音波可以發現貓咪是否有潛
在性的腎臟疾病。甲狀腺功能亢進症不只是影
響身體的代謝，甚至會造成心臟和腎臟功能的衰
竭，因此發現有甲狀腺功能亢進的貓咪，還必須
檢查心臟和腎臟。

5─**血壓測量：**以往認為甲狀腺功能亢進會導致高血
壓，但近來的研究發現甲狀腺功能亢進反而會掩
蓋存在的高血壓狀態，所以在開始治療後應定期
監測血壓，如果高血壓出現時，應立即給予降血
壓藥物控制。

治療

甲狀腺亢進貓常見的治療方式是內科口服藥物治
療、甲狀腺切除以放射線碘治療。一般口服藥物治
療是在初期，如果能配合飲食治療，能得到更好的
控制效果。而甲狀腺切除手術則較少選擇，主要還
是因為大部份都是發生在老年貓，也有其它併發症
的發生(如腎臟病、高血壓、心律不整等)，因此
相對的麻醉風險會較高。在治療甲狀腺亢進的貓咪
時，需注意下面幾點：

1—根據醫生的醫囑服用藥物，並且定
　期回診測量甲狀腺素。依據甲狀腺
　素的數值，來調整藥物劑量。

2—回診時測量血壓和心跳，確定心跳
　得到良好控制，並且早期發現可能
　存在的高血壓狀態。

3—慢慢將貓咪食物轉換成處方飼料，
　更有效控制甲狀腺功能亢進症。

4—貓咪在治療的過程中，食慾會慢慢
　恢復到生病前的狀態，且體重也會
　上升。

糖尿病

糖尿病也是一個常見的內分泌疾病，
正常情況下，胰臟的β細胞會產生胰島
素，讓身體細胞可以利用血液中的葡萄
糖，作為能量的來源；缺乏胰島素時，
身體細胞無法使用這些葡萄糖，導致血
糖濃度過高，進而造成體內持續性高血
糖及尿糖的狀態，導致疾病的發生。糖
尿病一般分成兩型：第一型糖尿病是胰
島素依賴型，β細胞被破壞，無法產生
胰島素；第二型糖尿病是非胰島素依賴
型，是胰島素抵抗性，指的是即使胰島
素產生的量足夠，但無法正常工作，將
血糖控制在正常範圍內；大多數糖尿病
的貓咪是屬於第二型。此外，糖尿病平
均發病年齡是10～13歲，其中以結紮
公貓較容易發生，而肥胖和cushing症
侯群的貓咪也有較高的發生率。

症狀

1—喝水量及排尿量異常增加。

2—貓咪變得容易餓，會一直討食。

3—會因為多喝和多尿造成嚴重脫水。

4—當高血糖狀態持續進行，接著出現
　酮酸中毒的代謝障礙時，貓咪會變
　得不吃、嗜睡、體重減輕以及嘔
　吐，嚴重的甚至會造成死亡。

▶ 尿液檢查機。

診斷

1—**完整血液檢查：**空腹後血液中葡萄
　糖值超過250～290mg/dL。貓咪
　容易緊張，緊張或壓力也會使血糖
　值增加，不過跟糖尿病不同的是，
　血糖會在幾小時內會回到正常值。
　此外，血液檢查也要排除腎臟疾病
　或是甲狀腺功能亢進症的可能性。

2—**果糖胺：**貓咪在非常緊張時，會出
　現「緊張性高血糖」，會造成血糖
　暫時性上升，而不是真的糖尿病。
　因此可以測量果糖胺來區別真性高
　血糖或緊張性高血糖。此外，果糖
　胺是反映1～2週內的平均血糖值，
　在確認糖尿病也比較準確。

3—**電解質異常**：如果糖尿病有併發酮酸中毒或是其他疾病時，會造成鉀、鈉、磷等離子的異常。

4—**尿液檢查**：腎臟不會過濾葡萄糖，因此血糖值過高時（大於250m/dL），尿液中會發現葡萄糖。此外，也要作尿液培養，許多糖尿病的貓會有泌尿道感染；若有酮酸中毒症時，尿液中也會出現酮體。

5—**胰胰臟炎的排除**：約有50%診斷出糖尿病的貓咪都會有合併胰臟炎的發生，因此最好能排除胰臟炎。

6—**影像學檢查**：排除其他併發可能性。

治療

現在貓咪糖尿病被認為是可以治癒的疾病，只要及早控制、定期回診，確實監測血糖濃度，有機會可以脫離糖尿病的魔掌，治療方式以下分別詳述：

1—**皮下胰島素的給予**：臨床上的胰島素大多是中效型或長效型胰島素，都可以有效地控制血糖。不過，一般會一天驗多次血糖值，確定最高及最低的血糖值和時間點，找出血糖曲線圖，有助於了解胰島素治療的狀況及效果，並能幫助調整胰島素的劑量。胰島素一天注射2次，通常都是在給食物時一起注射。

▲ 皮下注射胰島素。

2—**輸液治療**：如果糖尿病有合併其他疾病時（如酮酸中毒），可能會需要靜脈點滴治療。因為貓咪可能會嚴重脫水及電解質異常，這些異常必須要在短時間內矯正，否則貓咪的狀況會更為惡化，甚至死亡。

3—**併發症治療**：如果糖尿病合併其他疾病一起發生，會使胰島素治療的效果變差。這些疾病可包括高腎上腺皮質功能症、胰臟炎、感染和肥胖等，所以在治療糖尿病的時侯，也必須同時治療其他併發症。

4—**飲食治療**：飲食治療在糖尿病貓咪的治療中是一個重要的環節，因此除了給予皮下胰島素治療之外，還須配合飲食治療，才能將糖尿病狀況控制好。此外，當貓咪不自己進食時，必須強迫灌食，直到貓咪開始自己進食，因為若長時間不吃時，有可能會併發肝臟、腸胃道或營養狀態不良的疾病。

5—**居家照顧**：當糖尿病貓咪身體狀況控制穩後，接下來的居家照顧更重要。除了一天2次的胰島素注射外，飲食也必須選擇糖尿病專用處方飼料或低碳水化合物（如無穀飼料）。而定時定量對血糖的控制也是有幫助的，通常是建議貓咪在注射胰島素的時間餵食。

6—**定期回診監控**：定期回診帶貓咪回診，將在家中所記錄的食慾、體重及喝水狀況等與醫生討論，並決定後續的治療方式。

糖尿病動物的飲食治療目的及注意事項

1—提供足夠熱量，以保持理想的體重，或是矯正肥胖或消瘦。體重的控制可以改善糖尿病狀況。

2—盡量減少餐後高血糖，藉由定時定量給予食物，並配合給予胰島素，促進血糖吸收。

3—肥胖會引起可逆性胰島素抵抗性。因此肥胖的糖尿病貓如果能控制體重，也可有效控制血糖。

4—貓咪是肉食性動物，因此身體會利用胺基酸和脂肪作為能量的來源，而不是碳水化合物；飲食中過多的碳水化合物會導致較高的餐後性血糖濃度。

5—高蛋白、高纖維及低碳水化合物是最適合糖尿病貓的飲食。但高蛋白質的食物對腎臟病及肝臟病的貓咪來說是不適合的，須特別注意。

在家中監控的注意事項

1—注意貓咪食慾，是否還是會過度討食，或是吃不飽。

2—多喝和多尿的症狀是否有比高血糖時減少許多。

3—定期幫貓咪量體重，觀察貓咪的體重是維持或輕微增加，還是體重持續降低。

4—精神狀況是良好，或是呈現發呆狀態，一直昏睡。

5—尿液試紙的顏色是否有出現尿糖或酮體反應。（建議早上測量尿液試紙）

注意是否有出現低血糖的症狀

在治療糖尿病的過程中，有些貓咪可能會出現緊張、涎流、嘔吐、瞳孔變大、癱軟，嚴重的甚至會昏迷或抽搐。如果出現以上低血糖的症狀時，以針筒餵食貓咪糖水或是50%葡萄糖液，然後緊急送到醫院治療。

Ｈ 呼吸系統疾病

呼吸系統最重要的功能是：提供氧氣給身體所有的細胞、移除身體細胞產生的二氧化碳。當貓咪呼吸時，空氣分子通過鼻孔進入鼻腔內，過濾掉一些小分子異物，接著進入氣管到達肺部，在肺部透過血液進行氧氣及二氧化碳的交換。氧氣由血液運送到全身細胞，而二氧化碳則是排出體外。正常貓咪的呼吸(腹部起伏)是規律的，大約每分鐘30～40次。所以當貓咪張口呼吸或是腹部的起伏變快、變用力時，可能是貓咪有呼吸道疾病發生了；而咳嗽是貓咪少見的症狀，因此發現貓咪咳嗽時，最好也帶到醫院檢查。

貓哮喘 ▬

貓呼吸道疾病中最常見的狀況之一，是一種對環境中過敏原的過敏反應。這種貓科動物的急性呼吸道疾病與人的支氣管哮喘類似，貓哮喘會出現咳嗽、喘氣、運動不耐、呼吸困難等症狀。氣管持續地發炎會造成氣管腫脹

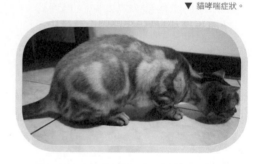

▼ 貓哮喘症狀。

導致分泌物過多，且狹窄的氣管可能會因為分泌物形成的黏液栓子造成阻塞。

當貓咪暴露在病原的環境，會使貓咪將病原吸入氣管中，而導致氣管平滑肌突然地收縮及發炎。症狀持續進行時，延遲治療會使病情加重，以及不可恢復的氣管阻塞，造成貓咪無法吐氣，導致呼氣障礙，接著會有肺氣腫和支氣管擴張形成。此外，貓和人以及狗的呼吸道比較起來，貓呼吸道中的嗜酸性球數量非常多，這也是貓咪容易引起哮喘症狀的原因之一。

氣管過敏性的原因來自於呼吸道黏膜病變和過敏反應二者，常見引起哮喘的病原包括草和花粉、香菸、飛沫(毛髮、皮屑、跳蚤)、不乾淨的貓砂盆、污濁的空氣、芳香劑和除臭劑、線香、室外的冷空氣等。任何年齡都會發生，但較常發生在2～8歲。

症狀

80%的症狀為咳嗽，另外還有噴嚏、呼吸喘鳴聲、貓咪呈現母雞蹲坐姿，頸部往前伸直等症狀，嚴重的貓咪甚至會有呼吸困難的狀況。

診斷

1—**影像學檢查**：從胸部X光中可以看到在肺臟處有毛玻璃樣的陰影，伴有支氣管壁增厚。

2—**細胞學檢查**：支氣管肺泡沖洗液會發現多量的嗜酸性球(有20%哮喘貓的末梢血液中嗜酸性球會增加)。將氣管沖洗液作細菌培養及抗生素敏感試驗，確定是否感染。

3—**心絲蟲kit篩檢**：有咳嗽症狀的貓咪建議作此檢查，以排除心絲蟲感染的可能。

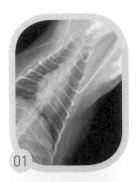

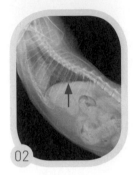

▶ 01／開胸腔X光下，肺臟原本是較黑的顏色。
　 02／但長期哮喘的貓咪，肺臟會變白、不透明。

治療

1—**氧氣治療**：給予呼吸困難的貓咪氧氣，可以舒緩呼吸症狀。

2—**給予類固醇和支氣管擴張劑**：以減少發炎反應、緩解症狀以及預防呼吸窘迫的發生。可能需要長期給予。

3—**抗生素**：如果發生肺部感染，需要抗生素的介入。

4—**給予吸入性藥物**：吸入性的類固醇藥物可經由定量噴霧劑、間隔器和面罩來給予，可用於替代口服類固醇的治療。長期使用吸入性類固醇也較不會出現類固醇的副作用。

預防

1—**體重控制**：過胖的貓咪容易有呼吸窘迫的症狀，減重可以降低呼吸窘迫的症狀。

2—**過敏原控制**：避免使用易產生灰塵的貓砂、屋內禁煙、定期使用醫療級的空氣濾清機，但效果有限。

哮喘貓的治療必須根據醫生的判斷來調整藥物劑量、藥物使用頻率，才能達到良好的治療效果。

哮喘噴劑的使用

貓咪的哮喘控制跟人一樣，也可以使用吸入性噴劑來控制症狀。不過，必須使用特殊器具才能讓貓順利使用噴霧劑；而吸入劑則是使用人醫的藥品，包括類固醇吸入劑（Flixotide®）和支氣管擴張劑(Servent®)。

1—貓咪在第一次使用時，可能會屏住呼吸且變得緊張，因此當面罩罩住臉時，可以輕聲安撫貓咪，讓貓咪放鬆。

2—吸入劑在第一次使用，或超過一週未使用時，請移除吸口蓋並對著空氣試噴一次，確定可以使用。

3—每次使用前，應輕搖吸入劑，並立刻使用。

4—注意吸入劑可噴用的次數，一般可用的噴劑次數為60次，所以要記錄使用次數，在快使用完之前，就要先準備新的藥劑。

5—一般是先使用支氣管擴張劑（Servent®）先讓支氣管擴張，15分鐘後再使用類固醇吸入劑（Flixotide®），讓藥物可以進入更小的氣道來產生作用。

▲ 使用吸入性藥物治療的工具。
（包括面罩、間隔器及藥物。）

哮喘呼吸器的使用方式

Step1

將面罩連接在分離器的一端，另一端則接上噴霧藥劑。

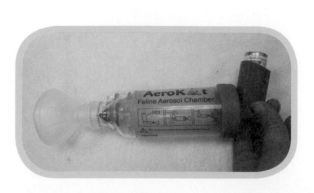

Step2　　將面罩輕輕罩住貓咪的口鼻。 ············· **Step3**　　用手指壓一下噴劑。

Step4　　讓貓咪持續呼吸7～10秒，再　　　　　　　**Step5**　　使用完呼吸器後，拆除金屬藥
　　　　　　將面罩取下。 ·······················　　　　　　　　　　罐，並將面罩及塑膠部分拆
　　　　　　　　　　　　　　　　　　　　　　　　　　　　　　　　開，以清水洗乾淨。晾乾後，
　　　　　　　　　　　　　　　　　　　　　　　　　　　　　　　　再重新組裝使用。

胸水 ▰

胸水（胸腔積液）指的是各種疾病導致液體異常地蓄積在胸膜腔內。胸水會壓迫肺
臟，使肺臟無法完全膨脹，造成貓咪呼吸困難。許多會導致血管發炎、血管內壓力
增加，或是血液中白蛋白減少的疾病，都有可能導致胸水的形成。因此，鬱血性
心衰竭、慢性肝病、蛋白質流失性腎病、蛋白質流失性腸炎、惡性腫瘤、胸腔內腫
瘤、貓冠狀病毒感染、胰臟炎、外傷等疾病都可能會引起胸水。大量的淋巴管漏出
稱為乳糜胸，化膿性滲出液貯留在胸腔內稱為膿胸，末梢血液有25%以上的血液成
分貯留在胸腔內稱為血胸。會以胸腔穿刺術來採集胸水，以區分胸水是漏出液、修
飾性漏出液、滲出液、乳糜液、膿水和血水，並進行治療。

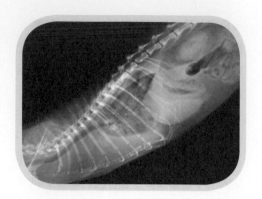

▲ X光片下，心臟輪廓消失，呈現白霧狀。

▲ 胸水嚴重的貓咪會用力呼吸，或是
　張口呼吸。

症狀

沒有年齡、品種和性別的特異性。胸水
並不會在一夕之間就大量產生，而且貓
咪會減少活動來克服這樣的狀況，一旦
超過身體所能負擔時，才會出現症狀，
所以胸水很難在早期被發現到。貓咪早
期只會出現嗜睡、厭食或體重減輕等症
狀。而大部分嚴重胸水的貓咪會呼吸急
促或是張口呼吸、發紺、發燒、脫水以
及出現端坐呼吸姿勢。仔細觀察貓咪腹
部，當呼吸時腹部出現明顯凹陷，就表
示有呼吸困難的可能。

診斷

1—**聽診**：心臟的聲音會很小聲。

2—**血液學檢查**：血球計數和血液生化
　及病毒篩檢有助瞭解全身性狀況。

3—**胸腔X光片**：與正常的X光片比較，
　看不到貓咪心臟的輪廓，原本黑色
　的肺臟有約一半是變成白色均質的
　影像。

4—**胸腔超音波掃描**：胸水存在時，可
　以藉此發現小團塊及沾黏的狀況。

5—**心電圖**：有助於心臟疾病的診斷及
　排除。

6—**胸水的分析**：一旦確定貓咪有胸水
　存在時，就必須嘗試抽取胸水，除
　了可以緩解呼吸困難的狀況外，也
　可以根據採集到的胸水來區分胸水
　的種類。胸水顏色、總蛋白、比
　重、細胞學的檢查都可以提供診斷
　線索。

7—**細菌培養**：如果細胞學檢查發現細
　菌時，胸水的細菌培養和抗生素敏
　感試驗是必要的。

治療

1—**給予氧氣**：當貓咪呼吸困難或發紺時，必須先給予氧氣及減少貓咪緊張，讓呼吸困難的症狀減緩。給予方式可以使用加上透明浴帽的伊莉莎白防護罩或氧氣籠，因為氧氣面罩會讓貓咪很反抗，反而會使病情惡化。

2—**胸腔穿刺**：如果貓咪有呼吸困難的狀況時，可以先實行胸腔穿刺術，將胸腔的液體抽出大部分，這會讓貓咪呼吸困難的症狀暫時緩解。但是貓咪如果非常抗拒醫療行為時，可能必須輕微的麻醉，因為貓咪在掙扎的過程中，引起猝死的機會非常大。而抽取出來的胸水則須送交檢驗。

3—**放置胸導管**：如果胸水持續地形成，放置胸導管可以改善因胸水壓迫肺臟引起的呼吸困難。某些胸水是可以藉由胸導管來治療的，如自發性膿胸，必須每日進行1～2次的胸腔灌洗，長達2週時間。若能確診胸水形成的病因，就必須針對病因加以治療。

4—如果是乳糜胸，給予低脂肪的食物可以有效減少胸水形成。此外，乳糜胸也可以進行外科手術治療。

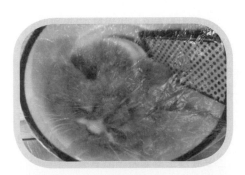

預後

胸水的恢復會因胸水種類和呼吸困難改善狀況而有不同，如果造成胸水的原因有及時診斷治療，大部分胸水的貓咪都能有良好的恢復。

Ⅰ 循環系統疾病

心臟是一個重要的器官，經由血液將營養和氧氣運送到身體各個部位。心臟有兩個主要目的：第一是將身體器官使用氧後的低氧血送到肺臟，再將充氧血送回身體器官。第二是收集來自胃腸道的營養物質，將這些營養物質送到肝臟進一步處理，再送到身體器官。如果心臟功能變差，導致這些功能受損時，貓咪會無法維持生命。

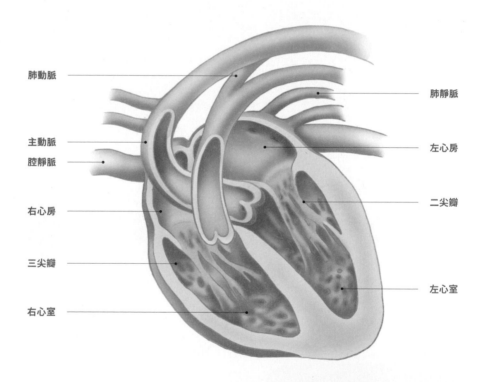

貓的心血管疾病最常見的是心臟疾病。高血壓偶爾會發生，但大多伴隨其他疾病而來，例如甲狀腺功能亢進症或腎臟衰竭等。人類的高血壓大多與血管疾病（如動脈硬化症）、肥胖、高脂血症、糖尿病等原因有關。但貓咪不同，肥胖、高脂血症和糖尿病可能會增加高血壓的風險，但卻少有因血管疾病引起的高血壓。

肥大性心肌病 ▬▬

貓的心肌病主要分成三種：肥大性心肌病、擴張性心肌病和限制性心肌病。肥大性心肌病是貓最常見的心臟疾病，它的特點是原因不明以及明顯的左心室肥厚；而甲狀腺功能亢進、全身性高血壓和主動脈狹窄等疾病也會繼發左心室肌肉肥大。肥大性心肌病的發生年齡從8個月到16歲，其中約75%是公貓；波斯貓、英短和美短、緬因貓以及布偶貓都被認為是與家族性疾病有關的品種。

症狀

通常輕度肥大性心肌病的貓不會出現臨床症狀，但有些貓咪活動力下降，或是稍微運動後便容易喘；貓奴們可能會發現貓咪的精神和食慾變差，但大部分的貓奴都是在貓咪呼吸變快、變得虛弱，甚至是張口呼吸或舌頭變紫時，才會緊急送醫院治療。而這些嚴重症狀的發生大多是因為發生胸水、肺水腫或是動脈栓塞症所引起，貓咪隨時都有可能會發生猝死的狀況，因此在移動的過程中必須特別小心，減少貓咪的緊張。

診斷

1—**聽診：**透過聽診可能會發現心臟有雜音（也就是異常的心跳聲）或是心跳速率異常，但也可能不會。

2—**血液檢查：**除了常規的血液檢查之外，六歲以上的貓咪也必須排除甲狀腺功能亢進。此外，proBNP快篩在懷疑有心臟疾病的貓咪（如有心雜音或X光片影像上有異常等），也可以作為輔助診斷。

3—**X光檢查：**心電圖和胸腔X光片可以提供診斷肥大性心肌病有用的線索，在典型的肥大性心肌病X光片下，側躺照心臟變大、正照心臟變成鈍型。

▲ X光片側躺照，擴大的心肌。

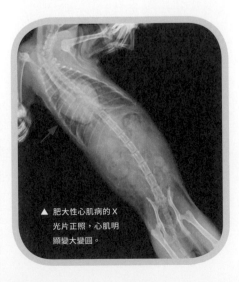

▲ 肥大性心肌病的X光片正照，心肌明顯變大變圓。

4─**超音波檢查**：這是必要的診斷方式，藉由超音波可直接測試心臟肌肉的厚度和心臟腔室的直徑及心臟功能。

5─**血壓檢查**：收縮壓高於180mmHg時，必須給予高血壓藥物。

治療

由於心臟肌肉發生的變化是不可逆的，因此藥物的治療大都是改善心臟肌肉的功能及臨床症狀，而不是治癒肥大性心肌病。一般會給予心臟病藥物以降低心臟的惡化，若併發肺水腫，也要同時進行利尿劑治療。如果貓咪有合併高血壓或是甲狀腺功能亢進症，則必須給予藥物治療。

預後

預後會與貓咪疾病嚴重的程度有關，輕度至中度的肥大性心肌病在藥物治療下，可以維持正常的生活，嚴重的也可能在幾個月內就惡化。除了長期進行心臟病的藥物治療之外，也必須定期回診檢查，並根據檢查結果和醫師討論劑量上的調整。此外，盡量減少讓貓咪緊張的外在因素，例如洗澡或外出。

動脈血栓症 ▬

動脈血栓症是肥大性心肌病常見併發症，會造成貓咪生命危險。肥大性心肌病導致血液滯留心臟內，增加血栓形成機會。血栓隨著血液循環到身體各處的血管形成栓塞，導致局部缺血及壞死。

症狀

在臨床上最常發生在後肢動脈，因為後腳的血流受到阻礙，導致後腳冰冷，肉墊變成紫黑色，且摸不到大腿內側脈搏。栓塞不僅會造成後腳突然麻痺，或是癱瘓無法行走，貓咪也會非常疼痛。

▲ 肉墊變成紫黑色。

診斷

與肥大性心肌病同，胸腔聽診、常規血液學檢查、心電圖和胸腔X光片、血壓測量以及心臟超音波檢查，對於心臟疾病引起的動脈栓塞症都是必要的檢查。

治療

一般都是給予溶解血栓藥物來進行治療，並不建議外科手術移除，但預後都很差。約有一半的貓咪會因為全身性血栓栓塞症及心衰竭的急症，在6～36小時內死亡。而存活下來的貓咪大多是在24～72小時內症狀及肢體功能開始改善，但之後還是可能會因為心臟疾病而死亡。

貓心絲蟲 ▬▬

傳染心絲蟲的媒介為蚊子，蚊子叮咬貓咪後，經由血液將心絲蟲傳染給貓咪。一般傳染的平均年齡為3～6歲。

▲ 貓心絲蟲篩檢kite。

症狀

大部分病貓並不會有任何的臨床症狀，但可能會顯現一些慢性的臨床症狀，包括：間歇性嘔吐、咳嗽、氣喘(間歇性呼吸困難、喘息、張口呼吸)、反胃、呼吸過快、嗜睡、厭食或體重減輕；當然有些貓也可能顯現急性的臨床症狀，就看成蟲對哪些器官產生傷害，如：衰弱、呼吸困難、痙攣、下痢、嘔吐、目盲、心搏過速、暈厥或突然死亡。

診斷

1—**心絲蟲檢驗套組**：貓專用的心絲蟲檢驗套組，只須幾滴全血，就可在十幾分鐘內確認有無心絲蟲感染。

2—**胸腔X光片**：胸腔X光片也是必要的檢查，除了可以排除肺臟的問題外，X光片下如果有肺動脈擴張的影像時，就懷疑有心絲蟲的可能。

3—**心臟超音波**：花費較昂貴，且必須由專業的心臟專科醫生來進行。

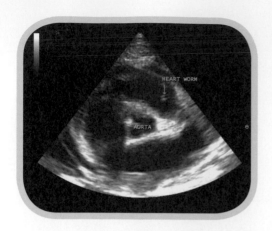

▲ 超音波可發現心絲蟲。
（劍橋動物醫院翁伯源提供）

治療

狗狗的心絲蟲治療已有相當安全的藥物可供運用，但並不適用於貓咪，因貓並不會有明顯的臨床症狀，不需要特別的藥物治療，可以靜待心絲蟲在2～3年內自行老化死亡，若有肺部臨床症狀出現時，大多會採用類固醇控制；若有嚴重的心肺症狀時，就必須進一步提供支持療法，如輸液治療、氧氣治療、氣管擴張劑、心血管藥物、抗生素、限制運動及良好的護理照顧等。

預防

既然貓心絲蟲在治療上並無法直接殺滅成蟲，只能消極地對症治療及支持療法，所以預防上就顯得相當重要。

1—**居家防蚊**：蚊子叮咬是貓咪感染心絲蟲的途徑，所以在蚊子活躍的期間，應做好居家環境的防蚊工作，只要貓咪曝露在有蚊子出沒的環境下，或者社區內有許多放養犬隻及流浪犬，都應接受心絲蟲預防。

2—**口服預防藥／局部滴劑**：貓咪應在超過六個月齡後先進行血液篩檢，確認有無心絲蟲感染，然後再決定採用哪一種預防方式，目前可分為口服預防藥及局部滴劑兩類，前者為貓心寶及倍脈心，每月服用一次；局部的體外滴劑則為寵愛、心疥爽或全能貓，也是每月滴用於頸背部皮膚一次。

J 生殖系統疾病

母貓生殖系統疾病大多發生在中老年且未結紮的母貓，相關的疾病包括了子宮蓄膿症、乳腺炎、乳腺腫瘤和卵巢腫瘤，這些疾病的發生大多與性荷爾蒙有關，而這些疾病的治療方式大多需要外科切除合併化學治療。

母貓生殖器官

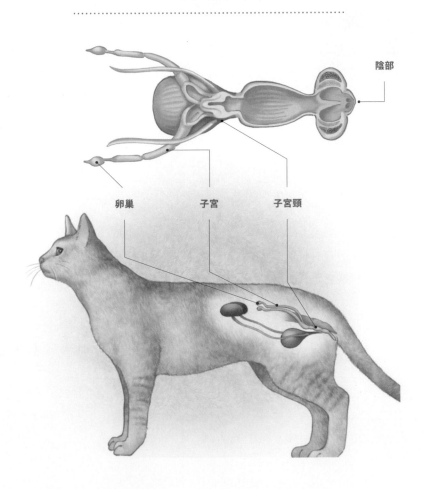

子宮蓄膿 ▬▬

母貓發情時，子宮會作好懷孕狀態的準備，
此時細菌也很容易進入子宮內。如果細菌在
子宮內過度增殖，造成大量膿液形成，並蓄
留在子宮內，就可能引起子宮蓄膿症。子宮
蓄膿大多發生在發情結束後，其中以中老年
未結紮的母貓發生率最高。

▲ 開放性子宮蓄膿，陰部會有膿
　血的分泌物產生。

症狀

臨床症狀為腹部膨大、厭食、嗜睡，開放性
子宮蓄膿症，母貓的陰部會有膿樣分泌物排
出等，而發燒及多喝、多尿的症狀則是比較
少見的；如果反覆發情但不繁殖時，很容易
形成子宮內膜增生，更容易會有子宮蓄膿的
形成。

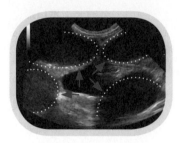

▲ 超音波下可以看到4個灰色的
　囊狀物，為蓄膿的子宮。

診斷

大部分的貓會有明顯白血球增加與白血球的
核左轉，少部分的貓會貧血；而在疾病末期
則會有高球蛋白血症及低白蛋白血症。如果
嚴重子宮蓄膿，超音波機和 X 光片下可以發
現擴張的子宮。

治療

治療方式包括初期的對症及支持療法，給予
輸液及抗生素，並將陰道流出的分泌物送交
細菌培養及抗生素敏感試驗，接著就是以外
科手術方式來切除卵巢及子宮，但如果貓咪
還需要進行育種時，也可以單純給予藥物治
療來保留日後的生育能力。

▲ 從子宮內抽出的膿樣分泌物，
　用作細菌培養。

貓乳腺瘤　▰▰▰

乳腺腫瘤佔母貓所有腫瘤的17%。大多發生在10～12歲的母貓，較少在公貓身上發現。六個月大之前節育的母貓只有低於9%形成惡性乳腺瘤的機會，因此大都建議在年輕時先節育。此外，貓的乳腺瘤有可能侵犯淋巴和血管且容易轉移，有80%確定轉移時，可能會造成貓咪死亡。轉移常會涉及淋巴結、肺臟、胸膜或肝臟，許多貓會因轉移到胸腔而形成胸腔積液，導致呼吸困難。

▲ 乳房腫瘤。

診斷

1—**觸診**：以手觸膜乳頭周圍可以發現小腫塊物。如果是單一腫塊，可以手術完全切除，並作組織病理切片，切片報告有助於知道腫塊的細胞來源及區別惡性或良性的病變，對於日後的化學治療會有幫助。

2—**影像學檢查**：胸腔X光片可以輔助診斷是否轉移到胸腔，若有胸腔積液形成時，採集胸水，並作細胞學檢查。

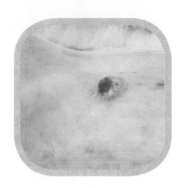

▲ 乳房腫瘤。

治療

腫瘤在病理報告確診為惡性乳腺瘤後，全乳腺外科切除是治療方式的首選，但乳腺腫瘤在手術切除後仍有轉移的可能。因此，建議術後同時以化學療法作為輔助，並定期追蹤胸腔X光片。

預後

從確定惡性乳腺瘤到死亡約一年左右。會影響生存時間的因素包括：腫瘤的大小(最重要)、手術範圍以及腫瘤的組織學分級。母貓的腫瘤直徑如果大於3公分，平均生存時間約4～12個月。母貓的腫瘤直徑為2～3公分，平均生存時間約2年。如果腫瘤細胞侵犯到淋巴管，預後則是非常差。因此，在貓咪六個月大時進行節育手術，可以降低乳腺瘤的發生率。此外，最好定期幫老年貓作乳房觸診，如果發現小腫塊，也趕緊帶到醫院請醫生檢查，別讓貓咪在年紀大時，還得受這些治療之苦。

乳腺炎 ▬

乳腺炎比較容易出現在貓咪產後，一般是與長期乳汁分泌過度或是貓咪生活環境的衛生條件差有關。乳腺炎大多是因細菌感染引起，部分貓咪的乳頭周圍會紅腫、疼痛。此外，貓咪會明顯地發熱、厭食；嚴重時，還可能會有膿腫的發生，且有膿混雜血液的分泌物由乳頭分泌出來。

根據臨床症狀，血液學和細胞學檢查可以來診斷，同時也可採乳頭分泌物來進行細菌培養和抗生素敏感試驗，以選擇適當的抗生素治療。如果母貓還在哺乳小貓，則由人工哺育小貓，減少乳腺的刺激。

卵巢腫瘤 ▬

卵巢腫瘤主要是因為荷爾蒙分泌過多及而引起的疾病，平均發生的年齡為7歲。在貓較少見，主要也是因為現在的貓奴們都有幫貓咪作早期節育手術的觀念。高動情素血症的特徵包括持續性發情、過度激動的行為、脫毛和囊性或腺瘤性子宮內膜增生；貓也會有嘔吐、體重減輕、腹水和腹部膨大的狀況發生，並且可能會造成腫瘤破裂和腹腔內出血。可以觸診、超音波、X光片等方式診斷，再以外科手術切除。

▲ 卵巢腫瘤。

　　公貓的生殖系統疾病較母貓來得少見，如果又不出門，那麼到底需不需要節育呢？這大概是很多貓奴心裡的疑問。在臨床上最常碰到公貓未節育的問題有：貓咪到處亂尿尿，或是貓咪會對布娃娃、棉被或貓奴的手、腳有交配動作。此外，未節育的貓咪會想往外跑，如果不小心跑出去除了容易感染疾病或寄生蟲外，也容易跟流浪貓打架受傷或是發生交通意外。所以建議還是盡早幫貓咪進行節育手術吧！

公貓生殖器官

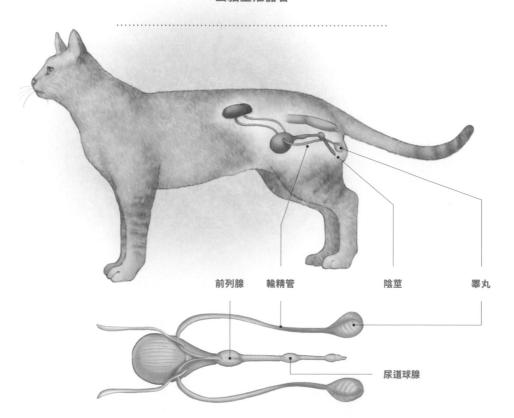

前列腺　　輪精管　　　　　　　陰莖　　　　　睪丸

尿道球腺

隱睪及睪丸腫瘤

公貓在幼年時期睪丸是在腹腔內，到了2～3個月大時，才會由腹腔內下降到陰囊內，這時才能從外觀上看到明顯的公貓生殖器官。但有些貓咪的睪丸沒有完全下降，如果睪丸仍然存在於腹腔內稱為腹腔隱睪，睪丸存在於鼠蹊部的皮下內稱為皮下隱睪。而睪丸停留在腹腔內或皮下，會有形成睪丸腫瘤的可能性。隱睪的發生一般以純種貓的比例較高。

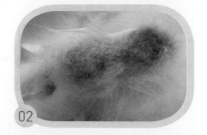

▶ 01／左邊為腫大的睪丸腫瘤，右邊為正常大小的睪丸。
02／隱睪。

Ⓚ 皮膚疾病

皮膚是身體重要的器官，覆蓋身體表面，不但可以防止水分和營養流失，還可以防止微生物侵入或其他外界的刺激性傷害，是一個重要的保護屏障。此外，也連接了許多附屬器官，如汗腺、皮脂腺、毛髮、指甲等。因此，當皮膚發生疾病時，會造成身體許多影響。

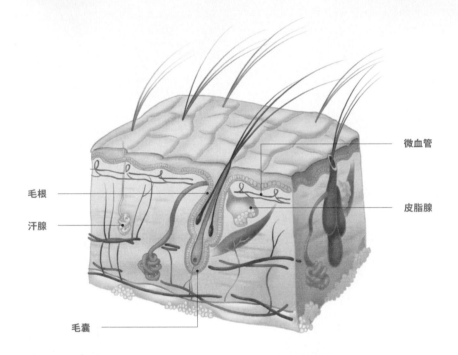

毛根

汗腺

毛囊

微血管

皮脂腺

近年來皮膚病發生有增加的傾向，這些原因可能與空氣污染、紫外線影響、環境改變、營養不良、藥物過度給予有關；然而，造成皮膚病的原因有很多，因此下面只提幾個貓咪比較常見的皮膚疾病。

貓咪皮膚病發生可分為以下幾種：

1─**感染**：寄生蟲、黴菌、細菌等。

2─**過敏性**：食物性、接觸性、吸入性。

3─**內分泌性**：副腎上腺皮質功能症等。

4─**營養不良**：缺乏某些營養物質。

5─**免疫功能異常**。

6─**心因性過度舔毛**。

貓粉刺

貓粉刺通常發生於成年或老年貓，幼貓較少發生，於下巴部位會有黑色分泌物的堆積，就像人類的黑頭粉刺一樣，如果有合併感染時，就會形成毛囊炎或癤病（furunculosis），此時就可能會使得下巴腫大。粉刺的確切成因不明，大多與貓咪本身毛髮清理工作不良有關，當然也可能繼發毛囊蟲、皮黴菌病或Malassezia感染，換個角度而言，原發性的皮屑芽孢菌(Malassezia)粉刺問題 也可能會繼發細菌、黴菌或Malassezia感染。而近年來的研究發現，貓粉刺與使用塑膠食盆有相關性，因此可以使用其他材質的食盆，降低粉刺發生率。

診斷

1—**外觀：**外觀是最明確的診斷依據，如貓咪的下巴總是髒髒的，且若有繼發感染時，就可能會出現下巴腫脹、結節、紅疹、痂皮。

2—**實驗室診斷：**對於這樣的病例不應輕忽而驟下診斷，最好能先進行拔毛鏡檢，觀察是否有黴菌孢子，若有皮膚滲出液出現，應以玻片直接加壓於病灶，風乾後染色鏡檢。

3—**細菌培養：**當懷疑有繼發感染時，細菌及黴菌的培養是必須的。

4—**切片檢查：**如果初步治療並無良好改善時，就應考慮進行皮膚生檢。

▲ 貓粉刺，在下巴會有很多黑色小顆粒的堆積。

治療

大部分的粉刺不需加以治療，僅是美觀上的問題而已，若是有繼發感染或貓奴堅持時才需要醫療的介入，且只能對症處理，無法根除。

1—初步治療時，局部的剃毛會有助於局部藥物的塗敷，可以塗敷局部抗生素軟膏，每日1～2次。在塗抹抗生素軟膏之前，可先使用棉花或卸妝棉沾溫水，覆蓋在下巴上30～60秒，讓毛孔打開，使藥物更容易滲透進去。

2—下巴也可視狀況定期清洗，約每週1～2次，清洗前可以先熱敷幾分鐘，讓毛細孔擴張，再以藥用洗毛劑局部輕柔按摩清洗，有些貓咪可能會產生皮膚刺激作用，可改用其他溫和洗劑。

3—如果局部的治療效果不佳或施行不易時，或許可以考慮其他的口服藥物治療，但必須考量這些藥物的副作用。

種馬尾

貓尾巴根部的背側面富含皮脂腺，會分泌油脂來作為氣味標示之用，而種馬尾指的是這些皮脂腺分泌過多的油脂，使得尾巴根部及臀部背側有大量的油脂堆積，會讓這些區域的毛髮黏附成一束一束的，大部分的貓咪並不會因為種馬尾而不適，但如果有繼發二次性的細菌、黴菌或皮屑芽孢菌感染時，就可能會引發不同程度的癢感及其他可能的病灶。種馬尾好發於未節育的公貓，但不論公貓或母貓，不論節育或未節育都可能發生，好發的品種為喜瑪拉雅貓、波斯貓、暹邏貓及雷克斯貓(Rex)。後軀背部皮脂漏若有繼發感染時，可能會出現毛囊炎、黑頭粉刺及癤。

症狀

臨床症狀為靠近肛門的尾巴背面會腫脹脫毛，因為發炎引起的疼痛及搔癢感，使得貓咪會一直去舔舐和咬尾巴，造成病變部位擴大。

▲ 公貓尾主要是在靠近肛門的尾根部的毛會油油的。

診斷

可以拔毛鏡檢、黴菌培養及皮膚刮搔物的新甲基藍染色，用來確定有無繼發感染。

治療

1—**剃毛**：可以讓局部洗劑有更佳效果。

2—**藥用洗毛精**：定期採用皮脂漏專用洗毛精清洗患部，輕輕按摩患部，一週洗2～3次。

3—**節育手術**：有些公貓的確會因為節育而改善，但並非所有病例都有效。

4—**繼發感染**：針對繼發感染的病原給予藥物。

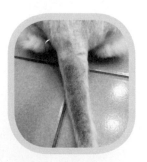

▲ 將尾巴毛剃除，再使用外用藥，效果較好。

黴菌

貓咪的黴菌最常見的是犬小牙胞菌感染。一般是經由直接接觸感染，例如接觸到感染的動物或是環境。此外，健康的皮膚是一個保護屏障，如有角質層的保護，較不容易感染黴菌。當免疫力降低，或是濕氣讓皮膚的保護力變弱時，就容易感染黴菌。

症狀

受到黴菌感染的部位會呈現圓形脫毛，脫毛的部位有些也會有大量的皮屑在上面，大部分的貓咪不會有太明顯的搔癢症狀。

診斷

可以伍氏燈、黴菌培養皿、顯微鏡協助診斷。

▼ 01／黴菌感染的照片。
　 02／左邊的培養基沒有黴菌生長，右邊的有黴菌生長。
　 03／人的黴菌會造成皮膚紅斑及癢感。

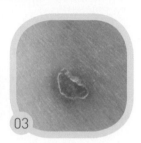

治療

一般治療是給予口服抗黴菌藥治療約一個月，治療期間也可以合併抗黴菌的藥浴，以達更好的治療效果。藥浴時的泡沫最好在貓咪身上停留5～10分鐘，一方面是讓藥浴更滲入，二來則是讓身上的皮屑軟化，在沖洗時可以將皮屑及脫落的毛洗乾淨。擦拭貓咪身體的毛巾，最好是選擇拋棄式的，以免重覆感染，甚至可以使用餐廳紙巾，用過就丟棄。當口服藥停止後，還是可以持續藥浴2～4週，確保黴菌完全好轉。當療程結束後，還必須作黴菌培養，確定沒有黴菌孢子才能停藥。

預防

平日的預防工作，最好以吸塵器去除環境中的黴菌孢子，也可用漂白劑和水，1：10～30稀釋液來消毒用品及毛巾。最好也能將感染黴菌的貓隔離，以免傳染給其他健康的貓咪。而人如果常抱著或是撫摸著被黴菌感染的貓咪，也容易因此感染到黴菌，特別是女性和小孩子感染後，皮膚出現圓形紅斑，會擴大且有搔癢感，常見的是在直接接觸的部位，如手臂和脖子。如果感染到頭部，會有圓形掉髮。

疥癬 ▰▰

貓咪的疥癬症是由 Notoedres Cati 的疥蟲感染所造成的皮膚病，疥蟲會躲藏在皮膚組織內，經由直接接觸感染疥癬的貓而得到皮膚病。

▲ 貓咪因疥癬造成極度搔癢，頭有禿毛現象。

症狀

感染疥癬的貓會極度地搔癢，甚至造成皮膚出血。受到感染的皮膚會變厚及脫毛，也會出現皮屑。而皮膚的病變通常是從耳朵邊緣先出現，之後是頭部、臉部和腳。

診斷

診斷時以皮膚搔刮，採取毛髮樣本，毛髮樣本在顯微鏡下，可以發現疥癬蟲。

▲ 毛髮樣本在顯微鏡下可發現疥癬蟲。

治療

確診後可以用外用洗劑治療4～8 週，並合併外用除蟲滴劑的使用會讓治療效果更好；同時也有針劑的治療，但對貓咪的副作用較大。

預防

避免貓咪直接接觸感染貓，並且定期滴體外除蟲滴劑，都可有效預防疥癬蟲傳染。

過敏性皮膚炎

過敏的概念是基於免疫系統對物質過度、異常的反應，但這物質通常不會在體內發現，只有少部分的貓是先天性過敏。相反地，持續接觸異物幾週至幾個月，甚至幾年後，可能會形成過敏。因此，過敏在小於一歲的貓並不常見。而貓的過敏途徑可分成三種：食物、跳蚤以及吸入。接觸性過敏是另一種形式的過敏，在貓較少見。與人類不同，貓咪的過敏性皮膚炎主要且常見的過敏表現是搔抓，呼吸道症狀(打噴嚏、哮喘)不是貓過敏最常見的症狀。貓食物性過敏性皮膚炎，是貓咪對食物或食物添加物引起的過敏反應，如果反覆給予過敏性食物會加重症狀。這類過敏性皮膚炎可能發生在任何年齡；不過，貓咪過敏性皮膚炎以跳蚤性的發生頻率為最高，第二個才是食物性。

症狀

貓的食物性過敏性皮膚炎特徵是非季節性搔癢，對類固醇的治療反應不好，搔癢的部位可能局限在頭和頸部，但也有可能到軀幹和四肢；皮膚可能會出現脫毛、紅斑、粟粒狀皮膚炎、痂皮、皮屑等，也可能會發生外耳炎。臨床症狀為第一次進食後有明顯的臉部和頸部搔癢症狀。如果反覆給予同樣食物，皮膚的症狀會擴展到全身，脫毛的部位和皮屑都會增加，嚴重時甚至會出現傷口。

診斷

可以顯微鏡檢查，以排除黴菌及寄生蟲(如疥癬)和跳蚤所造成的皮膚病，並搭配過敏原檢測。

▲ 01／過敏性皮膚炎造成嚴重面部發炎。
02／過敏性皮膚炎造成耳後搔抓。

治療

1—**抗生素治療：**以防止二次性細菌感染造成的膿皮症或是外耳炎。

2—**給予止癢劑：**可給予止癢劑，以及補充必需脂肪酸（皮膚營養劑）。

3—**食物簡單化：**給予低過敏原的飼料（例如水解蛋白的食物），或是單一配方飼料(例如單一種肉類、無穀飼料)，以減少接觸過敏原。

嗜酸性球性肉芽腫複徵 ▬

這樣的病名就連獸醫師唸起來都有點繞舌，一般飼主聽到這樣的病名也不得不肅然起敬，其實如果把這樣的名詞——拆解後，大家或許就比較容易懂了。嗜酸性球是白血球的一種，在血液中佔極少的分量，它的增多與過敏、免疫反應及寄生蟲感染有關；而肉芽腫則是由肉芽組織構成的腫塊，當肉芽組織內存在著大量嗜酸性球時，就稱為嗜酸性球性肉芽腫；當這樣的肉芽腫有很多樣化的呈現方式時，我們就會把它們集合起來，統稱為嗜酸性球性肉芽腫複徵。貓的嗜酸性球性肉芽腫有三種主要的呈現方式：

1─嗜酸性球性斑：

是一種過敏反應，最常發生於對昆蟲叮咬的過敏反應，如跳蚤及蚊子。其他的過敏如食物過敏、環境中的過敏原或異位性皮膚炎，則較少見。病灶呈現界線分明的隆起脫毛區或潰瘍，通常出現在腹部的腹側及大腿內側，病灶非常癢，所以都會被貓咪舔得濕濕的。

2─無痛性潰瘍：

病灶界線明顯，位於上唇，有時單側發生，有時雙側發生，病灶呈現濕濕的潰瘍狀，外觀看起來像火山口一般。可能與跳蚤過敏或食物性過敏及基因有關，有極少數病例會演變成鱗狀上皮細胞癌。

3─線狀肉芽腫：

典型的病灶位於大腿後側，呈現界線明顯、脫毛、細繩狀的組織隆起，也可能發生於貓咪腳的肉墊、咽頭及舌頭上，有些貓咪則會呈現下唇或下巴的腫大外翻，就是俗稱的肥下巴。可能會併發周邊的淋巴腺病，但引發搔癢的程度則不一致。

▲ 01／嗜酸性球性肉芽腫。 02／下巴腫大，俗稱肥下巴。 03／無痛性潰瘍，是發生在上唇的潰瘍。

診斷

1─**細胞抹片**：若病灶呈現潰瘍或有滲出物時，可以用玻片直接加壓於病灶上並往一方向移動，就可以得到一個組織抹片，於染色後進行顯微鏡檢查，可看見發炎細胞以嗜酸性球為主。

2─**組織採樣**：任何懷疑的腫塊應先進行組織生檢採樣，並送交病理獸醫師進行切片檢查，才能得到確診。

3─**血液檢查**：血液檢查或許可以發現血液中的嗜酸性球增多，但並非絕對，尤其是無痛性潰瘍。

治療

1─**移除過敏原**：詳細問診及細心分析或許可以發現某些可能的過敏原，如跳蚤、蚊子或食物，將這些可能的過敏原移除，或許就可痊癒，或者對治療反應有很大助益。

2─**類固醇**：最常被用來治療嗜酸性球性肉芽腫複徵的藥物，且貓咪體內糖皮質醇的接受器遠較狗少，所以高劑量下也很少引發副作用。

3─**免疫調節劑**：已被用於處理一些難以控制的病例，可能會有副作用，且效果不一定，但干擾素對某些病例的確有控制效果。

4─**添加脂肪酸**：可能成功消除或減緩某些病例的症狀。

雖然可能需要持續、重複地治療，但對大部分的病例而言效果是良好的，如果能將潛在的可能過敏原消除的話，當然就更理想了。

Ⓛ 體內外寄生蟲

寄生蟲感染是新進小貓常見的疾病，尤其是以流浪貓最常見。因此，如果沒將新進小貓作好隔離或是驅蟲，很容易就會讓家中的貓咪感染到寄生蟲。寄生蟲一般分成體內寄生蟲（蛔蟲、球蟲、條蟲、梨形鞭毛蟲以及心絲蟲等）和體外寄生蟲（跳蚤、疥癬蟲等）。但如果貓咪處於半放養狀態，常常有機會接觸到外界或其他流浪貓時，寄生蟲不但會感染貓咪，也會傳染給人，是屬於人畜共通的傳染病。因此，定期幫貓咪驅蟲，可以有效防止貓咪感染寄生蟲，也可以防止感染給人。

蛔蟲 ▬▬

貓體內寄生蟲最常見的是蛔蟲，主要是寄生在貓咪的消化道之中，是體長約3～12公分的線狀寄生蟲。

感染途徑

大多是經口吃入蟲卵而感染，例如接觸到污染的糞便，或是已得到蛔蟲的母貓會經由乳汁傳染給小貓。

症狀

1—小貓嘔吐、下痢，有時甚至會在嘔吐物或糞便中發現蟲體。
2—感染的幼貓可能會腹部膨大，體重減輕和發育不良。
3—成貓感染後通常是無症狀，有些貓咪可能會直接拉出或吐出蟲體。

治療

確診後，給予口服驅蟲藥，隔兩週再驅一次。第二次驅蟲主要是要殺死從卵孵化的成蟲。

預防

平日預防可給予口服驅蟲藥（倍脈心、貓心寶）來預防，也可用體外驅蟲滴劑（心疥爽、寵愛、全能貓或滴即樂等），一個月使用一次。有新進小貓時，除了常規性驅蟲外，也必須要隔離一個月。

人類的症狀

人也會感染蛔蟲，特別是免疫力弱的人和小孩；蛔蟲卵會在腸道中孵化成幼蟲，在肝臟、眼睛、神經等身體器官中移行，幼蟲在人的內臟中，會造成食慾

不振和腹痛的症狀；而若幼蟲移行到神經，會造成運動障礙和腦炎；若移行到眼睛，則會發生視力障礙。

條蟲

瓜實條蟲也就是所謂的條蟲，一般為50公分長的體內寄生蟲，主要是寄生在貓咪的小腸之中。

感染途徑

條蟲不像蛔蟲一樣是經由蟲卵感染，一般是跳蚤食入條蟲的蟲卵後，使得跳蚤體內有條蟲幼蟲寄生，如果貓咪在舔毛的過程中將跳蚤食入，也會造成貓咪感染條蟲；而若跳蚤跳入人的口中，也會因此感染條蟲。此外，接觸到污染的糞便也有可能感染到條蟲。

症狀

成貓大多沒有症狀，有些貓咪會因為癢而有磨屁股的動作。而小貓可能會造成下痢，嚴重下痢時甚至可能導致脫水，但較少見。在貓咪的糞便上或肛門口周圍，可以發現像米粒大小的白色蟲體，會伸縮移動。但乾掉後的條蟲會變成芝麻大小的顆粒，可在貓咪周圍發現。

治療

可給貓咪口服驅蟲藥，隔兩週再驅一次，也可用體外驅蟲滴劑(滴即樂或全能貓)，一個月使用一次。

預防

平日預防可給予口服驅蟲藥，也可用體外驅蟲滴劑(滴即樂或全能貓)，一個月使用一次。預防跳蚤的感染可降低食入條蟲的機會，當有新進小貓時，除了給予常規性驅蟲外，也必須隔離一個月。

人類的症狀

大多數人都沒有症狀，但是小孩感染的話，可能會有腹痛及下痢的症狀。

▼ 01／在下痢便中可以發現白色像麵條的蛔蟲在動。 02／吐出的食物中參雜蛔蟲。
　03／糞便顯微鏡：顯微鏡下檢查會發現蛔蟲蟲卵。

▲ 01／餵小貓吃驅蟲藥。 02／條蟲。 03／排出體外的條蟲片節會乾掉，像芝麻大小。

球蟲

球蟲是具有專一性的細胞內寄生蟲，一般是在小腸中發現。抵抗力差的幼貓會造成嚴重的下痢症狀，如果沒有治療甚至可能造成死亡。而球蟲能在體外環境中生存幾個月之久。

感染途徑

球蟲的感染是透過貓咪吃入有球蟲污染的食物或水（直接感染），或是貓咪吃入帶有球蟲的宿主（齧齒類動物）而感染（間接感染）。之後球蟲會在小腸中發育及增殖，再經由糞便中排出，繼續感染給下一隻貓咪。一個月大的幼貓如果處於緊迫的環境，或是在擁擠而且衛生條件差的環境中，會造成免疫功能降低，球蟲感染也容易因此發生。

症狀

感染的小貓會有下痢及黏液性血便，下痢會導致小貓體重變輕、發育不良以及脫水；症狀嚴重甚至會死亡。而成貓若感染球蟲通常是沒有症狀。

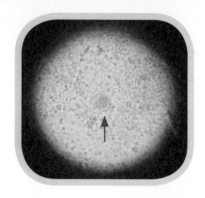

診斷

▲ 球蟲蟲卵。

一般臨床上，可以顯微鏡檢查發現球蟲的卵囊。

治療

症狀輕微的小貓可以使用兩週的口服藥來治療。如果有脫水、電解質不平衡或是貧血的小貓，則需要點滴或輸血的治療，也需要額外的營養補充。

預防

平時，貓咪排泄後的糞便處理就要格外當心，保持環境衛生及害蟲防治，避免過度擁擠和小貓緊張。此外，母貓在懷孕前如果有感染球蟲，也必須先治療。

梨形鞭毛蟲 ▬

寄生在貓咪的腸道，牠們被包在囊內，會通過腸道隨著糞便排出。

感染途徑

多為貓咪接觸到感染的糞便、污染的水和食物而感染梨形蟲，免疫力差或是高密度飼養環境的貓發生率較高。

症狀

症狀為下痢、體重減輕，嚴重的甚至會食慾降低、脫水及精神變差。

診斷

臨床上有梨形蟲的快速篩檢試劑，準確率高，且直接採取新鮮的糞便就可以馬上作檢查。或者可以糞便顯微鏡檢查，在顯微鏡下有可能看到囊胞。

治療

若確診，則口服殺蟲藥約1～2週。

預防

由於梨形鞭毛蟲是人畜共通傳染病，加上其囊胞可以長期存在於環境，所以貓咪容易反覆感染，因此要格外注意家庭環境衛生。若貓咪平時會往戶外活動，則感染源很難作到完全控制。

毛滴蟲 ▬

是一種寄生於大腸的單細胞原蟲，引發貓慢性軟便、黏液便。

感染途徑

毛滴蟲在潮濕的環境下可以存活一週，大部分都是糞便經口感染，但也可藉由其他病媒傳播，如蒼蠅。

症狀

惡臭的膏狀或半固體狀大腸性下痢，也常伴隨血液及黏液的出現，常常會有腹鳴及裡急後重。

診斷

目前台灣只能依靠新鮮的糞便檢查來發現蟲體，但不一定能發現到。

治療

口服專用藥物兩週。

跳蚤感染

跳蚤最常引起的症狀是搔癢、脫毛，較嚴重的會造成過敏性皮膚炎。皮膚炎的發生主要是因為跳蚤在吸血時，會分泌唾液使血液無法凝固，而這個唾液會使貓咪的皮膚出現過敏反應，皮膚會出現小紅疹，頸部和背上會有脫毛現象。如果幼貓身上感染非常多跳蚤時，容易造成貧血。此外，跳蚤也會帶原條蟲，造成貓咪感染條蟲症。

診斷

以蚤梳梳毛，可發現跳蚤的排泄物或跳蚤，如果貓咪身上的跳蚤數量很多，甚至撥開頸背部的毛就可以直接發現。

治療

體外寄生蟲除蟲滴劑可將貓咪身上的跳蚤殺滅，而跳蚤引起的過敏性皮膚炎，則必須靠口服抗生素及止癢藥來緩解搔癢和發炎的狀況。

預防

平時可以一個月點一次體外寄生蟲除蟲劑，以預防跳蚤的傳染。此外，家中的環境必須定期清掃消毒，避免跳蚤及卵殘留在環境中。

人類的症狀

人被跳蚤叮咬的部位主要是在膝下，會起紅疹、有搔癢感，而且會起水泡，甚至腫起來。

跳蚤小檔案

- 跳蚤是黑褐色細長的小蟲，在貓的表皮毛髮間爬行，且跑的速度很快（但跳蚤平時是用跳的）。
- 在貓的皮膚表面產卵，一天可產4～20個卵。有時在身上可看到很多黑色小顆粒，那是跳蚤的排泄物而非卵。
- 最適合跳蚤生存的溫度為18～27℃，濕度為75～85%。
- 跳蚤是瓜實條蟲的中間宿主。
- 蟲卵1～10日會孵化，而幼蟲在9～10日內會有三次脫皮，蛹會在5～10日內變成成蟲。
- 成蟲可以存活3～4週。

▲ 跳蚤為黑色細長小蟲，會在貓咪的毛髮間爬行。

▲ 01／過敏性皮膚炎造成的後軀脫毛。 02／用蚤梳梳毛可以發現跳蚤及其排泄物。
　 03／翻開貓咪的毛，可以發現很多黑色的跳蚤排泄物。

體外除蟲滴劑的使用

Step1

根據貓咪體重，選擇
適合的除蟲滴劑。

Step2

滴劑使用的部位最好
是在貓咪舔不到的地
方，如頸部。

Step3

將毛撥開，滴劑滴在
皮膚上。

Step4

等待毛乾即可。

Ⓜ 傳染性疾病

貓咪之間的傳染性疾病大都具高度傳染性，得到傳染病時幾乎都會造成嚴重症狀甚至死亡。而這些傳染病都是貓咪接觸到感染源，或是沒有施打預防針的狀況下造成的感染。因此，貓咪應該要定期接種這些疾病的預防針、將新進貓咪完全隔離、盡量室內飼養，減少與外面貓咪打架的機會，這樣才能有效預防貓咪感染傳染病。

貓鼻氣管炎 (疱疹病毒) ▬

貓鼻氣管炎會造成傳染性結膜炎以及上部氣管發炎，特別是當幼貓感染時症狀往往容易惡化，且會導致結膜炎，嚴重的甚至有可能視力喪失。

▲ 感染疱疹病毒的貓咪會有嚴重的結膜炎和鼻膿分泌物。

感染途徑

大部分貓咪感染疱疹病毒痊癒後，會終生帶原，因為病毒會躲在神經組織內，當健康狀態變差時，免疫力降低，就會從神經組織中出現，導致疾病再發生；而當疾病惡化，變成肺炎及膿胸時，甚至有可能造成貓咪死亡。所有年齡的貓咪都會感染疱疹病毒，但幼貓最易感染，因此要早期接種疫苗，誘發免疫力是很重要的。其主要傳染途徑是接觸到感染貓的口鼻或眼睛分泌物而感染，飛沫也是途徑之一。另外，多貓飼養、環境變化、母貓分娩時精神緊張、使用免疫抑制劑等，也會造成免疫力降低而使貓咪間歇性排毒，增加感染的機會。

症狀

感染的貓咪可能會發燒、精神變差、食慾降低，且鼻子周圍有明顯的鼻分泌物，由清澈鼻涕轉變為鼻膿，甚至會有鼻鏡潰瘍；也常常可以看到結膜炎、眼睛畏光及眼睛分泌物，嚴重的甚至會角膜潰瘍。如果繼發二次性細菌感染，會造成嚴重的支氣管肺炎，幼貓的死亡率非常高。

診斷

1—**臨床症狀及病史**：當幼貓持續打噴嚏超過48小時便需注意，尤其是未施打過預防針的幼貓。

2—**病毒分離**：可以採集口腔咽喉或是結膜分泌物來作病毒分離。

3—**聚合酶鏈反應（PCR）檢測。**

治療

1—**抗疱疹病毒藥物**：包括口服抗病毒藥21天及抗病毒眼藥水。

2—**抗生素治療**：預防二次性的細菌感染，造成更嚴重的呼吸道症狀。

3—**補充脫水**：症狀嚴重的貓咪會因為鼻腔發炎造成嗅覺變差，以及口腔潰瘍造成不吃不喝，因此需要靜脈點滴來恢復脫水的狀況。如果藥物沒辦法經口時，也可以經由靜脈點滴來給予。

4—**營養補充**：症狀嚴重會不吃不喝，但營養補充對病貓是非常重要的。因為呼吸困難，有時強迫灌食反而容易造成貓咪緊張，甚至會因為排斥進食而造成吸入性肺炎；此時，鼻胃管或食道胃管是不錯的選擇，可在短時間內提供足夠營養需求。

5—**清理眼鼻及點眼藥**：病毒感染造成膿樣的眼鼻分泌物，必須每天清理眼鼻分泌物且點眼藥，防止更嚴重的眼睛疾病(如角膜潰瘍)。

6—**干擾素和離氨酸**：以往常被使用的離氨酸，目前在療效上存在爭議。

7—**霧化治療**：可補充上呼吸道內水分，減少鼻分泌物，讓貓咪較舒服。

預防

1—母源抗體在幼貓7～9週齡時會開始下降，在感染前接種預防針是最有效的預防方式。成年後定期接種預防針，保持良好的抵抗力。

2—將感染貓隔離，減少其他貓咪被感染的機會。

3—徹底消毒。取次氯酸鈉(漂白水)以1：32比例稀釋成消毒液，幫環境及器具消毒。但要注意次氯酸鈉的效果只有稀釋後24小時。

貓卡里西病毒

貓卡里西病毒主要是導致口腔潰瘍的上呼吸道疾病，這些病毒具有傳染性，在多貓飼養的環境下可能會有帶原的情況產生，而母源抗體減弱一般是在5～7週齡的幼貓，所以在這些環境中的幼貓，打疫苗之前就可能已感染病毒。

感染途徑

主要是接觸到感染貓或其分泌物以及飛沫傳播而感染，會侵入結膜、舌頭、口腔、呼吸道黏膜增殖，造成發炎。

症狀

感染初期主要症狀為發燒、精神變差、食慾降低、打噴嚏、鼻塞、流鼻涕及流眼淚，並在舌頭和口腔內形成水疱及潰瘍，又因為口腔內潰瘍造成疼痛，使得貓咪容易流口水；如果呼吸道的症狀持續感染，會引起肺炎。而近期發現「全身性嚴重性貓卡里西病毒」會造成感染貓咪發燒、臉部和爪子水腫、潰瘍、脫毛、黃疸、鼻腔和糞便出血，以及呼吸道症狀，對成貓的影響較大，死亡率超過60%，現在認為貓的慢性口炎是因為貓卡里西病毒的慢性感染所致。

診斷

此病毒感染的診斷需仰賴臨床症狀、病史分析、病毒分離及聚合酶鏈反應（PCR）檢測。

治療

卡里西病毒的治療方式與疱疹病毒同，但卡里西病毒並沒有專用的抗病毒藥物，補充靜脈點滴給予營養，以及清理口鼻分泌物都很重要。此外，因為口腔潰瘍、發燒和鼻塞造成貓咪不進食，可以給予消炎止痛藥來緩解。

預防

預防方式和疱疹病毒同。卡里西病毒會持續存在環境中一個月，而一般的清毒藥很難消滅此病毒，氯系的消毒藥才較有效，因此可以用5%的漂白水，以1：32稀釋來消毒環境。

▲ 嚴重卡里西病毒感染，必須打點滴來改善脫水狀況。

▼ 01／每日清理感染的眼睛。 02／霧化治療。03／卡里西病毒會造成小貓口腔潰瘍。

貓披衣菌 ▰▰▰

披衣菌是一種細菌，主要是引起貓的眼睛感染，但會與疱疹病毒及卡里病毒合併感染，造成上呼吸道感染。

感染途徑

5週齡至9月齡的幼貓最容易感染披衣菌，且較常於多貓飼養環境中發生，因為披衣菌無法在體外生存，所以是透過貓咪之間密切接觸而傳染，其中眼睛分泌物可能是最重要的感染源。

症狀

感染後，通常會造成貓咪的結膜炎，而眼睛的症狀一般是由其中一隻眼睛開始，5～7天後另隻眼睛也會開始有症狀。感染的眼睛會頻繁眨眼和淚汪汪的，隨後轉變成黏液或膿樣的分泌物。大部分感染貓的精神和食慾仍維持得很好，少部分可能會發燒、食慾不振和體重減輕。在慢性感染的貓眼中可以發現眼結膜充血、黏液性眼分泌物，症狀可能持續2個月以上。

診斷

披衣菌的診斷可以採取眼膿分泌物作聚合酶鏈反應（PCR）檢測、細菌分離，或血清學診斷檢驗抗體。

治療

一旦確定感染，必須以口服四環素治療至少四週，並且點眼藥膏或眼藥水，緩解眼睛症狀。

預防

此病毒可以施打疫苗預防，但因為這個疾病並不嚴重，因此不列為核心疫苗。但在高感染的環境中（如多貓的環境）就必須要施打此疫苗。

貓免疫缺陷不全 ▰▰▰

貓免疫缺陷病毒（FIV）與人的愛滋病病毒有密切關係，但人與貓的愛滋病並不會互相感染。貓愛滋病是所有年齡的貓都會被感染，其中以未節育的公貓比例較高，因為沒節育的公貓較容易與外面的貓咪打架爭地盤。

感染途徑

1—會到屋外活動的貓咪或未節育的公貓，容易和外面的貓咪打架，如果被帶原愛滋病病毒的貓咪咬傷，病毒便會經由傷口感染到體內。

2—懷孕母貓如果感染愛滋病病毒，也會經子宮、胎盤或唾液感染小貓。

3—雖然病毒可由唾液感染，但經由貓咪理毛、食物、水盆感染的機會不大，因為病毒在環境中無法長時間存活，且病毒可以被消毒劑殺滅。

症狀

發病的貓咪會發燒、慢性消瘦、口腔發炎、結膜炎、鼻炎、下痢和慢性皮膚炎。50%的愛滋病帶原貓會有慢性口炎和齒齦炎。但有些帶原愛滋病的貓咪是沒有任何的症狀，這樣的狀況會長達6～10年之久，之後會因免疫功能下降，感染其他疾病而造成死亡。

診斷

貓愛滋病／貓白血病的kite檢測，可以很快速的診斷。但是在早期感染階段（2～4週），抗體通常不存在於血液中，大部分貓咪在感染60天後才會檢測到陽性結果，少部分則到六個月才檢測出來。因此如果貓咪在感染後驗出陰性反應時，建議60天後再重覆檢測一次，或是以PCR同時確認。此外，經由母體感染給幼貓的機會是比較少的，因此當幼貓驗出愛滋病陽性時，建議在六個月大時再複驗一次。

治療

若貓咪不幸發病，目前尚無有效的治療方式，只能用對症療法抑制貓咪的疼痛和不適。對於脫水、貧血和感染的貓咪，則給予支持療法，如點滴、輸血給予或抗生素。一旦確認貓咪感染此病，就終生無法治癒，不過臨床上遇到的案例多是有口齦炎症狀的愛滋貓，而這部分在口腔疾病的章節中，有提到詳細的治療及照顧方式。

預防

台灣目前沒有疫苗可以預防貓愛滋病的發生，因此還是著重在預防貓跟貓之間的感染。盡量將貓咪結紮並且養在室內，以減少與外面的貓咪爭地盤、打架，新進貓咪也務必確實作好愛滋病／白血病的篩檢及隔離。

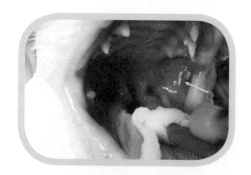

▲ 愛滋病毒感染的貓咪大多會有嚴重的慢性口炎（黃色箭頭指向之處）。

貓白血病

貓白血病是一種反轉錄病毒感染所造成的傳染病，從感染到發病可能會持續數個月到數年的時間。

感染途徑

病毒主要是經口傳染。帶原貓咪的唾液含有高量的病毒，經由咬傷和舔毛、共享食盤，以及接觸帶原貓咪的分泌物和排泄物是最常見的感染途徑。小貓也可能經由帶原母貓的胎盤或乳汁而感染。

症狀

感染的貓咪可能會造成貧血、發燒、呼吸困難、體重和食慾降低、齒齦炎／口炎、嗜睡，以及免疫力降低，因而感染多種疾病造成死亡。有些貓咪甚至會有腫瘤形成。

診斷

除了有愛滋病／白血病的快速篩檢，還有以全血球計數（CBC）檢測，也會發現貓咪的紅血球減少（貧血）、白血球和血小板減少。肝臟和腎臟指數也可能會增加。而貓白血病病毒的抗原檢測（如ELISA抗原檢測）、骨髓採樣、腫瘤物採樣等也都可以作診斷。

治療

一旦貓咪確診，應先將感染貓與健康貓完全隔離，並給予健康貓良好的營養、增強免疫力，定期作身體健康檢查。目前並無有效的治療方式，只能針對貓咪的症狀來對症治療。脫水嚴重的貓咪給予點滴和抗生素治療。如果貓咪不吃可能就得經由鼻胃管或食道胃管灌食。貧血嚴重的貓咪則可能需要輸血（可找已有接種過白血病疫苗的血貓）。有淋巴瘤的貓咪也可考慮化學療法。

預防

為降低貓咪感染風險，台灣目前有五合一疫苗及三年一次的貓白血病疫苗可以使用。此外，應確實作好新進貓咪的愛滋／白血病篩檢及隔離，並且盡量減少貓咪到外面接觸其他的貓咪。如果貓奴本身有在餵養流浪貓，回到家一定得換下污染的衣物，清洗乾淨後再抱家裡的貓。此外，病毒在體外乾燥的表面無法生存超過幾小時，而且可以用一般的消毒劑殺死病毒。

▶ 貓愛滋和白血病的篩檢kite。

貓泛白血球減少症 ■■■

又稱貓瘟，會造成貓咪急性病毒性腸炎。這個病毒也會造成貓咪的骨髓抑制，讓白血球減少，免疫力降低。

感染途徑

貓瘟的傳染力非常強，直接接觸到感染的貓，或其唾液和排泄物都可能感染。人也是一個傳染的媒介，如果人接觸到帶原貓咪，回家後沒有先清洗消毒就摸家裡的貓咪，也會造成感染。

症狀

幼貓感染後會發燒、食慾降低、精神變差，接著會頻繁嘔吐和嚴重脫水。有些貓可能還會腹痛和下痢，甚至出現像番茄汁的血痢便。病毒性腸炎若發生在未施打預防針的幼貓身上，致死率是非常高的(高達90％以上)。當白血球降至500/dl以下時，容易併發二次性感染，造成貓咪死亡。若懷孕母貓感染貓瘟，腹中的胎兒出生後可能會有小腦形成不全症以及運動失調的症狀發生。

診斷

除了貓瘟病毒快篩檢測外，當幼貓出現發燒、胃腸道症狀，且白血球總數低於正常時，便會懷疑是感染貓瘟了。

治療

病毒性腸炎的治療目前沒有比較有效的方法，一般還是以支持療法（打點滴）以及對症治療為主。

1—**給予點滴**：幼貓因為嘔吐和下痢的胃腸道症狀，而造成脫水及電解質異常，給予點滴可以改善，且嘔吐讓貓咪無法進食及給予藥物，所以可由點滴來給予止吐及藥物。
2—**給予已有抗體的全血**：如果病毒造成嚴重的血便，可能會導致幼貓貧血，而嚴重的貧血會引起休克症狀，因此也可視情況給予已有抗體的全血來治療貧血。
3—**給予抗生素**：防止二次感染。

預防

1—新進小貓或是感染貓，必須作到確實的隔離工作。
2—幼貓定期施打預防針，以得到良好抗體的保護。
3—以氯系消毒水徹底消毒感染貓咪用過的器具及環境。

傳染性腹膜炎 ■■■

傳染性腹膜炎是一種貓腸道型冠狀病毒突變而來的病毒。腸道型冠狀病毒造成的腸胃炎大多是輕微且短暫的下痢，並不會危及生命，除非變異成貓傳染性腹膜炎病毒。小於一歲的貓發生率比成貓來得高，可能是因免疫力降低和病毒快速複製，但突變原因尚不清楚。

感染途徑

很多貓咪體內都有腸道冠狀病毒的存在，平時病毒能與身體和平共存，但遇到緊迫狀況時，病毒會大量複製，這時就可能突變或變成傳染性腹膜炎病毒，所以，嚴格來說，大部分的病例都不是被傳染的。但根據研究顯示，仍有可能發生貓與貓之間的傳染，因此一旦確診，應立即進行隔離，特別是多貓飼養的環境會有較高的發生率。

症狀

感染初期會發燒、嗜睡、食慾降低、嘔吐、下痢及體重降低。一般分成濕式和乾式傳染性腹膜炎。傳染性腹膜炎造成的體重降低，會讓貓咪的背脊變得明顯，如果是濕式腹膜炎，會產生腹水、腹部膨大，導致貓咪呼吸困難。而乾式腹膜炎會出現眼部病變和神經症狀，甚至會在許多臟器形成化膿性肉芽腫，導致器官衰竭。

診斷

臨床上要作到完全的確診是困難的，因為沒有一個單一、簡單的診斷檢驗可以診斷傳染性腹膜炎，因此必須合併以下各種因素綜合診斷：

1—來自收容所或是貓舍的年輕貓。
2—有葡萄膜炎或是中樞神經症狀。
3—60％的感染貓會產生血清球蛋白增加、白蛋白減少，導致A/G比＜0.8。
4—間歇性發燒。
5—白血球減少，肝指數正常或者輕微上升。
6—濕性傳染性腹膜炎的胸水或腹水是呈現稻草黃色、黏稠。
7—腹水或胸水膜片可發現炎症細胞。腹水或胸水的蛋白含量高。
8—組織病理學：採取肝腎等淋巴結組織作診斷。
9—影像學檢查：X光或超音波檢查是否有胸腹水形成，或異常腹腔團塊影像。

▲ 貓咪腹部膨大，但背脊消瘦。

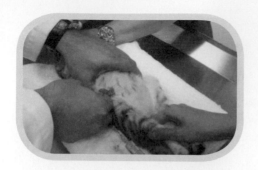

▲ 採集腹水作診斷。

治療

雖然學界已經發現ＧＣ３７６對濕式
傳染性腹膜炎有三成的治癒率，而
GS441524更有高達八成以上的效果，
但仍屬實驗治療階段，所以目前並沒有
較有效的治療方法，一般還是給予點滴
及抗生素的支持性治療，或者給予免疫
抑制劑、干擾素和保健品來延長生命。

預防

傳染性腹膜炎的預防針目前仍有許多爭
議，最有效的預防方式仍是盡量避免多
貓飼養的環境、確保新進貓嚴格隔離、
經常清洗消毒貓砂盆，以減少糞口傳播
的途徑等等。

N　人畜共通傳染疾病

很多貓奴常會問：我的感冒是不是會傳染給我家的貓咪呢？答案當然是不會，因為貓咪的感冒病毒和人的感冒病毒是不同的，所以不會相互感染。貓咪與人之間的共通傳染病種類並不多，而每種疾病對人體造成的影響都不同。大部分的感染途徑都是經由咬傷、抓傷、接觸貓咪的分泌物，病毒經由口入。不過只要有正確的衛生觀念及照顧方式，都可以有效預防疾病的發生。此外，老人、小孩以及免疫力差的人，較容易在感染疾病後出現症狀。本章節主要介紹全身性疾病：弓漿蟲及貓抓熱。

▼ 人畜共通傳染病大多是經由接觸或是抓咬傷而感染。

常見的人畜共通傳染病：

1—**寄生蟲**：如蛔蟲、條蟲等體內寄生蟲(詳見寄生蟲章節)

2—**皮膚疾病**：如黴菌、疥癬等(詳見皮膚病章節)

3—**全身性疾病**：弓漿蟲、貓抓熱

弓漿蟲 ▬

是一種原蟲類寄生蟲，在世界上非常廣泛，有200種以上的哺乳類及鳥類都會被感染。人類也會被感染，孕婦感染弓蟲後會導致死胎或流產，而弓蟲感染也是愛滋病患者主要死因之一，是重要的人畜共通傳染病。

感染途徑

貓和其他溫血動物會因為吃入囊胞，或含有囊胞的肉類而被感染弓蟲。也可能經由結膜、呼吸道和經皮膚感染。牛奶和雞蛋也可能被感染。當貓咪吃入囊胞後，弓蟲在三天至三週內可以完成生活史。貓咪最常見的感染途徑是吃入帶有囊胞的老鼠和鳥類後而感染弓蟲。人類最常見的弓蟲感染途徑是吃入未煮熟的肉或蔬菜(被囊胞感染)；經由貓咪直接感染給人類則較少見。

症狀

1—弓蟲的臨床症狀是影響個別器官。最常見的是肺、肝、腸和眼睛。

2—成貓和人一樣，就算感染了弓蟲多半都不會出現臨床症狀，且會自行恢復並形成抗體。

3—幼貓的感受性比成貓強，因此會因為急性感染而死亡。

4—厭食、發燒、嗜睡、腹瀉、呼吸困難(由於肺炎)、痙攣、眼睛異狀及黃疸是最常見的臨床症狀。

5—懷孕母貓和孕婦感染弓蟲後，弓蟲會經由胎盤移行，導致胎兒因先天性感染而造成流產或死胎。

▲ 貓咪並不是讓孕婦感染弓蟲的唯一途徑。

診斷

以血清抗體試驗，測量免疫球蛋白IgG和IgM的抗體。

治療

貓咪可以口服抗生素四週來治療弓蟲感染。

預防

很多人會因為懷孕而擔心被貓咪感染弓蟲，但貓咪並不是唯一一個弓蟲的感染來源。因此別再因為懷孕而將貓咪送人或棄養，這對貓咪來說不公平，也是不正確的觀念。孕婦作好自身的衛生工作是預防弓蟲感染的治本方法。

1—**肉類處理：**餐具和接觸到生肉的表面應該要用肥皂和水清洗。肉應該要以70度以上的高溫煮10分鐘以上，或是在煮食前24小時，將生肉冷凍在-30度的環境。未煮熟的豬肉是人類感染最常見的原因。

2—**孕婦：**避免和貓咪共食，也必須小心處理貓咪的糞便和貓砂盆，特別是幼貓的下痢便。每天都要清理貓砂盆內的排泄物，因為卵囊(oocysts)至少需要24小時形成囊體，這時的卵囊不具有感染力。

3—**環境衛生**：徹底驅除卵囊媒介的蒼蠅及蟑螂。如果家中有種植植物盆栽，在處理盆栽時最好戴手套，以防感染土壤中的弓蟲。

4—**貓咪的預防**：除了幫貓咪檢測弓蟲外，飼養貓咪時不要給予生的肝臟或來源不明的肉。

貓抓熱

貓抓熱是一種亞急性、通常為自癒性的細菌性疾病，病徵包括倦怠、肉芽腫性淋巴腺炎及發燒。

症狀

患者常因先前遭受貓抓、舔或咬傷，造成紅色丘疹病灶，通常於二週內侵犯淋巴結節，可能造成膿疱，約有50 ～90%個案於抓傷部位出現丘疹；免疫系統較差的人，可能會發生菌血症、紫斑狀肝及血管瘤症等症狀。本病的病原體為巴東氏菌屬（Bartonella spp.）的多形性革藍氏陰性短桿菌，會藉由跳蚤在貓咪間傳播，目前認為對貓咪並無致病性，甚至在慢性菌血症期也無症狀發生。台灣在1998年首次有病例報告，之後每年約有15～30個病例。

診斷

1—**以PCR診斷**：由患者血液分離出細菌，再以聚合酶鏈反應（Polymerase chainreaction, PCR）鑑定為Bartonella henselae。

2—**以IFA診斷**：間接免疫螢光抗體法出現抗體力價上升64倍或以上者，雖然高的抗體力價常常與菌血症有關，但貓咪可能會呈現血清陽性卻培養陰性，所以不能以血清學的檢驗來預測貓咪是否具有傳染性。

3—**血液細菌培養及抗生素敏感試驗**：細菌培養是最準確的診斷，但菌血症可能是間歇性的，所以不代表每次的血液樣本中都含有可供培養的病原菌，應多次採血培養。

治療

免疫力正常的人類須口服藥治療兩週，而免疫抑制的病患則至少要六週療程。而貓的治療部分，有報告指出給予抗生素或許能有助於病原菌的清除。自然感染狀況下的感染貓並不會有任何明顯的症狀，所以預後良好，而人類的感染大多會自行緩解，或經由抗生素治療後呈現良好效果，而免疫抑制的人也多能在較長的療程下痊癒。

人與貓共同預防疾病守則 ▬

人與貓咪之間的人畜共通傳染病並沒有想像中那麼可怕，大多是經由接觸傳染，只要有正確的衛生觀念，定期幫貓咪健康檢查，並作到以下幾點，便不足為患：

1—**經常清洗雙手**：清理完貓砂或是與貓咪互動完後記得洗手。

2—**被貓咪抓傷或咬傷後，記得去看醫生**：很多貓奴不小心被貓咪抓傷或咬傷後，總是會覺得小傷口應該是沒關係，但幾天後可能會造成皮膚嚴重的發炎和細菌感染。因此，被貓咪抓傷或咬傷後還是去看個醫生，以免更嚴重的感染！

3—**免疫較差的人或是小孩老人要特別注意與貓咪的接觸**：免疫較差，特別容易感染病原菌。特別是當貓咪有黴菌或寄生蟲的疾病時，應盡量減少與其接觸，且接觸貓咪後要洗手，減少被病原菌感染的機會。

4—**居家環境的清潔**：定期打掃清潔居家環境，以減少病原菌及跳蚤存在於環境中，造成家人感染。

5—**跳蚤的預防**：台灣的環境溫暖潮濕，因此跳蚤在冬天還是會出現。所以家中的寵物要定期滴除蚤劑，以防止寵物將跳蚤帶回家中，造成疾病的傳播。

6—**減少與貓咪親吻的動作**：貓咪經常用嘴巴清理身體的毛髮及肛門，因此也很容易有病原附著在嘴巴上。與貓咪的親吻動作會造成病原菌經由嘴巴進入人體。

7—**減少讓貓咪出去玩的機會**：在都市，貓咪大部分都是飼養在室內；而在郊區，大多屬於半放養狀態，貓咪可以自由進出家中與戶外。自由進出的貓咪也容易將病原菌帶回家中，造成疾病的感染。

8—**定期幫貓咪驅蟲及檢查**：定期幫貓咪驅體內外寄生蟲及帶到醫院作檢查，可以減少寄生蟲帶原的疾病感染，也可了解貓咪的健康狀態。

▶ 定期幫貓咪剪指甲也能防止貓咪抓傷。

○ 其他

肥胖

肥胖指的是身體因為攝取過多的熱量，並且熱量消耗不足，而引發過多的體脂肪堆積。貓咪肥胖的原因常常跟飼主過量餵飼或採任食制有關。此外，肥胖可能會併發某些疾病狀態，如呼吸困難、心血管疾病、高血壓、糖尿病及肌肉骨骼系統問題，也可能會增加麻醉的風險性、降低繁殖力、脂肪肝高危險群、熱耐受性差等。因此，為了貓咪的健康著想，必須要控制貓咪的體重，避免形成肥胖。

貓咪肥胖的主要原因如下：

1—**沒有確認貓咪所需的卡路里量**：貓咪一天所需的卡路里量會因年齡或運動量等因素有變化，飼料包裝上都會有標示，可以根據參考調整分量。但這些畢竟只是參考值，貓咪的每日進食量還是需要定期依身體狀況來調整。

2—**沒有依據成長階段替換適合的食物**：每個階段的貓咪需要的營養成分不同，適合的飼料也不同。例如1～7歲的成年貓應給予成貓飼料，8歲以上則應給予老年貓飼料。如果成貓給予幼貓飼料，容易造成貓咪肥胖。

3—**結紮後依然給予同分量的食物**：結紮手術後的一日所需卡路里量與結紮前相比應減少大約30%，這是由於手術會使荷爾蒙平衡改變，造成代謝率下降所致；因為代謝率下降，就算不增加貓食或維持相同分量，貓咪還是會因此變胖。

4—**幼貓時期給予過多食物**：每隻貓脂肪細胞的數量都不同，若每個脂肪細胞都個別膨大，最終等於脂肪量的增加。幼貓時期如果攝取過量食物，其脂肪細胞數量便會增加，使得貓咪成年後變成易胖的體質。

診斷

1—**病史**：診斷時，應該詢問飼主所給予的飼料種類、餵食的方式(任食或定食定量)、是否有給予其他的零嘴或人類食物及活動的狀況。

2—**身體檢查**：應注意觀察是否有肥胖的跡象，如平坦的後臀背部、無法觸摸到肋骨、鼠蹊部有過多脂肪堆積或腹腔觸診到過多脂肪。

3—**X光檢查**：如果肚子過度膨大，且觸診無法確認時，可以照腹部X光來區別肥胖、器官腫大、腹水或腫瘤等。

以下二個簡易的評估方法，可以確認貓咪是否有肥胖傾向。如果經由這二個評估發現貓咪有過胖傾向時，建議與您開始與醫生討論貓咪的減肥計劃。

方法1：體態評量

依照貓咪的外觀及觸摸的方式將瘦到肥胖分成五個分類：

體態分類	貓咪外觀	體型特徵
過瘦		・在遠處可看見肋骨、腰椎和骨盤骨。 ・在尾巴、脊椎和肋骨摸不到脂肪。 ・肌肉量減少。 ・從側面看腹部凹陷。 ・從貓咪的上方看，背呈現明顯的沙漏狀。
稍瘦		・可能可以看到肋骨。 ・肋骨、脊椎和尾巴根部可摸到些許脂肪。 ・從側面觀察，腹部稍微凹陷。 ・從貓的上方看，背部到腰呈現沙漏狀。 ・腹部沒什麼脂肪。
適中		・外觀上無法清楚看到肋骨和脊椎，但可以很容易摸到。 ・明顯的腰腺和腹部線條。 ・腹部有些微脂肪。
稍胖		・肋骨、脊椎不容易觸摸到。 ・沒有腰線和腹部線條。 ・腹部變大。
過胖		・胸腔、脊椎及腹部有很多的脂肪。 ・腹部變大、變圓。

方法2：體脂肪評估法

經由測量腰的周長和小腿的長度來得知貓咪的體脂肪率。首先，測量貓咪腰圍寬度A和腳的長度B。在下方的表格中找到A和B，並找出二個數字的交叉點，便是貓咪正確的體脂肪百分比。當體脂肪率超過30%以上時，貓咪體脂肪率就算是過高。

▲ 01／測量腰圍寬度：將貓固定好，從背部找到一根
肋骨，在肋骨後方測量貓咪的腰圍。

02／腳的長度：讓貓咪站著，把皮尺的頭固定在膝
蓋骨位置，再測量膝蓋骨到腳後跟的長度。

體脂肪率百分比表（%）

(A) 腰圍寬度 (cm)	10	11	12	13	14	15	16	17	18	19	20	21	22	23	24	25
60	68	66	65	63	62	60	58	57	55	54	52	51	49	47	46	44
58	65	63	62	60	59	57	55	54	52	51	49	47	46	44	43	41
56	62	60	59	57	55	54	52	51	49	48	46	44	43	41	40	38
54	59	57	56	54	52	51	49	48	46	44	43	41	40	38	37	35
52	56	54	52	51	49	48	46	45	43	41	40	38	37	35	33	32
50	53	51	49	48	46	45	43	41	40	38	37	35	34	32	30	29
48	49	48	46	45	43	42	40	38	37	35	34	32	30	29	27	26
46	46	45	43	42	40	38	37	35	34	32	31	29	27	26	24	23
44	43	42	40	39	37	35	34	32	31	29	27	26	24	23	21	20
42	40	39	37	35	34	32	31	29	28	26	24	23	21	20	18	17
40	37	36	34	32	31	29	28	26	24	23	21	20	18	17	15	13
38	34	32	31	29	28	26	25	23	21	20	18	17	15	14	12	10
36	31	29	28	26	25	23	21	20	18	17	15	14	12	10	9	7
34	28	26	25	23	22	20	18	17	15	14	12	11	9	7	6	4
32	25	23	22	20	19	17	15	14	12	11	9	8	6	4	3	1
30	22	20	19	17	15	14	12	11	9	8	6	4	3	1		
28	19	17	15	14	12	11	9	8	6	4	3	1				
26	16	14	12	11	9	8	6	5	3	1						
24	12	11	9	8	6	5	3	1								
22	9	8	6	5	3	2										
20	6	5	3	2												

(B) 腳的長度（cm）

表格說明：黑色區塊屬於體脂肪正常／紅色區塊屬於體脂肪過多（肥胖）／藍色區塊屬於體脂肪過少（過瘦）

治療

貓咪是非常難減肥的動物,當牠們攝取熱量不足時,就會減緩身體的代謝速率及減少運動來克服,但只要飼主下定決心,大多還是能得到良好的效果。

食物治療

1—建議採用減重處方飼料,如果只是將一般飼料減量餵食,可能會造成某些營養素缺乏,將一天的卡路里量減少,較不會造成營養不均衡。

2—餵食處方減重飼料時,應該按照飼料袋上所標明的餵食量給予,並定期測量體重來調整餵食分量。

3—如果貓咪正常的餵食量是按照現在體重的卡路里計算(而不是計算出的理想體重),減重時應該將給予的食物量減少30%。

4—將一日的量分多次餵食,可以減少貓咪討食次數、讓食物慢慢地消化,並且防止脂肪蓄積。一天只餵二餐的貓咪反而容易在其他時間討食。減重治療過程切忌零嘴或其他食物,這些食物含有過多的熱量,會造成貓咪肥胖。

運動

1—藉由遊戲來增加貓咪的活動量。但運動時間不要太久,一次運動約15分鐘(高齡肥胖的貓咪在遊戲時,必須特別注意關節炎發生)。

2—貓咪本來就是狩獵後才將獵物吃掉的動物,因此遊戲後再進食較接近牠的習性,且能增加用餐滿足感。

3—用餐時將食物藏在室內的各處,也可以讓貓咪為了去尋找食物增加運動量,對減重也有好的影響。

定期監控

1—與醫生討論後,幫貓咪設定一個理想的體重。在減重過程中,不建議快速讓貓咪體重降低,因為這樣容易造成脂肪肝形成。一般來說,體重在一週內降低約1%較適當。

2—在減重過程中,為了解體重變化,定期幫貓咪測量體重很重要。體重測量約1〜2週一次,你可以在家抱著貓咪秤體重,再扣掉自己的體重;或者帶貓到醫院秤體重,再將每次秤的體重作記錄。

3—詳細記錄貓咪體重的變化、給予的食物種類及給予量,並且定期與醫生討論,適時地改變減重計劃,這樣才能比較有效地將貓咪的體重控制在理想標準內。

肛門囊填塞及感染 ▰▰

肛門囊的開口位於肛門開口處的四點鐘及八點鐘方位，從外觀上是看不見的。肛門囊會分泌一些味道難聞的分泌物，跟臭鼬的臭腺是同源器官，所以當貓咪緊張時有可能會讓肛門囊內的分泌物噴出，或許也代表著某種防衛的功能。當貓咪被豢養在安逸的室內空間，無任何緊迫的狀況，肛門囊內的分泌物就會積存，並且變得越來越乾、越來越濃稠，這就是所謂的肛門囊填塞。

症狀

肛門囊填塞會引發排便時的疼痛，貓咪會因此舔拭或輕咬尾巴基部。若併發感染時，疼痛便會加劇；若引發激烈的皮下發炎時，會使得包在肛門囊外的皮膚破裂、膿汁引流出來。大部分的貓咪不需要任何的刺激或協助，就能將正常的分泌物排出肛門囊，所以這樣的病例就不像狗那麼常見，大多發生於生活安逸的老貓或胖貓。

治療

1—如果肛門囊尚未破出，可以手指將積存在肛門囊中的分泌物擠出(不過如果已經發炎，貓咪可能會因為疼痛，不願意讓人碰肛門附近)。
2—將貓咪輕微鎮靜，以稀釋的清毒溶液進行肛門囊灌洗，可以將殘存的髒污沖洗出來。

3—選擇可以對抗金黃色葡萄球菌及大腸桿菌的抗生素灌入肛門囊內。
4—口服抗生素7～10天(選擇可以對抗金黃色葡萄球菌及大腸桿菌的抗生素)。
5—若肛門囊破裂並已形成皮膚廔管，就必須進行肛門囊腺的完全摘除手術了。
6—如果反覆發生肛門囊填塞及發炎，也是建議手術摘除肛門囊。

手術

肛門囊的摘除手術必須在全身麻醉的狀況下進行，若肛門囊是完整的，可以填充商品化的臘油或填入濃稠的抗生素軟膏，使得肛門囊膨大而容易分辨出來。如果肛門囊是在破裂的狀況下進行手術，周圍組織的壞死發炎會無法分辨出肛門囊，應進行大範圍的組織切除，任何疑似或壞死的組織都應加以切除，若未切除乾淨，貓咪會於數個月之後再度發生皮膚廔管及膿汁引流。

▲ 嚴重肛門囊填塞會造成肛門腺破裂。

Ⓟ 正確面對腫瘤疾病

腫瘤 ▬

簡單來講，腫瘤就是組織細胞發生異常生長。有可
能發生在任何的組織或器官，也會以不同的形式顯
現。例如，可能出現一個團塊狀，也可能在正常的
組織結構下進行生長，所以腫瘤的診斷必須依靠組
織病理學的檢查。當醫生發現貓咪有異常的組織團
塊或組織變化時，就必須採取團塊樣本，才能判斷

▲ 貓咪鼻腔腫瘤。

是否為腫瘤，再進一步判斷是良性腫瘤或者是惡性腫瘤。一般組織樣本會送至病理
室檢驗，病理獸醫師會給予臨床獸醫師正確的檢驗報告，這樣的報告準確且具公信
力。所以，當發現貓咪身上有異常團塊時，是不能驟下腫瘤的診斷。

良性或惡性腫瘤的處理

很多飼主在醫師懷疑貓咪有腫瘤時，總是會問：「這是良性還是惡性的腫瘤？」而
專業的醫師一定會回答：「這是必須進行檢驗才能確認的！」飼主接著會問：「那
以您的經驗而言，這是惡性還是良性的？」但是，說實在的，越有經驗的醫師越不
敢隨便猜測，因為病理報告總是會給我們很多的意外，心裡覺得應該是良性，報
告卻是惡性。生命是非常奧妙的，豈能容我們任意猜測，只有細胞學檢查及病理切
片才能確認。良性腫瘤一般而言指的是這個腫瘤不會轉移到其它的組織或器官，就
是自顧自地長大；而惡性腫瘤指的是這個腫瘤會經由血液或淋巴系統轉移至其它器
官。但就算是良性腫瘤，只要它長的位置對生命有嚴重危害性，且無法切除時，也

▼ 後腳的團塊。

▼ 貓咪舌下團塊。

應視為惡性腫瘤，如腦瘤。很多良性腫瘤若放任不管，在日後還是有可能轉化成為惡性腫瘤，所以現階段的組織病理切片檢查若是呈現良性，也並不保證這個良性腫瘤於日後不會轉化成惡性腫瘤。

當身上發現異常團塊時

貓是非常容易長腫瘤的動物，很多飼主常會抱著貓咪東摸摸西摸摸，一摸到團塊時就會急著找獸醫師診治。一般醫生大多會請飼主注意觀察是否有持續增大，在當下並不會進行任何的診斷及治療。不過，如果您擔心多一天觀察，會讓這個團塊又長大一些，那麼可以跟醫生討論並及早處理，避免錯失最佳的治療時機。

首先，醫生會先進行團塊的觸診，感受其堅實度及溫度，觀察患畜是否會因觸診而疼痛，再進行超音波掃瞄，確認團塊內組成。如果超音波掃瞄下呈現團塊內是液狀的，就會進行穿刺抽取，將抽出物作抹片染色檢查；如果團塊在超音波掃瞄下是呈現實質組織的影像，就應先利用細針抽取來進行細胞學的檢查，藉此獲得初步的診斷，並根據初步診斷建議飼主進行組織採樣或團塊切除，並將採取的組織送至病理檢驗單位進行切片檢查。

▼ 貓咪肩部的團塊。

▼ 細針穿刺。

當體腔裡發現異常團塊時

腹腔的腫瘤都是經由醫師的腹部觸診、超音波掃瞄，或X光照影而發現，並非飼主隨便摸摸就可以發現的。對於這些體腔內的異常團塊，醫師會以超音波掃瞄來探知團塊可能的起源器官，如肝、腎、胰、脾、胃腸等。接下來，就必須討論可能的採樣方式，包括在超音波的引導下，進行採樣針的採樣，或細針抽取、內視鏡採樣、探測性剖腹術採樣。

▼ 開腹檢查（腸繫膜上的腫塊）。

▼ 細針穿刺採集到的組織，做
　 細胞學的檢查。

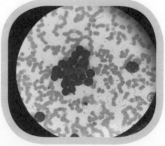

何謂探測性剖腹術

當影像學檢查(超音波掃瞄、X光或斷層掃瞄)無法確認腹腔內的問題時，就必須將腹腔打開來直接檢查，因為任何的影像學檢查，都無法取代直接的視診及觸診。遇到某些不明原因的腹腔疾病時，例如無法以內科控制的腹腔出血、腹膜炎、腫瘤等，探測性剖腹術或許是救命的唯一良方。因此，當貓咪的狀況是需要探測性剖腹時，就要跟醫生詳談，不要到了貓咪病危時，才願意接受這樣的診斷方式，而延誤了最佳的治療時機。

比較探測性剖腹術、超音波引導採樣與內視鏡採樣

對腫瘤疾病而言，探測性剖腹術可以讓醫師直接看到並接觸腫瘤，直接判定切除的可能性或源起的器官，若無法切除時，也可以直接進行採樣和止血；超音波引導採樣並不用切開腹腔，但無法確認出血狀況及進行止血，也可能誤傷其它器官；而內視鏡採樣則可以直接進行止血，但視野有限且儀器昂貴，需要的手術時間或許會比探測性剖腹術來得長。這三者的優劣很難判定，必須考慮醫院的設備、醫師的經驗以及貓咪的狀況。

化學治療

犬貓也是有化學治療的，當惡性腫瘤無法切除、有轉移的高風險性，或已經轉移時，就必須考慮進行化學治療，而化學治療的藥劑就會破壞那些增殖快速的細胞，如腫瘤細胞、骨髓細胞、毛髮細胞等，所以大多的化學治療藥劑都會引起掉毛、骨髓抑制(貧血、白血球減少、血小板減少)等副作用。很多飼主會因為聽聞到這類副作用，就拒絕讓寵物進行化學治療，但其實每種藥物都有其副作用，而這些可能的副作用醫師都必須事先告知。如果您看了一般感冒藥可能對您造成的副作用，一定會嚇得一身冷汗，因為所有的可能性都會標示出來，但這並不代表會出現列出的所有副作用，化學治療藥劑也是如此。當然，在開始化學治療前，醫師與飼主必須詳細討論，包括療程、費用、預後狀況、存活率等。

放射線治療

目前台灣的動物醫院並無此設備，但有些獸醫教學醫院會與人的醫院合作來進行這類的治療。另外，中臺科技大學已於2016年4月，成立全台灣第一個動物專用的放射

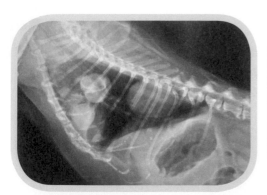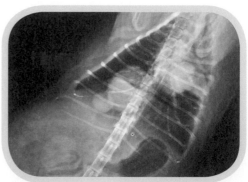

▲ 胸腔X光片下，肺部有幾個明顯的團塊影像。

線治療研究中心，目前療程為每隔三天一次，共計五次的放射線治療，費用約為15萬，但還是會依據腫瘤及部位的困難度而調整療程與費用，對於以往難以用傳統方式治療的口腔、鼻腔腫瘤等，無疑是增進貓咪福利的新選擇。

安寧治療

如果貓咪已經被確認是惡性腫瘤，無法以外科進行切除，化學治療的效果也不好時，就必須面對極積性治療對貓咪已無太大幫助的事實。飼主需要了解貓咪的狀況不好，就快要離開了，這時是否還要選擇任何侵入性治療？或是選擇安寧治療？在安寧治療上，醫生可以給予對症治療，或者給予類固醇類、止痛藥、食慾促進劑等藥物，只要能讓牠緩解症狀的藥都應列入考慮，還包括一些綜合維生素、營養素，或能抑制腫瘤生長的營養品。在食物的選擇方面，可以挑選氣味較重的罐頭食品來提高貓咪的食慾，或者飼主也可以精心調配一些新鮮的水煮肉類，讓貓咪以快樂滿足的心情走完最後一程。

安樂死

貓咪在疾病末期時，很多飼主總是會問：「什麼時侯該讓貓咪走？」如果在安寧治療期間，貓咪已經不吃不喝、癱瘓、嚴重脫水或消瘦，無法再提供好的生活品質時，是否該考慮讓牠安樂死？要做出安樂死的決定，對每一個飼主來說都不是件容易的事。飼主總是會告訴自已：「貓咪還在呼吸！」、「貓咪還是很有神的看著

我！」但是，對於貓咪來說，處於這樣不舒服的狀態，是否是牠們想要的？大部分惡性腫瘤的疾病都會拖很久，會一點一滴侵蝕身體，讓貓咪連僅剩的尊嚴都沒有，這樣的折磨對貓咪而言是非常殘忍的。不過，安樂死的決定也不可太過於草率，如果貓咪已經確認是嚴重的惡性腫瘤，但牠仍能正常活動及飲食時，我個人覺得應該讓牠過完這段快樂的日子。

一定要切片檢查嗎

有少數的飼主會想省下這筆檢驗費用，或者不想因為知道真相而傷心，但是如果沒送檢，等到日後再病發或轉診時，醫生一定會詢問：「之前切除的腫瘤有送檢嗎？結果是什麼？」但卻會因為沒有結果報告而又延誤治療。因為腫瘤的組織病理切片檢查可以提供確切的診斷，醫生才能根據這樣的診斷來決定治療的方向及預後的評估。如果沒切片的確診，飼主及醫生心中都會有一大堆的問號：「這樣的腫瘤會再長嗎？」、「貓咪還有多久的壽命？」、「牠必須要化學治療嗎？」、「治療的效果如何？」、「可以再延長牠多久的壽命？」這樣排山倒海的問題，如果沒有進行切片檢查，都是無解。

腫瘤會傳染嗎

在理論上，腫瘤不會傳染給其它的動物跟人，但會有遺傳上的因素，另外環境的因素也是不可忽略的。如果同一個家族的寵物已有許多腫瘤病例時，那些年輕的寵物就必須經常檢查身體是否有異常團塊出現，一發現就應立即切除並進行病理切片檢查確診。環境因素指的是，當寵物處在相同的環境中，相同的飼養管理方式，也接觸相同的化學或物理性物質，如果環境中存在某些致癌因子時，這些寵物就有可能會陸陸續續發生腫瘤，當然這也包括飼主在內，如輻射屋、電磁波等可能的致癌因子。

能不做外科手術直接化學治療嗎

當然是可以的，只是在醫學的邏輯上就很難講得通。如果惡性腫瘤是有機會可以完全切除時，應該要盡量將腫瘤切除，接下來的化學治療就只需要去殺滅那些零散的腫瘤細胞，這樣的化學治療效果當然是比較好的。除非，腫瘤本身無法切除，此時就只能先考慮化學治療，一旦腫瘤縮小至可以切除的狀態時，還是建議進行切除。

PART

9

居家治療與照護

許多貓奴都有過以下經歷：發現貓咪突然不吃飯或是鼻頭乾乾的，擔心「貓咪是不是生病了？」；或是發覺貓咪耳朵熱熱的，焦急地以為貓咪發燒時，卻不知道貓咪緊張時，耳朵容易發熱……為了讓大家更了解貓咪的身體狀況，並且能在家先初步確定貓咪是否需要帶到醫院檢查，本單元針對貓咪的日常照護與居家治療有詳細的介紹。

Ⓐ 如何幫貓咪量體溫

肛溫測量

▲ 測量肛溫前可先在溫度計前端沾些潤滑劑，以免貓咪不舒服。且量溫度的同時可由另一個人負責安撫並保定貓咪。

▲ 溫度計的水銀頭進入肛門約2公分左右，20～30秒即可判讀。

正常貓咪的體溫為38～39.5度，當體溫超過40度時，貓咪有可能是發燒了。發燒的貓咪除了體溫過熱外，有時連呼吸也會變得較淺且快速；貓咪的精神和食慾也會明顯地變差，有些貓咪甚至會不吃、睡覺時間變長。不過在夏天時，若室內溫度過高，或貓咪劇烈運動後，體溫也可能會高於40度。

耳溫測量

▲ 以手指輕輕抓著耳朵，將耳溫槍放入耳內，按壓測量鈕，待數據顯示即可。

大部分的貓咪在量肛溫時都會掙扎且很生氣，所以也可以測量耳溫，但要注意耳溫會比肛溫稍微偏低。貓咪的正常體溫比人類高一些，幫貓咪測量肛溫時，一般是使用人用的溫度計，但測量耳溫時，務必要使用動物專用耳溫槍，因為貓咪耳道是彎曲的，人用耳溫槍無法準確測量貓咪耳溫。

Ⓑ 如何測量貓咪心跳及呼吸數

正常貓咪的心跳數為每分鐘120～180次，呼吸數為每分鐘30～40次。當貓咪在放鬆的情況下，呼吸次數超過50次，甚至出現明顯的腹式呼吸或張口呼吸時，就必須懷疑有疾病的存在。呼吸過快或用力呼吸大部分都與上呼吸道(鼻腔至氣管部分)、肺和胸腔的疾病有關。一般貓奴看到貓咪肚子的起伏會以為是心跳，其實那是呼吸造成的起伏，貓咪的心跳是不容易用肉眼觀察出來的。計算呼吸或是心跳數，最好是在貓咪安靜休息的時候，因為玩耍後或是生氣時，都會造成呼吸或心跳增加，結果比較不準確。此外，夏天時，如果空間悶熱沒有開電扇或冷氣，貓咪的呼吸及心跳次數也容易增加。

呼吸測量

▶ 貓咪休息時，肚子的上下起伏算一次呼吸數。可以測量15秒的呼吸次數，再乘上4，就是一分鐘的呼吸次數。

◀ 貓咪在睡覺或休息時，觸摸肘部內側的肋骨處，可以感受到牠的心跳。同樣地，計算15秒的心跳次數，再乘以4，就是一分鐘的心跳次數。

心跳測量

C 如何增加貓咪喝水量

貓咪每天需要的喝水量大約為40～60c.c.／kg／天，但貓咪本身就是不愛喝水的動物，所以要牠們喝這麼多的水幾乎是不可能的任務。但貓咪容易罹患腎臟疾病和泌尿道疾病，多喝水可以預防這些疾病的發生，因此，貓咪喝水的問題往往讓貓奴們很傷腦筋。可參考以下幾種讓貓咪多喝水的方式：

▲ 流動式飲水機。

▲ 自製飲水機。

▲ 開水龍頭的水給貓咪喝。

▲ 給貓咪大一點的水盆。

▲ 貓咪愛喝杯子內的水。

▲ 用手捧水給貓咪喝。
（較不建議）

▲ 用針筒餵水給貓咪喝。
　（較不建議）

▲ 罐頭多加點水。

▲ 冬天時給溫水。

促進貓咪多喝水的一些小訣竅：

1—在食物中加水，不論是罐裝食品或乾料。從少量的水開始，隨著貓咪的接受度逐漸增加。

2—將水盆置於食物旁，並在貓咪可及之處多放幾個水盆，例如在樓上、陽台、樓下、戶外各多放一個水盆。

3—水盆的水維持新鮮，定期換水。

4—有些貓咪喜歡淺水盆，有些喜歡深水盆。試試看您的貓咪喜歡哪一種。

5—提供過濾水、蒸餾水或瓶裝水。

6—試試寵物自動飲水器，貓咪會被流動的水吸引。

7—留一些水在水槽、浴缸或淋浴間底部。

8—在滴水的水龍頭下放一個碗，讓貓咪隨時有新鮮的水喝。確保碗不會塞住排水孔，以免淹水！

9—製作加味冰塊！加些水到少量的處方食品中，以平底鍋微火燉約10分鐘，再用篩子過濾，將濾過的「肉汁」倒入製冰模型中冰凍起來。將一個肉汁冰塊放入水盆中可增添水的風味。

10—若將一些牛奶或鮪魚罐頭中的汁液加入自動飲水器中，亦可能讓貓咪增加飲水量。

D 如何在家幫貓咪採尿

尿液檢查在貓咪的疾病診斷上是很重要的，常常能提供有幫助的診斷線索。但幫貓咪採集尿液是很困難的事，當貓咪上廁所被打擾時，有可能就會停止排尿。除了採集尿液困難外，尿液的保存也很重要，如果可以採集到新鮮的尿液，請盡量在一小時內送到醫院檢查，因尿液在常溫下放久，容易造成診斷上的誤判。很多貓奴都只知道驗尿，但不知道尿液檢查的項目有哪些、代表什麼意思，因此下面簡略介紹基本尿液檢查項目及其意義。

1—**尿蛋白**：當有腎臟病或是膀胱發炎時，尿液中會出現蛋白質。

2—**尿比重**：尿比重代表腎臟濃縮尿液的能力。貓咪如果是吃乾食，正常尿比重為＞1.035；如果是吃濕食，正常尿比重是＞1.025。如果腎臟功能不好，尿比重會低於1.012以下。

3—**尿液pH值**：正常尿液pH值在6～7之間。過酸或過鹼都不好，容易形成酸性或鹼性結石。公貓的尿路結石症容易造成泌尿道阻塞的問題，必須特別注意。

4—**尿糖**：正常尿液中不會出現葡萄糖，當貓咪有糖尿病時，尿液中會出現尿糖反應。

5—**酮體**：糖尿病的貓咪長期不進食，會造成脂肪代謝上的異常，因此產生酮體的有毒物質，這些物質會由尿中排出，而酮體的出現會造成貓咪生命危險。

6—**尿膽紅素和尿膽素原**：當貓咪有肝臟疾病時，本來會由肝臟處理的尿膽紅素和尿膽素原，大多會由尿中排出。

7—**潛血**：當貓咪的膀胱發炎、泌尿道結石症或是腎臟損傷時，都有可能造成尿液中有血液或是尿液顏色變成紅色。

8—**尿液顯微鏡檢查**：尿液中是否有結石的存在、哪一種類的結石、有無血球或細胞，都可以由顯微鏡檢查，作為診斷依據。

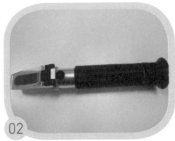
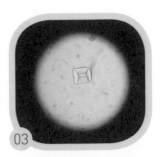

▲ 01／尿檢機。 02／尿比重檢測。 03／顯微鏡下磷酸胺鎂結晶。

採尿的方法

幫貓咪採尿是很困難的事，因為不知道貓咪什麼時候會上貓砂盆，或是來不及去採尿貓咪就尿完了，或是正要採尿時，貓咪受到打擾就轉身離開不尿了等等，太多因素造成採集尿液的困難。此外，膀胱炎的貓咪也會因為膀胱疼痛，都只尿一點點，因此採尿也會比較難。下面提供幾種方式，希望能幫助貓奴們簡單地採集尿液。在採集尿液前，收集容器一定要清洗乾淨，不要殘留任何清潔劑，而且要將貓砂盆完全擦乾。

方式1 單層貓砂盆，加入少許的貓砂

優點：採集方便。

缺點：單層貓砂盆大多使用礦砂，因此容易造成貓砂污染尿液樣本的狀況。

▶ 01／放入少許的貓砂。
　02／貓咪排尿後，採取下層貓砂的尿液。

方式2 雙層貓砂盆，加入少許的貓砂

優點：採集容易，直接採集下層貓砂盆的尿液。不會影響到貓咪排尿。

缺點：少許的尿液可能會被貓砂污染，因此盡量採集沒被污染的尿液。

▶ 01／在貓砂盆內放入少量的貓砂。
　02／貓咪排尿後採集沒被貓砂污染的尿液。

▲ 01／當貓咪在排尿時，將採集的容器放在排尿的地方。
　 02／以小湯匙採集尿液。

方式3 使用小碟子或小湯匙採尿

優點：採集到的尿液較沒有被污染。

缺點：較敏感的貓咪會因為您的動作而
　　　　停止排尿。因此，採集時動作要
　　　　快，不然貓咪很快就尿完了。此
　　　　外，貓咪蹲的姿勢很低，採集的
　　　　容器不容易放在排尿處。

方式4 留在醫院採尿 ·················

如果真的還是沒辦法採到貓咪的尿液，那麼只
好留在醫院採尿了，留院時間可能需要半天至
一天左右。

優點：可以採集到乾淨的尿液，並馬上作檢查。

缺點：在醫院比較容易造成貓咪緊張。

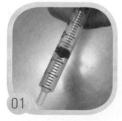

方式5 使用防水性貓砂來採集尿液

防水性貓砂不會造成貓砂凝結，尿液會浮在貓砂上。貓
咪排尿後可直接用乾淨的滴管採取尿液。

優點：採集容易，貓砂可以重覆使用，而且採集到的尿液樣
　　　　本較不會被污染。

缺點：費用較昂貴。

尿液採集量及保存 ·················

無法立即採集到尿液樣本送到醫院時，也
不建議將尿液樣本放到冰箱冷藏，因為一
樣會造成尿液變化。但別擔心，就算無法
收集到尿液樣本，獸醫師還是可以經由膀
胱擠尿、膀胱穿刺或麻醉導尿來獲取更準
確的尿液樣本。

▲ 01／用乾淨的針筒或是吸管抽取尿液，尿液採集量約為是2～3ml。
　 02／將採集到的尿液放在乾淨的容器內，送到醫院檢查。

Ⓔ 餵藥方法與技巧

古人說良藥苦口一點都沒錯，偏偏貓咪們天生最怕吃苦，讓獸醫師及貓奴們都挖空心思想讓貓咪乖乖吃藥，畢竟就算醫生有再好的醫術，如果貓咪拒絕吃藥或貓奴無法餵藥，到頭來都是白忙一場，或許您會想：「不能吃藥？那就住院打針啊！」但天天打針不但花費驚人，也讓貓咪深受皮肉之苦，而且不是所有的治療藥都有針劑，所以您還是得學會如何讓貓咪乖乖吃藥。

幫貓咪找到好吃的藥

大部分的口服藥都很苦，貓專科醫生必須找到一些好吃的常用藥，才能讓貓咪順利接受完整治療。國外很多動物藥廠都會針對貓咪推出很多好吃的藥，但台灣的貓咪就沒這麼幸運了，因為這樣的藥市場太小，沒有廠商願意進口，所以醫師就必須學習神農氏嚐百草的精神，不斷地挑選及親身嘗試，找到貓咪能接受的口服藥，以最簡單方便的藥粉或藥水的方式餵食；但必須提醒的是，這必須是原本就好吃的藥才能如此，因為苦的藥就算加入再甜的糖漿，或者混入再好吃的罐頭內，一定還是苦不堪言，尤其對貓咪這樣龜毛的美食家而言，下場一定是拒食這樣的罐頭，或者是不斷口吐白沫，就像螃蟹一般。

第一次餵藥最重要

經驗對貓咪而言是相當重要的，如果您曾經餵貓咪吃過不好吃的藥水，造成貓咪嚴重排斥及口吐白沫後，牠這輩子或許就很難再接受這類液體的藥物，就算再美味可口也一樣；有的貓咪甚至看到餵藥用的空針筒就開始抓狂反抗，光看到空針筒就口吐白沫，所以第一次餵藥水的經驗是相當重要的，不熟悉貓科治療的醫生就可能犯這樣的錯誤，讓以後的治療變得困難重重。

藥粉及藥水 ▆▆▆

一般可以直接餵食的藥粉或藥水，都是嗜口性好或是藥物味道不重，不然就算是再愛吃化毛膏或是罐頭的貓咪，都寧可將最愛吃的東西放一旁，看都不願意看一眼。不過也有些貓咪只要聞到一點點的藥味，就沒辦法接受，因此藥粉或藥水的給予，還是得看貓咪賞不賞臉了。

餵食藥水 ···

Step1　將液狀藥物充分搖勻。 ···············

Step2　左手扶著貓咪的頭向上傾斜約45度，並稍微以拇指和食指固定貓咪的頭部。 ···············

Step3　右手拿著已抽取好藥物的針筒，食指及中指夾住針筒，輕壓針桿藥物就會流出。

Step4

將針筒放在貓咪嘴角的齒縫位置(大約是在犬齒後方)，配合貓咪舔拭的動作，緩慢地將藥水擠入。若貓咪無口吐白沫症狀出現，則可以持續緩慢將剩餘藥水擠入嘴角齒縫。 ································

Step5

若貓咪出現口吐白沫症狀並頑強抵抗時，應停止餵藥，並與醫師聯絡討論。

請避免！常見的餵藥水錯誤

1—未將頭部上仰，有些貓咪會拒絕舔拭而讓藥水流出嘴外。

2—硬將貓咪嘴巴打開，直接將藥水射入咽喉，可能會造成嗆傷或吸入性肺炎。

3—藥水注射過快，貓咪會因為來不及舔拭而流出嘴外，或因驚恐而頑強抵抗。

4—貓咪口吐白沫仍強灌藥水，其實這樣吃進去的藥量恐怕是零。

5—藥水未搖勻就抽取，可能造成劑量不足或高劑量中毒。

藥錠及膠囊 ━━

先前已經提過大多的藥物都是苦不堪言，如果貓咪必須要服用這樣的藥物時，您就必須學習如何餵食貓咪服用膠囊及藥錠，而且貓咪終其一生一定會有這樣的機會，最好趁著牠還年幼可欺時讓牠習慣。

餵食藥錠及膠囊 ·········· Step1

將膠囊或藥錠安置於餵藥器的匣子內，並將推進桿後抽試著發射一次， 看藥物是否能順利射出。

Step2

取一3c.c.空針筒抽取約2～3c.c.飲用水。

Step3

一手握持貓咪頭部使其後仰，讓鼻子、頸部和胸部都在同一平面上。 這樣的動作會使得頸部腹肉呈現高張狀態，貓咪的嘴巴就容易張開。

Step4

另一手食指及中指夾住餵藥器，姆指輕壓餵藥器推進桿底部。

Step5

迅速地將餵藥器伸入口腔， 並將藥物射出在舌背根部。

Step6

立即將貓咪的嘴閉合， 並往鼻頭吹氣或以手來回碰觸鼻頭，然後鬆開嘴巴。這樣的動作會讓貓咪的舌頭伸出來舔拭鼻頭，藥物就會順利地滑入食道內。

Step7

緊接著以針筒餵飲用水，可以讓藥物更確實吞嚥下去，並可避免膠囊黏附在咽喉或食道內。

POINT

所有過程越快越好，把握快、狠、準三要訣。

請避免！常見的錯誤餵藥法

1—餵藥器未先試射，使得推進桿推到盡頭後，仍無法讓藥物脫離餵藥器前端
　藥匣。

2—頭部握持過度用力造成貓咪疼痛反抗，或者嘗試以手指用力按壓口頰部來
　讓貓咪張口。

3—未將藥物射在舌頭的背根處。

4—未即時將貓咪嘴巴合緊。

5—未餵食飲用水潤喉，讓膠囊黏附在咽喉並逐漸溶解，膠囊內的苦藥就會滲
　入口腔，造成貓咪口吐白沫。

個性好的貓咪可嘗試徒手餵藥

Step1　左手食指和姆指扣住貓咪的顴骨，輕輕將頭抬高，讓牠的下巴和頸部呈一直線，並用右手把貓咪的嘴巴打開。

Step2　右手的拇指和食指拿著藥錠。

Step3　把藥錠丟在舌根部，如果藥放的位置不夠裡面，貓咪的舌頭很容易將藥頂出來。

Step4　餵完藥後，馬上將貓咪的嘴巴合緊，並用針筒餵一些水給貓咪，貓咪會因為有水，而將藥物吞下。也可以對著貓咪的鼻子輕輕吹氣，貓咪也會將藥吞下。

個性好的貓咪可嘗試零食餵藥

將藥錠外面用零食
或化毛膏包覆。

Step2

直接拿給貓咪吃。

點藥

除了餵貓吃藥是貓奴的惡夢外，點眼藥和耳藥也是貓奴們最頭痛的一件事。貓咪不
會乖乖地被點藥，而貓奴們也不知道怎麼作，常常會弄得貓咪滿臉是藥，且好不容
易點完後，藥水也只剩下半瓶的窘境。

眼藥水　　　　　　　　Step1　　　　　　　　　眼藥膏

將貓咪抱在懷裡或放在
椅子上，以左手稍微將
頭往上抬，左手食指將
貓咪上眼皮往上撐開，
露出眼白部分。

將貓咪抱在懷裡或放在
椅子上，以左手稍微將
貓咪的頭往上抬，左手
的食指將貓咪的上眼皮
往上撐開。

　Step2

右手拿眼藥水，由貓咪
視線的後方來，因為有
些貓咪看到眼藥會更害
怕、更掙扎。在眼白處
滴一滴眼藥水。

右手拿眼藥膏，輕輕擠
出約0.5公分長。藥膏
接觸眼球後，由眼角往
眼尾方向移動。

　Step3

點眼藥水後，貓咪會眨
眼，讓多餘的眼藥流
出，再拿乾淨的衛生紙
擦掉多餘的眼藥水。

以手指將貓咪的上下眼
皮輕輕閉起，讓藥膏充
分地佈滿整個眼球。

點耳藥

Step1
發炎的耳朵會有許多耳垢分泌，可以先用清耳液清潔。

Step2
一手固定耳朵，另一手拿耳藥。

Step3
確定耳道位置，將耳藥的頭深入耳道。因為貓咪的耳道是L型，所以不會傷害到耳內。如果沒有深入點藥，貓咪可能會很快將耳藥甩出。

Step4
輕輕按摩貓咪的耳根，然後讓貓咪將多餘的耳藥及耳垢甩出。

Step5
以衛生紙將耳殼上的耳藥及耳垢擦拭乾淨，但不要用棉花棒伸入耳道內清理；除了會將耳垢往耳內推外，還會因貓咪掙扎抵抗造成耳道或耳膜受傷。

Ｆ 餵食管的餵食方式

貓咪在生病的過程中，食慾會逐漸降低，主要是因為疾病造成的不舒服，使得貓咪進食狀況變差，或是無法進食。在治療的過程中，貓咪還是必須要補充營養，如果營養不足，會造成身體缺乏能量，導致繼發脂肪肝的形成，疾病的治療就會變得更複雜。此外，貓咪對於強迫進食很容易形成排斥，甚至看到貓奴拿著裝著食物的針管就逃跑，所以餵食管的放置對於討厭灌食的貓咪來說就很重要。餵食管的給食方式不會強迫貓咪，也不會造成貓咪緊張及厭惡，貓奴們也不需要花很長的時間與貓咪奮戰，雙方都能更輕鬆沒壓力地面對疾病。貓奴們不要把放置餵食管看成是很嚴重或是很困難的手術，持續不進食只會更惡化疾病，讓身體的恢復變得困難；所以必要時，還是聽從醫生的建議放置餵食管，讓貓咪能更快復原並回家照顧。

鼻餵管 ▬

鼻餵管的放置比較簡單，不需要將貓咪全身麻醉就可以實行，只需將局部麻醉劑滴入鼻腔內，減少鼻腔的刺激，就可以將鼻餵管放入鼻腔內。

缺點是受到鼻腔寬度的限制，只能選擇管徑較小的鼻餵管，也因此只能選擇流質食物，如果食糜的顆粒較大，就容易造成管子阻塞。一旦管子塞住，不易疏通時，就只能換另一邊鼻孔放鼻餵管。此外，鼻餵管一邊只能放置4～7天左右，無法長時間留置。

▲ 強迫灌食會造成貓咪對進食的抗拒。

◀ 鼻餵管需稍微固定在鼻子上，並作個簡易的包紮。

鼻餵管的餵食方式

Step1

準備流質食物和水及針筒。鼻餵管徑比較細，因此以流質食物為主，避免造成鼻餵管阻塞。

Step2

右手拿裝有水的針筒，左手將鼻餵管的塞頭固定住。將鼻餵管的蓋子打開前，左手的拇指和食指要先將靠近蓋子的管子壓緊，以免空氣進入胃裡。

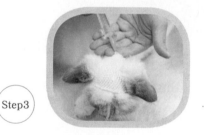

Step3

先接上裝有3～5ml水的針筒，沖洗鼻餵管。確認管子通暢，沒有阻塞

Step4

將裝有食物的針筒接到鼻餵管上，並緩慢地灌入鼻餵管中。灌食物時左手要扶住鼻餵管，因為灌食時的壓力大，容易造成針筒與鼻餵管連接處分開、食物噴出。此外，若灌食過快，易造成貓咪嘔吐。

Step5

灌食完後，再用裝水的針管將鼻餵管沖洗乾淨。食物如果殘留在管內，容易造成阻塞，下次灌食時會很難疏通。

Step6

灌食完後一定要將鼻餵管蓋緊，並將鼻餵管的頭再放回包紮的繃帶內，以免貓咪將管子抓開，造成空氣進入胃內。

食道餵食管　▃▃

食道餵食管與鼻餵管兩者並不相同，
食道餵食管的管子直徑較粗，就算
是稍微有細顆粒的食糜，也不容易
阻塞。此外，管子放置的時間也可以
長達好幾個月，但需特別注意管子入
皮膚傷口的感染狀況。另外，需要在
短時間麻醉的情況下才能放食道餵食
管，因此狀況穩定的貓咪比較適合。

▲ 食道餵食管。

用食道餵食管來餵食藥錠及膠囊 ·····································

Step1

將貓咪每日進食的飼
料量秤好，倒入磨豆
機內。分量可以根據
飼料袋上的表格建議
量，或是醫生幫您計
算好的每日需求量。

Step2

飼料顆粒盡量磨成較
細的粉末，針筒抽取
時較不容易造成阻塞

Step3

飼料粉末加水攪拌均
勻。飼料粉加水後
可能會膨脹，甚至飼
料泥放久後會吸收水
分，而變得較乾，造
成針筒不易抽取。

Step4

製成以針筒能抽取狀
態的飼料泥。

用食道餵食管來餵食藥錠及膠囊

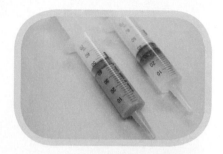

Step5

準備一管飼料泥和一管水。

Step6

將餵食管上的蓋子打開，手指要稍微蓋住，以免過多的空氣進入胃裡。

Step7

先以約5c.c.的水沖洗餵食管，確定管子通順。

Step8

將飼料泥緩慢灌入餵食管中。

Step9

接著灌入5～10c.c.的水，將殘留管內的食物沖洗乾淨。

Step10

將餵食管的蓋子塞回去，並且放回包紮的繃帶內，以免貓咪把蓋子拆開。

餵食管放置的注意事項

1—放置時機： 貓咪超過2天以上未進食，或是體重在短時間內減輕很多(體重減輕10%)。

2—餵食前，先將食物溫熱至接近體溫，可以降低嘔吐的發生。

3—餵食管阻塞時，可將可樂灌入管內疏通。灌入可樂至疏通管子可能需要幾個小時的時間，如果還是阻塞，就直接帶到醫院。

4—餵食管的放置並不會影響貓咪自己進食，因此在貓咪自己能夠吃到足夠的量之後，就可評估拆除管子。

5—每日餵食量、餵食次數及餵食的食物種類都請根據醫生的建議作調整。

Ｇ 皮下注射

一般糖尿病或腎臟病貓咪都需要皮下注射的居家治療，且由貓奴自行注射。貓咪對於疼痛承受力遠比想像的大，皮下注射的疼痛對牠們來說並不是很痛，只不過貓奴需要先克服對針的恐懼以及對貓咪的心疼。貓咪就像小孩子，沒有小孩會喜歡醫療，貓咪也是，但為了牠們著想，該作的醫療還是得作！其實，皮下注射並不難，只要抓到要領就會變得很容易，不過，還得看貓咪願不願意配合了！尤其是皮下點滴注射時會花一些時間，貓咪可能會沒耐性打完，或許可以將牠放在提籃內，直到打完再放出來，也是另一種變通的方式。

皮下注射胰島素

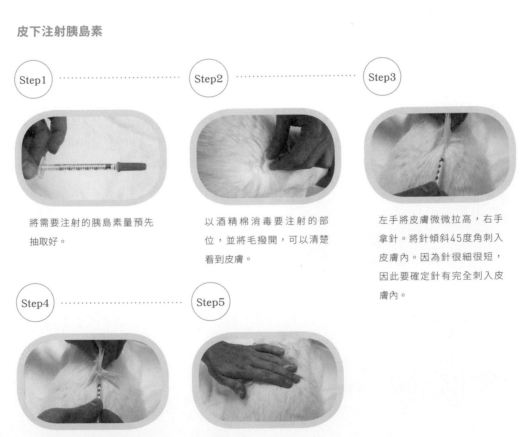

Step1

將需要注射的胰島素量預先抽取好。

Step2

以酒精棉消毒要注射的部位，並將毛撥開，可以清楚看到皮膚。

Step3

左手將皮膚微微拉高，右手拿針。將針傾斜45度角刺入皮膚內。因為針很細很短，因此要確定針有完全刺入皮膚內。

Step4

針筒回抽，已確定針筒內是負壓後，再將胰島素注入皮下。

Step5

拔除針後，用手輕輕按摩注射部位。

皮下點滴 ▬

皮下點滴的注射主要是在幫貓咪補充脫水，或是幫腎臟病的貓咪進行利尿作用，以減緩腎臟功能的惡化。輸液的量則根據貓咪持續脫水的量而定。

腎臟疾病給予輸液治療的注意事項：

1—初期可以保守的每週給予2～3次的皮下輸液，每次100～200c.c.。

2—如果天氣寒冷時，最好將輸液以溫水溫熱至35～40℃再進行皮下輸液，這樣比較不會造成刺激，讓貓咪願意乖乖進行輸液。

3—最初階段最好還是每週回診一次，讓獸醫師評判脫水狀況以及腎臟數值的變化。獸醫師也會根據這些檢查結果而建議調整皮下輸液的量及頻率。

4—輸液的選擇方面，建議採用等滲的乳酸林格氏液；因為這樣的皮下輸液可能必須長期進行，所以不建議採用含糖的輸液，避免增加細菌感染的風險。

5—飼主也必須在進行皮下輸液前先檢查皮膚狀況，若呈現紅、腫、熱、痛時，應停止皮下輸液，並且盡快回診檢查。

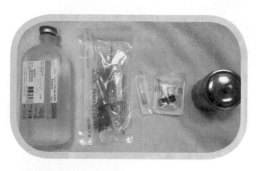

Step1

皮下點滴注射時，需要輸液管、23G針頭或23G蝴蝶針、一瓶點滴以及酒精棉。

Step2

打開點滴瓶蓋（藍色）及輸液管塑膠頭蓋，將輸液管插入點滴瓶。

Step3

將白色滾輪鎖緊（往箭頭方向），點滴瓶倒吊，擠壓滴管處讓液體流出。

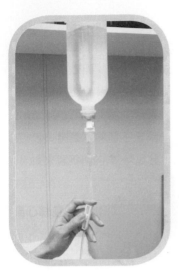

Step4

再將白色滾輪
打開，讓液體
充滿輸液管和
針頭，之後再
將滾輪鎖緊。

Step5

用酒精棉擦拭
要打針部位的
毛髮，將毛撥
開到可以清楚
看到皮膚。

Step6

右手拿針，左手將
皮膚稍微往上拉，
針以45度角傾斜刺
入。確定針入皮膚
後，打開滾輪，讓
點滴液注入。

Step7

如果貓會亂動，可
以用紙膠帶暫時固
定位置，並且將貓
咪暫時放入提籃，
安撫貓咪。

POINT

皮下點滴注射時，
要隨時注意液體進
入體內的量，以免
打過量。打完後將
滾輪鎖緊，並把針
拔出即可。

皮下導管點滴

皮下導管的放置大多發生在慢性腎臟病的貓咪，貓奴們因為不敢或是捨不得將針刺入貓咪的皮下，才會決定放置皮下導管。皮下點滴的給予量、種類以及施打天數，都必須根據醫生建議調整。如在進行皮下注射時發生任何問題，應立即向醫生詢問，確認是否需要帶到醫院檢查。

Step1 前四個步驟與皮下點滴相同。皮下導管放置在頸背部，手術部位會包紮起來，只露出導管的頭。

Step2 將皮下導管頭的周圍，用酒精棉作消毒。

Step3 將皮下導管的蓋子轉開。

Step4 將輸液管與皮下導管連接起來。

Step5 將白色滾輪轉開，讓瓶裡的液體流出來。

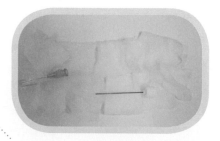

Step6 將導管的蓋子放在酒精棉上，以免被污染。

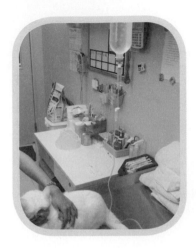

Step7

陪伴及安撫貓
咪，直到打完
該施打的量。

Step8

打完後再將皮下導管周圍以酒精
棉消毒，拔除輸液管，將導管的
蓋子轉上。

H 在家幫糖尿病貓驗血糖

貓咪是非常容易緊張的動物，因此在醫院抽血驗血糖時，往往會因為生氣、
緊張，造成驗出來的血糖值偏高。此外，有些貓咪每次來醫院總是會很生
氣，無法讓醫生好好抽血，增加了血糖監控的困難度。

這些因素都會造成血糖控制的不穩定，而拉長了可以治癒糖尿病的時間。此
外，有些貓咪在身體狀況不穩定時，會容易出現血糖過低的症狀，這時如果
不知道血糖值，有些主人會以為是高血糖的症狀，錯誤施打胰島素而造成更
嚴重的低血糖症狀。

因此，在這個章節會介紹如何在家幫貓咪驗血糖，以降低血糖的誤差值，減
少低血糖症狀的發生，讓糖尿病貓咪的血糖控制可以更穩定，增加糖尿病治
癒的機會。

▶ 動物專用血糖機。

血糖機的選擇

人類使用的血糖儀通常會測出偽低值，有些則會
呈現偽高值，雖然這些差異還是被認為是臨床可
接受的範圍內，但最好還是採用已經被確認適用
於貓的獸醫專用血糖儀。

驗血糖的步驟

居家驗血糖並不是很
難的事，只是主人必
須要先突破心理的障
礙，畢竟在貓咪身上
紮針，不是每一個主
人都能做到。

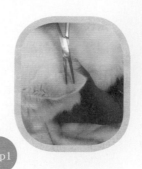

Step1

將耳緣血管上方及周圍的
毛拔除，減少採血時的污
染及影響採血量。

Step2

用酒精棉片將要採血的部
位消毒，並用乾淨的乾棉
花將酒精擦乾。以免溼酒
精影響數值判讀。

Step3

用採血針對準血管並刺
入，在耳朵下方墊一片厚
棉花可更方便操作，也可
以避免刺到手指。

Step4

將手指稍微放鬆，讓血液
流出，將試片裝入血糖
機內，以採血點對準血滴
沾取，如血液量足夠機器
將自動進入倒數判讀，一
般來說血糖機僅需一滴血
就足夠了。（如無血液流
出，可能是沒有刺破血
管，需重新扎針，注意應
避免用力擠壓血管，以免
造成瘀血。）

請準備以下工具：

血糖機、血糖試紙、
採血針(血糖試紙都會
附)、止血鉗或眉夾、
酒精棉片及乾棉花。

Step5

採完血後，再用乾棉花按
壓止血（約按壓5分鐘），
直到放開後沒有血液流出
即可（請記得不要使用酒
精棉，會刺激針扎的小傷
口引起疼痛，也可能影響
止血）。

Step6

當血液足夠，機器將自動
進入判讀倒數，倒數完
後，機械會發出嗶一聲，
並顯示血糖數值。

Step7

將驗血糖的時間及血糖數
值記錄下來。

POINT

居家驗血請注意：

1—驗血的時間點、血糖數值，以及胰島素的劑量，都必須與醫師討論，千萬不要自行作調整，這對貓咪而
　　言是非常危險的事。

2—如果貓咪的血糖低於81mg／dl以下，但沒有出現低血糖症狀，請先與您的醫師討論，看是否要帶到醫院
　　檢查，或作緊急的處理。

3—如果貓咪的血糖低於60mg／dl以下，出現瞳孔放大、呼吸急促、流口水及癱軟症狀時，請先給貓咪一些
　　糖水，並趕緊將貓咪送至醫院。

4—貓咪還是需要定期回醫院監控血糖值、體重和果糖胺值，以便醫師更準確的幫貓咪調整胰島素的劑量。

5—除了耳翼，肉墊也是可以採血的位置，建議採血位置可以交替。

居家驗血糖可減少貓咪到醫院的緊張外，還可以提供良好的血糖控制，並增加糖尿
病痊癒的機會。但請記得使用血糖機驗出來的血糖值，都要完整記錄，且與您的醫
生討論。千萬不要看到血糖數值的高低，就自行更改胰島素的注射劑量，這會造成
嚴重的後果！除了記錄血糖數值外，進食、喝水及排尿量也是糖尿病監控的重要依
據。因此，提供給醫生的居家照護資料越詳細，越能更快讓糖尿病貓咪的血糖穩
定，增加痊癒的機會。

PART
10

意外的緊急處理

意外的緊急處理

貓咪常常會因為強烈的好奇心，而造成自身受傷，意外發生時還常會在晚上，讓貓奴無法臨時找到醫院。此外，貓咪是很能忍痛的動物，如果沒有仔細觀察，容易忽略了牠的不適。因此，當貓咪發生緊急事故時，可以先作一些緊急處置，將傷害降到最低，但先決條件是您必須要先冷靜下來！大部分的貓奴碰到貓咪受傷時，會因為心疼而無法冷靜判斷，這是人之常情，但當下能夠幫助愛貓的也只有您了，所以務必讓自己冷靜下來幫貓咪處理，之後再趕緊送到最近的醫院進一步治療。

在緊急的情況下切記以下幾點：

1—保持冷靜，不要發出太大的聲音驚嚇到貓咪。

2—不要直接觸摸傷口，傷口最好都能用乾淨的毛巾或紗布包覆。

3—不隨便亂使用藥物，不當使用藥物會造成貓咪中毒。

4—不給予水和食物，以免造成貓咪的不適或嘔吐。

5—安撫貓咪，減少貓咪情緒上的緊張。

6—與動物醫院聯絡，並送往治療。

中毒

不管是什麼樣的物質，只要攝取量過多，都可能變成是傷害身體的物質，一般是以吃入較少量的物質（毒物），引起貓咪生病的狀態稱為中毒。貓咪可能暴露於各種有毒物質的環境中，並且對這些毒物有敏感性，例如清潔劑或食物中的防腐劑。但貓咪發生中毒的機率相對地比狗低，可能是因為貓咪對吃的東西比狗狗更挑剔吧！在大部分中毒病例中，只要能及時清除胃內的有毒物質，並給予對症和支持治療就能增加貓咪存活的機會。貓咪中毒時，可能會有呼吸困難、神經症狀（痙攣等症狀）、心跳速率過快或過慢、出血或虛弱等狀況。

緊急處理

1—如果懷疑貓咪有中毒現象，應立即聯絡您的獸醫，電話中要明確地告訴醫生貓咪的症狀。如果能確認中毒前後貓咪的狀況、原因和懷疑可能吃入的物質及以嘔吐物，最好都告知。

2—如果貓咪有嘔吐症狀，可以將嘔吐物用乾淨的容器或塑膠袋裝起來，帶到醫院給醫生評估，這對於確診和治療會有很大的幫助。

3—對於中毒最一般的處理措施是催吐。在吃入有毒物後1～2小時內催吐是有幫助的，但如果吃入的是刺激性或腐蝕性的物質，就要避免催吐。此外，也可以提供一些抑制毒物吸收的物質，並且給予輸液治療。但以上的判定及治療最好是由醫生來決定。

4—如果有毒物質附著在毛上面，貓咪可能會因為有討厭的污垢而去舔，造成中毒的危險，可以溫水及洗毛劑將之洗淨。不過必須是在貓咪狀況還正常時才這麼做，如果貓咪已經虛弱無力，就趕緊送醫院治療吧！

中暑

貓咪發生中暑的情況會比狗來得少，且貓咪對於環境中熱的忍受力較好。但在炎熱夏天時，如果身處密閉的室內或車內，容易造成體溫急速上升，身體無法適當調節體溫，而造成中暑；症狀惡化的話會導致昏迷，嚴重時也可能造成死亡。當貓咪有中暑現象時，請先將貓咪的體溫降下來，並送往醫院治療。當貓咪體溫超過40℃以上，腹部溫度觸摸起來比平常熱，張口呼吸、眼瞼邊緣和口腔黏膜充血，甚至流口水時，有可能是中暑了；嚴重時還可能出現全身癱軟、沒有意識、休克等狀況。尤其是體力變差的老年貓和有慢性疾病的貓，特別容易中暑，貓奴們務必要注意。

如何判定貓咪是否中暑？

確認貓咪的體溫是否過高？

（正常貓咪體溫為38～39℃）

觸摸貓咪大腿內側的溫度是否過高？

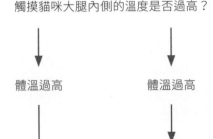

體溫過高　　　　　　體溫過高

貓咪的精神狀況還正常，無張口呼吸，不確定是否中暑，可打電話到醫院詢問。

輕度症狀

當貓咪意識清楚，但有張口呼吸、流口水狀況時，可將貓咪移到涼爽的地方作緊急處置。呼吸穩定前讓貓咪靜養，10分鐘後如果沒有恢復穩定，請打電話到醫院，詢問是否需要帶到醫院去。

嚴重症狀

貓咪意識不清，會張口呼吸，眼瞼邊緣和口腔黏膜有充血的現象。貓咪狀況危急，請直接送往醫院緊急處理。

緊急處理

1—用冷氣或電風扇將室內溫度維持涼爽。若在密閉室內須維持通風。

2—將毛巾以冷水沾濕，包覆貓咪全身，使其體溫降至39度以下；也可拿毛巾包冰塊，或取保冷劑放置頭頸部側面、腋下及大腿內側。不過不能一下降得太低，可以用溫度計來測量體溫。

3—送往醫院，途中要保持車內涼爽，並且隨時注意貓咪的精神狀況及體溫。到院前可以先和醫生約略地敘述貓咪的身體狀況，到院後醫生就可以很快地幫貓咪處理。

癲癇 ▰▰

導致癲癇的原因有很多，某種物質造成的中毒、腎臟病、低血糖及肝病等，都有可能讓貓咪發生癲癇。癲癇通常會在5分鐘內停止，但也有可能會重覆好幾次；如果癲癇持續5分鐘以上，就算是危險的狀況，必須要找出病因並加以治療。在貓咪發生癲癇時，請暫時不要作任何處理，先等牠冷靜下來。有些貓咪在發作前會變得比較焦慮，或是會因為一點小聲音就被嚇到，也可能會出現異常嚎叫聲，這時就必須特別注意貓咪的行為。癲癇發作時，貓咪可能會有大小便失禁、口吐白沫、發抖和無意識的四肢划動等症狀。發作完後，貓咪常會變得焦慮或是疲憊無力，甚至有些貓咪會容易飢餓。當貓咪發作完後，請將牠送至醫院接受檢查及治療。

緊急處理

1—貓咪發作的當下，為了不讓牠受傷，可以將四周危險的物品移開。

2—不要強迫抱牠，貓咪在癲癇時沒有意識。

3—在貓咪癲癇的同時，可以手錶計時發作時間，並將次數記錄下來。

4—如果可以，也將影像拍下來，能讓醫生更了解貓咪的狀況。

5—等到牠冷靜下來後，用毛巾包裹住，移到暗且安靜的地方休息。

6—貓咪嚴重癲癇時，經常會口吐白沫，可以用衛生紙輕輕擦拭乾淨，以免造成呼吸不暢通。

7—平靜下來後，貓咪可能已精疲力盡。一邊安撫貓咪，並趕緊到醫院接受治療。

事故與意外　▬

當貓咪發生意外事故，如果沒有明顯的跛腳或是外傷流血時，通常貓奴並不會特別注意到；有時貓咪的外表雖然看起來好好的，但有可能內臟跟腦部已受到損害，特別是當貓咪的鼻腔和口腔內有血流出來，有可能是內臟破裂及出血，切勿掉以輕心。

緊急處理

1—首先觀察貓咪的狀況，是否站得起來、身軀是否有不自然彎曲等。

2—將貓咪平放在大箱子內，盡可能不要讓牠曲著身體。

3—送醫途中，如果貓咪的口鼻有血液流出時，用衛生紙將血液清理乾淨，保持呼吸道暢通。

腳骨折　▬

當貓咪走路一跛一跛，或是走路樣子很奇怪，腳可能會縮起來（抬起來）、變形，或骨頭露在外面等狀況時，表示貓咪可能骨折了。此時應盡量安撫貓咪，在移動貓咪的過程中，動作儘量不要太大，以減少牠的緊張及疼痛。

緊急處理

1—當發現貓咪骨折時，為了不弄傷患部的神經和血管，建議將貓咪放在較大的提籃或箱子內。

2—箱內放厚一點的毛巾，盡可能安靜地搬運到動物醫院，不搖動貓咪。

3—固定骨折的腳對貓奴來說可能會有點困難，因此不用勉強，只要減少貓咪的移動和緊張，盡快送往醫院治療。

▼ 01／尖銳物造成切割傷。
　　02／打架咬傷的傷口。
　　03／用紗布壓迫傷口處來止血，約10分鐘。

出血 ▬

半放養狀態的貓咪最容易因外出打架或
交通事故，而造成出血；但完全養在室
內的貓咪還是有可能會因玻璃、尖銳
物切割傷等，造成出血的狀況。如果看
到貓咪出血時，應壓迫患部以止血，而
初步的緊急處置後，一定要帶到醫院進
一步治療。有時貓在互相打架的情況下
造成的傷口很小，但就算已經止血了，
細菌還是會在裡面繁殖，因此，清洗傷
口後最好還是送往醫院，讓醫生檢查處
理；到院前，可以先戴上伊莉莎白頸
圈，防止貓咪去舔傷口。

緊急處理

1—先用大量的溫水沖洗傷口，並用紙
　　巾或紗布沾溫水輕輕擦拭。
2—再用乾淨的紗布包住出血的傷口，
　　用手按壓止血。
3—如果血流不止，一邊壓迫止血，並
　　趕緊送往醫院治療。

緊急處置是希望能將貓咪的傷害降到最
低，但一般能進行的處置還是有限。而
貓奴們除了作緊急處置外，了解貓咪
的狀況、把狀況告知醫生也是非常重要
的事，因為這可以幫助醫生快速地作出
正確的判斷和處置。此外，將物品收納
好，減少貓咪自由外出，並保持房間涼
爽通風，預防意外事故的發生，比發生
後的緊急處理來得更重要。

PART

11

老年貓照護

老年貓照護

老年期的貓咪一般是指七歲以後的中老年貓咪。但很多七歲之後的貓咪看起來跟一般成年貓並無明顯的不同，很多貓奴會有疑問：七歲的貓咪就算老年貓了嗎？其實，貓咪在七歲之後，不管是活動力、視力、聽覺等身體狀況，都跟人一樣會慢慢地變差，器官的代謝機能也逐漸退化，所以很多疾病會陸續地發生。因此，老年期的貓咪更需要仔細地觀察及照顧。貓咪平均的壽命大約是14～16歲，但在細心的照料下，也有很多貓咪活到19、20歲。貓奴們應該要了解老年貓的身體變化，定期幫貓咪作身體檢查，讓貓咪有個安穩的老年生活。

▼ 老年貓的視力會漸漸變差，如果沒仔
　細看，會不易察覺。

身體上的變化 ▬▬

視力

老年貓咪的視力會漸漸變差，但因為貓咪還有嗅覺和觸覺，加上行動變得緩慢，所以如果貓奴沒特別注意貓咪行為的改變時，也不會發覺貓咪視力異常。此外，眼睛的疾病(如白內障)和高血壓也會造成貓咪失明，所以老年貓咪必須定期檢查眼睛及血壓。

聽覺

老年貓咪對外界聲音的敏感性變差，一般大小的聲音貓咪可能會聽不太清楚，有時需要很大聲才會有反應。

嗅覺

老年貓的嗅覺會因年齡的增長而慢慢喪失，對食物的分辨能力也變差，進食自然會減少。此外，貓咪會用嗅覺辨別周遭的環境，因此，嗅覺變差也會影響貓咪的生活作息。

口腔

老年貓因免疫力下降，口腔內的細菌容易滋生，造成牙周疾病。牙周疾病會造成口腔發炎、牙齒脫落，嚴重的甚至會導致細菌由血液循環到心臟、腎臟等器官，造成器官發炎。此外，口腔發炎和疼痛也會造成貓咪的食慾變差，體重明顯減少。

行動

老年貓的行動力會逐漸變差，除了會有骨頭關節的疾病外，也因為變瘦、身體肌肉量減少，所以支撐身體的力量變少，步態變得緩慢，不喜歡動，也不愛跳高。有時要往高處跳時，也會看很久才有動作。

▲ 老年貓在跳躍之前，會先看很久，才會有動作。

體重

當貓咪開始進入老化階段時，身體代謝率會降低、活動力減少、淨體重減少、體脂肪增加等；而當身體的代謝吸收變差後，再加上嗅覺變差以及口腔疾病，有些貓咪就會開始慢慢變瘦。

毛和指甲

老年貓的睡眠時間變得更長，且不愛整理自己的毛，毛髮因而乾澀無光澤，一束一束的；且指甲的角質會變厚，如果沒有常幫貓咪修剪，會造成指甲過彎而刺入肉墊中。

▲ 老年貓的睡眠時間變長，也不愛整理自己的毛。

生活上的照顧 ▬▬

改成老貓飼料，注意每日進食量

1—給予高質量蛋白質的老年貓專用飼料。除了老年之外，生病和壓力也會造成蛋白質貯存喪失，因此減少身體的肌肉組織，而蛋白質的補充能彌補這些流失，故老年貓對於蛋白質的需求會比年輕的成年動物來得高。老年貓的腎功能會隨著年紀逐漸衰退，這是正常的老化現象，這樣的老年貓必須謹慎選擇蛋白質含量的食物。但若是健康的老年貓，蛋白質是不會引發腎臟病，因此蛋白質對牠們來說，仍是重要的營養來源。

2—大部分老年貓對於日常能量需求會輕度至中度減少，因此應仔細監控貓咪的進食量和體重變化，維持理想體重，以預防過胖或過瘦。

3—老年貓咪生病時，請聽從醫生的指示，適時將平常餵食的飼料改成處方飼料。

經常幫貓咪梳理清潔

因為老年貓咪清理毛的時間變少了，掉落及乾澀的毛容易糾結，所以常常幫貓咪梳毛，除了可以減少糾結的毛髮，還可以減少皮膚疾病的產生。此外，定期幫貓咪剪指甲可以預防指甲過長刺入肉墊中，或是減少指甲脫鞘的機會；定期幫貓咪清理眼睛和耳朵，以減少分泌物的產生，同時也可以檢查耳朵和眼睛是否有異常。

改變老貓生活空間

老年貓與老年人一樣，慢慢會出現骨關節疾病，肌肉量也會跟著減少，所以跳躍能力會變差，步態也會變得緩慢。減少物體之間的高度差，例如在沙發旁擺放一個小椅子，讓貓咪可以輕鬆地走上沙發，或是將貓砂盆換成較淺的，讓貓咪方便進出。這些改變都可以減少貓咪行動上的困難與不便。

定期幫貓咪測量體重

藉由測量貓咪的體重，可以了解貓咪身體狀況的變化。正常貓咪的體重變化大多為幾十公克間的些微差距，只有在生病時才會有明顯改變。公貓平均體重為4～5公斤，而母貓平均體重為3～4公斤，如果體重在兩週至一個月內突然減少10％時，就需特別注意貓咪的食慾了。貓咪的體重、食慾或是行為有改變時，請帶到醫院檢查。

觀察貓咪的變化

多觀察貓咪，如果有發現以下狀況，建議帶到醫院請醫生作詳細的檢查，以確定貓咪是否健康。貓咪不會說話，貓奴們如果沒有細心地觀察貓咪的變化時，很可能錯過治療的黃金時期。

1—食慾

貓咪的食慾是否突然增加？

對於平常愛吃的食物興趣缺缺？

吃飼料時會有撥嘴巴的動作？

有想吃但卻又不敢吃的感覺？

2—喝水量和尿量

蹲在水盆前喝水喝很久？水盆內的水突然減少很多？

清理貓砂時，發覺每天貓砂結塊的量增加很多？

3—體重變化

發現貓咪背上的脊椎變得明顯，或貓咪明顯變輕？

一個月秤一次體重，發現體重少了10%以上？

4—注意貓咪行為上的改變

變得不愛活動，且睡眠時間變長了？
貓咪在跳到高處時會猶豫很久？
走路的樣子怪怪的，或是跛腳？
貓咪會跑去躲起來？
貓咪走路變慢，容易碰撞到東西？

5—每日觸摸貓咪的身體檢查

撫摸牠時發現身上有小團塊物？
皮膚是否有嚴重掉毛或皮屑等？

老年貓的健康檢查

老年貓常見的疾病包括心臟疾病、腎臟疾病、甲狀腺功能亢進、關節疾病、糖尿病、口腔疾病以及腫瘤。除了平時注意貓咪生活作息是否異常，每年定期作健康檢查也是很重要的，健康檢查除了基本的理學檢查(如皮毛檢查、耳鏡檢查)，還有血液檢查(如血球、血液生化)、X光片、腹部超音波和血壓測量等。透過這些檢查，不僅可以了解貓咪的身體狀況，還可以在疾病發生的初期，及時治療並追蹤。此外，別認為作了健康檢查，貓咪這一年的身體都一定是健康的，疾病是隨時可能發生的，檢查也僅代表幾週內的身體狀況，還是必須時時觀察貓咪的生活狀況，一發現有異常時，就帶到醫院檢查。

口腔保健、到院洗牙

口腔保健對老年貓來說是必要的，因為年紀增長會造成免疫力下降，口腔內的細菌也容易滋生。口腔保健和刷牙可以抑制細菌生長、減少牙結石的產生。此外，定期到醫院檢查口腔並洗牙也很重要，貓咪和人一樣，就算天天刷牙，牙菌斑和牙結石還是會附著在牙齒上，一旦厚厚的牙結石附著在牙齒上時，就必須到醫院洗牙，才能完全地去除牙結石。既然養了這些可愛的家人，那麼不管是健康、生病或是老年，每個階段都需要不同形式的陪伴與照顧，請負起照顧牠們一輩子的責任，給予牠們快樂、安心的生活。

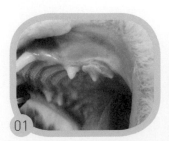

◀ 01／洗牙前。有很厚的牙結石堆積。
02／洗牙後。

貓咪家庭醫學大百科
（2019 年暢銷新編版）

作者	林政毅、陳千雯
主編	王斯韻
美術設計	密度設計工作室
行銷企劃	曾于珊

發行人	何飛鵬
總經理	李淑霞
社長	張淑貞
總編輯	許貝羚
副總編輯	王斯韻
出版	城邦文化事業股份有限公司・麥浩斯出版
地址	104台北市民生東路二段141號8樓
電話	02-2500-7578
發行	英屬蓋曼群島商家庭傳媒股份有限公司城邦分公司
地址	104台北市民生東路二段141號2樓
讀者服務電話	0800-020-299（9：30 AM～12：00 PM；01：30 PM～05：00 PM）
讀者服務傳真	02-2517-0999
讀者服務信箱	E-mail：csc@cite.com.tw
劃撥帳號	19833516

戶名	英屬蓋曼群島商家庭傳媒股份有限公司城邦分公司
香港發行	城邦〈香港〉出版集團有限公司
地址	香港灣仔駱克道193號東超商業中心1樓
電話	852-2508-6231
傳真	852-2578-9337

馬新發行	城邦〈馬新〉出版集團Cite(M) Sdn. Bhd.(458372U)
地址	41, Jalan Radin Anum, Bandar Baru Sri Petaling, 57000 Kuala Lumpur, Malaysia
電話	603-90578822
傳真	603-90576622

製版印刷	凱林印刷事業股份有限公司
總經銷	聯合發行股份有限公司
地址	新北市新店區寶橋路235巷6弄6號2樓
電話	02-2917-8022 傳真 | 02-2915-6275
版次	三版6刷 2024年2月
定價	新台幣580元 港幣193元

國家圖書館出版品預行編目 (CIP) 資料

貓咪家庭醫學大百科 (2019 年暢銷新編版) / 陳千雯, 林政毅著
-- 三版 . -- 臺北市：麥浩斯出版：家庭傳媒城邦分公司發行, 2019.12
　面； 公分
ISBN 978-986-408-548-4(平裝)
1. 貓 2. 疾病防制

437.365　　　　108017655